U0172863

国家出版基金项目
NATIONAL PUBLICATION FOUNDATION

聚集诱导发光丛书

唐本忠 总主编

聚集诱导发光之生物学应用
（上）

顾星桂 胡 方 王建国 等 著

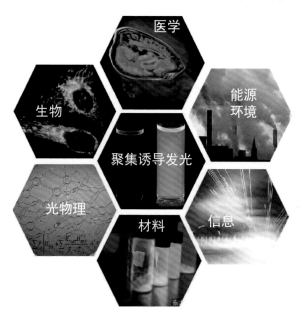

科学出版社

北 京

内 容 简 介

本书为"聚集诱导发光丛书"之一。鉴于聚集诱导发光材料在生命科学与生物医学领域所展现出的光明未来，为激发更多科研工作者对聚集诱导发光材料研究的广泛兴趣，本书重点介绍聚集诱导发光材料在生物方面的应用进展和发展潜能，主要介绍其在化学生物传感（第 1 章）、细菌成像和杀菌（第 2 章）、细胞成像（第 3 章）、细胞内微环境成像（第 4 章）、细胞相关生命过程分析（第 5 章）等方面的应用以及展望（第 6 章）。

本书可供高等院校、科研单位及医院等从事生命科学和医学研究及开发的相关科研与从业人员使用，也可以作为高等院校化学、材料科学、生命科学及相关专业研究生的专业参考书。

图书在版编目（CIP）数据

聚集诱导发光之生物学应用. 上 / 顾星桂等著. —北京：科学出版社，2023.1

（聚集诱导发光丛书 / 唐本忠总主编）
国家出版基金项目
ISBN 978-7-03-074743-3

Ⅰ. ①聚… Ⅱ. ①顾… Ⅲ. ①光学-研究 ②光化学-研究
Ⅳ. ①O43 ②O644.1

中国国家版本馆 CIP 数据核字（2023）第 005796 号

丛书策划：翁靖一
责任编辑：翁靖一 孙静惠 / 责任校对：杜子昂
责任印制：师艳茹 / 封面设计：东方人华

科学出版社 出版
北京东黄城根北街 16 号
邮政编码：100717
http://www.sciencep.com
北京九天鸿程印刷有限责任公司 印刷
科学出版社发行 各地新华书店经销
*
2023 年 1 月第 一 版 开本：B5（720×1000）
2023 年 1 月第一次印刷 印张：15
字数：300 000
定价：168.00 元
（如有印装质量问题，我社负责调换）

聚集诱导发光丛书

 编 委 会

◆◆ 总　　序 ◆◆

　　光是万物之源，对光的利用带来了人类社会文明，对光的系统科学研究创造了高度发达的现代科技。而对发光材料的研究更是现代科技的基石，它塑造了绚丽多彩的夜色，照亮了科技发展前进的道路。

　　对发光现象的科学研究有将近两百年的历史，在这一过程中建立了诸多基于分子的光物理理论，同时也开发了一系列高效的发光材料，并将其应用于实际生活当中。最常见的应用有：光电子器件的显示材料，如手机、电脑和电视等显示设备，极大地改变了人们的生活方式；同时发光材料在检测方面也有重要的应用，如基于荧光信号的新型冠状病毒的检测试剂盒、爆炸物的检测、大气中污染物的检测和水体中重金属离子的检测等；在生物医用方向，发光材料也发挥着重要的作用，如细胞和组织的成像，生理过程的荧光示踪等。习近平总书记在 2020 年科学家座谈会上提出"四个面向"要求，而高性能发光材料的研究在我国面向世界科技前沿和人民生命健康方面具有重大的意义，为我国"十四五"规划和 2035 年远景目标提供源源不断的科技创新源动力。

　　聚集诱导发光是由我国科学家提出的原创基础科学概念，它不仅解决了发光材料领域存在近一百年的聚集导致荧光猝灭的科学难题，同时也由此建立了一个崭新的科学研究领域——聚集体科学。经过二十年的发展，聚集诱导发光从一个基本的科学概念成为了一个重要的学科分支。从基础理论到材料体系再到功能化应用，形成了一个完整的发光材料研究平台。在基础研究方面，聚集诱导发光荣获 2017 年度国家自然科学奖一等奖，成为中国基础研究原创成果的一张名片，并在世界舞台上大放异彩。目前，全世界有八十多个国家的两千多个团队在从事聚集诱导发光方向的研究，聚集诱导发光也在 2013 年和 2015 年被评为化学和材料科学领域的研究前沿。在应用领域，聚集诱导发光材料在指纹显影、细胞成像和病毒检测等方向已实现产业化。在此背景下，撰写一套聚集诱导发光研究方向的丛书，不仅可以对其发展进行一次系统地梳理和总结，促使形成一门更加完善的学科，推动聚集诱导发光的进一步发展，同时可以保持我国在这一领域的国际领先优势，为此，我受科学出版社的邀请，组织了活跃在聚集诱导发光研究一线的十几位优秀科研工作者撰写了这套"聚集诱导发光丛书"。丛书内容包括：聚集诱导发光物语、聚集诱导发光机理、聚集诱导发光实验操作技术、力刺激响应聚集诱导发光材料、有机室温磷光材料、聚集诱导发光聚合物、聚集诱导发光之簇发光、手性聚集诱导发光材料、聚集诱导发光之生物学应用、聚集诱导发光之光电器件、聚集诱导荧光分子的自组装、聚集诱导发光之可视化应用、聚集诱导发光之分析化学和聚集诱导发光之环境科学。从机理到体系再到应用，对聚集诱导发光研究进行了全方位的总结和展望。

历经近三年的时间，这套"聚集诱导发光丛书"即将问世。在此我衷心感谢丛书副总主编彭孝军院士、田禾院士、于吉红院士、秦安军教授、王东教授、张浩可研究员和各位丛书编委的积极参与，丛书的顺利出版离不开大家共同的努力和付出。尤其要感谢科学出版社的各级领导和编辑，特别是翁靖一编辑，在丛书策划、备稿和出版阶段给予极大的帮助，积极协调各项事宜，保证了丛书的顺利出版。

材料是当今科技发展和进步的源动力，聚集诱导发光材料作为我国原创性的研究成果，势必为我国科技的发展提供强有力的动力和保障。最后，期待更多有志青年在本丛书的影响下，加入聚集诱导发光研究的队伍当中，推动我国材料科学的进步和发展，实现科技自立自强。

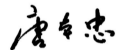

中国科学院院士
发展中国家科学院院士
亚太材料科学院院士
国家自然科学奖一等奖获得者
香港中文大学（深圳）理工学院院长
Aggregate 主编

　　随着科技的进步与发展，发光材料作为光功能材料领域重要一部分，已得到广泛应用。众所周知，传统有机发光材料在稀溶液分子状态下受激发出明亮的荧光。但在实际应用中，有机发光材料常常处于聚集态的形式，此外大多数有机发光材料含有芳香环，呈现疏水性，其在水溶液中易于聚集。由于分子间 π-π 堆积作用，有机发光材料会产生聚集诱导猝灭（aggregation-caused quenching，ACQ）效应，导致发光猝灭。ACQ 效应极大地限制了传统有机发光材料的应用，然而聚集是自然界固有现象，要想克服聚集效应是极具挑战的，因此开发聚集态下发光的材料是非常有意义的。

　　2001 年，唐本忠院士团队发现 1-甲基-1，2，3，4，5-五苯基硅杂环戊二烯在稀溶液中几乎不发光，但在形成聚集体时会发出很强的荧光，并提出了聚集诱导发光（aggregation-induced emission，AIE）的概念，把具有 AIE 性质的发光团称为AIEgens。该现象彻底打破了 ACQ 效应带来的桎梏，受到研究人员的广泛关注，掀起了 AIE 研究热潮。目前 AIE 机理的解释中分子内运动受限（RIM）占主流，包括分子内旋转受限（RIR）和分子内振动受限（RIV）。根据基础物理学的知识，在任何体系中分子运动（如旋转和振动）都会消耗能量。在一个小小的有机分子体系里面存在着同样的现象。以典型 AIE 分子四苯乙烯（TPE）为例，该分子具有螺旋桨状的分子构象，在稀溶液中其分子结构上的四个苯环可以通过单键围绕碳碳双键进行旋转，激发能量以非辐射衰减的方式消耗掉；当 TPE 处于聚集态时，由于紧密堆积的 TPE 分子内苯环的转动受到周围分子的阻碍，非辐射衰减的途径受限，激发态向基态跃迁时就以辐射性跃迁为主，通过荧光形式回到基态，所以 TPE 的聚集态荧光发射的机制就属于分子内旋转受限。除此以外，还存在许多其他不具有旋转结构的 AIE 分子，如 10，10′，11，11′-四氢-5，5′-二苯并[a，d]环亚萘基（THBA）。该分子结构类似于扇贝形状，不存在可旋转的单元，但是在结构中不共面的两部分连接具有柔性。在稀溶液中，THBA 分子结构可以发生弯曲和振动，使激发态电子可以通过非辐射跃迁途径回到基态；在聚集态时，激发态电子的非辐射衰减通道受到抑制，辐射跃迁增强，实现强荧光发射，所以 THBA 的荧光释放机制就属于分子内振动受限。随着对 AIE 机理的深入理解，AIE 性质得到不断开发，为开发更为高效的 AIE 体系奠定了基础。

目前，AIE 材料已经发展了 20 多年。AIE 材料由于本身独特优异的光性能，适用于多种学科的交叉，如有机化学、高分子化学、生物学、光物理学等，因而被广泛应用于各个领域。与其他的荧光材料相比，AIE 材料具有很多优势，如分子设计简单、高荧光量子产率、优异的光稳定性、大的斯托克斯（Stokes）位移、良好的生物相容性、高灵敏性等。这些优异的性质使得 AIE 材料在生物应用中具有很大的实用潜力。已报道的很多优秀研究成果表明了 AIE 材料在生物应用中扮演着越来越重要的角色。越来越多的科学家专注于研究 AIE 材料在生物中的广泛应用，如生物传感、荧光成像、诊断治疗等并取得了丰硕成果。为了向读者展示 AIE 材料在生物相关领域的研究成果，并推动 AIE 材料在生物医学领域发展，本书集合了 AIE 领域优秀的科研学者，以国内外取得的优异研究进展为基础，对 AIE 材料在生物学领域的应用做了全面和系统的介绍。

本书共 6 章，分别为聚集诱导发光在化学生物传感、细菌成像和杀菌、细胞成像、细胞内微环境成像、细胞相关生命过程分析五个生物学领域的应用，以及对聚集诱导发光材料在其他生物学领域应用的拓展及对未来的展望。本书的完成离不开各高等院校及研究所 AIE 领域科研工作者的支持，在此表达诚挚的谢意！非常感谢内蒙古大学王建国教授和姜国玉副教授撰写第 1 章，非常感谢南方医科大学胡方教授和宋雨晨同学撰写第 2、6 章，非常感谢北京化工大学李慧同学、哈尔滨工业大学（深圳）赵恩贵助理教授与北京化工大学顾星桂教授一起完成第 3、4、5 章的撰写。还要感谢许多参与本书撰写工作的研究生，感谢科学出版社编辑为本书顺利出版的辛勤工作和付出。

我们期望本书能够让读者更加清楚地了解 AIE 材料在生物学领域的应用，激发更多科研工作者对该领域的研究兴趣，推动 AIE 材料在生物领域未来发展，成为生物学领域的实用平台，点亮 AIE 材料在生命科学与生物医学领域的光明未来。由于篇幅的限制，本书作者尽量将典型的研究成果选入书中介绍，但是书稿的内容更新跟不上最新研究速度，一些新的重要的研究成果若未能介绍，请相关研究者及读者给予谅解！

本书作者衷心感谢读者的厚爱，书中难免有不妥之处，欢迎各位读者批评指正！

顾星桂

2022 年 11 月

于北京化工大学

▰▰▰ 目　　录 ▰▰▰

总序

前言

第1章　化学生物传感 ··································· 1

1.1　化学生物传感构建概述 ························· 1

1.2　生物小分子传感 ································· 3

1.2.1　氨基酸化学生物传感器 ····················· 3

1.2.2　单糖化学生物传感器 ······················· 17

1.2.3　ATP 化学生物传感器 ······················· 20

1.2.4　其他重要的小分子 ························· 24

1.3　生物大分子传感 ································· 26

1.3.1　核酸 ································· 26

1.3.2　蛋白质 ······························· 28

1.3.3　疾病相关酶活性传感 ······················· 30

参考文献 ··· 49

第2章　细菌成像和杀菌 ····························· 64

2.1　引言 ··· 64

2.2　细菌成像 ····································· 65

2.2.1　广谱细菌成像和识别 ······················· 66

2.2.2　革兰氏阳性菌和阴性菌的区分 ··············· 73

2.2.3　细菌的长期追踪 ··························· 78

2.2.4　活死细菌染色 ····························· 80

2.3　AIE 表面活性剂杀菌 ··························· 82

2.4　AIE 光敏剂光动力杀菌 ························· 88

2.4.1　AIE 光敏剂 ·· 88

2.4.2　阳离子 AIE 光敏剂光动力杀菌 ·· 93

2.4.3　万古霉素-细菌靶向光动力杀菌 ·· 97

2.4.4　代谢标记靶向的光动力杀菌 ·· 100

2.4.5　细菌模板聚合物 AIE 光敏剂对细菌的精准标记和杀伤 ············· 107

参考文献 ··· 109

第 3 章　细胞成像 ·· 115

3.1　引言 ·· 115

3.2　用于亚细胞结构成像的 AIE 材料 ··· 115

3.2.1　线粒体 ··· 116

3.2.2　溶酶体 ··· 121

3.2.3　脂滴 ·· 125

3.2.4　细胞核 ··· 129

3.2.5　细胞膜 ··· 133

3.2.6　其他 ·· 136

3.3　细胞示踪 ·· 137

3.4　超分辨荧光成像 ··· 141

3.4.1　AIE 小分子 ··· 142

3.4.2　AIE 纳米颗粒 ·· 145

参考文献 ··· 147

第 4 章　细胞内微环境成像 ··· 151

4.1　引言 ·· 151

4.2　细胞内 pH ·· 151

4.3　细胞内黏度 ··· 155

4.4　细胞内活性氧物种 ·· 160

4.5　细胞内金属离子 ··· 164

4.6　细胞内生物活性分子成像 ·· 168

4.6.1　碱性磷酸酶 ··· 168

4.6.2　酯酶 ·· 171

4.6.3　半胱天冬酶 ··· 173

4.6.4　β-半乳糖苷酶 ·· 176

4.6.5　谷胱甘肽 ··· 178

参考文献 ··· 181

第5章　细胞相关生命过程分析 ································ 184

5.1　引言 ·· 184

5.2　细胞凋亡 ··· 184

5.3　线粒体自噬 ··· 187

5.4　有丝分裂 ··· 192

5.5　细胞分化 ··· 193

参考文献 ··· 197

第6章　其他及展望 ·· 199

6.1　基因递送 ··· 199

6.1.1　静电作用载附基因 ·· 199

6.1.2　细菌载附基因 ··· 203

6.2　免疫治疗 ··· 204

6.2.1　肿瘤抗原释放 ··· 204

6.2.2　抗原呈递细胞成熟 ·· 208

6.3　多模式成像 ··· 210

6.3.1　MRI-荧光成像 ··· 210

6.3.2　光声成像和光热治疗 ······································ 214

6.4　展望 ·· 220

参考文献 ··· 221

关键词索引 ·· 224

第1章

>>

化学生物传感

化学生物传感构建概述

化学生物传感器是一类能够将待测化学或生物物质的浓度转化为可识别信号输出的装置，通常由识别基元与信号转换基元组成。识别基元具有分子识别结构，可特异性识别待测物质，信号转换基元将识别基元产生的化学信号转换为与分析物特性相关的可识别信号，如电信号、光信号、热信号等[1, 2]。近年来，化学生物传感器被广泛应用于疾病诊断与监控、药物开发、污染物分析检测、致病微生物检测及体液中疾病标志物检测等领域。一个理想的化学生物传感器应具有以下特征：灵敏度高、选择性强、线性范围宽、响应迅速、重复性好、检测限低、寿命长及稳定性好等。为了获得性能优异的化学生物传感器，在构建过程中需要着重考虑以下因素[3]：

（1）选择合适的识别基元分子；

（2）选择合适的连接方式来连接识别基元与信号转换基元；

（3）设计合适的信号转换基元，将识别基元产生的化学信号转化为可识别的信号；

（4）通过合理的设计拓宽传感器的检测范围和线性范围，提高检测的灵敏度，降低干扰。

因此，构建性能优异的化学生物传感器通常需要丰富的生物、化学及物理知识。随着当代集成电路技术及微机械技术的快速发展，对传感器的小型化要求越来越高，这样不仅可以大大降低化学生物传感器的生产成本，还可以减小设备的体积，便于满足实际应用的需求。

化学生物传感器根据信号转换方式的不同，可分为光学传感器、电化学传感器、热传感器、压电传感器及磁传感器等，其中光学传感器是报道最为广泛的一类化学生物传感器。相较于其他传统分析技术，光学传感器能够对生物或化学物质进行直接、实时及免标记检测，具有灵敏度高、特异性强、体积小、成本低等优势。光学传感器通常采用表面等离子体共振（SPR）技术、光纤或光波导技术、红外或拉曼技术、荧光技术、化学发光技术、比色等光学技术作为信号传导方式[4]。本书主要介绍聚集诱导发光分子为基础的荧光生物化学传感器。

荧光技术由于具有灵敏度高、信号读取简便、操作简单等优势，已成为一种强大的分析检测技术。特别是在生命过程相关的应用领域，荧光技术可提供实时、在线、非侵入性响应，具有时间和空间上的双重分辨能力，为生理及生命相关过程的可视化研究提供了高效的工具[5-7]。然而，传统的荧光分子，如荧光素、罗丹明、花菁等只能在稀溶液中发强荧光，在高浓度或聚集态时容易发生聚集而猝灭，因此，这些分子仅限于稀溶液中的检测，并且光稳定性差，易发生光漂白，斯托克斯位移较小，导致背景干扰严重。而聚集诱导发光（AIE）分子的出现为荧光技术在生物化学领域的应用带来了新的契机。AIE 分子在溶液态通常不发光或弱发光，而在聚集态或固态时具有强发光，这一特殊的发光性质被称为聚集诱导发光现象。AIE 分子通常具有大的斯托克斯位移、好的光稳定性和强的抗光漂白能力，因此可有效降低背景信号，为设计点亮型生物化学荧光传感器带来了新机遇。AIE 的发光机理主要包括分子内运动受限（RIM）、形成激基缔合物、J-聚集、抑制扭曲分子内电荷转移（TICT）过程及激发态分子内质子转移（ESIPT）等，已被大量的实验及理论计算研究所证实[8-11]。

根据 AIE 的机制，AIE 类化学生物传感器的设计策略（图 1-1）通常有：①通过非共价键相互作用，如静电相互作用、氢键、范德瓦耳斯力及金属-配体相互作用等，与被分析物自组装形成聚集体引起荧光变化；②在 AIE 分子上修饰靶向配体来识别被分析物，从而使分子内运动受限；③通过与酶或者特定化学物质反应，

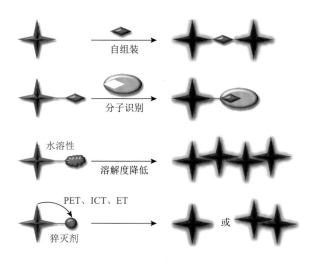

图 1-1　AIE 类化学生物传感器的设计策略

断裂化学键，改变 AIE 分子的溶解性；④干扰光物理猝灭过程，如光诱导电子转移（PET）、分子内电荷转移（ICT）、能量传递（ET）过程等[11]。根据这些设计策略，AIE 化学生物传感器的研究已经取得了令人兴奋的研究成果，并以令人难以置信的速度飞速发展，为生命科学及生物工程等领域带来了新的发展前景。本章将重点介绍 AIE 类化学生物传感器在生物相关小分子及大分子传感中的研究进展及应用。

1.2　生物小分子传感

1.2.1　氨基酸化学生物传感器

氨基酸是蛋白质的主要组成部分，在生理过程中发挥着至关重要的作用[12]。例如，赖氨酸（Lys）与鸟氨酸循环（Krebs-Henseleit 循环）及多胺的合成密切相关；食物中的赖氨酸对动物代谢功能及增重非常重要[13]。组氨酸（His）对组织的生长和修复至关重要[14]。色氨酸（Trp）在蛋白质生物合成、动物生长及植物发育等生理过程中发挥重要作用[15]。基于氨基酸的重要生理功能，体内缺乏氨基酸会导致各种疾病，例如，缺乏半胱氨酸（Cys）会导致生长缓慢、头发褪色、水肿、嗜睡、肝脏损伤等[16]。随着人们对健康的日益关注及对疾病诊断和治疗新方法的迫切需求，许多科学家致力于氨基酸检测新方法的开发，AIE 类荧光传感器也被广泛用于体内重要氨基酸的检测研究，但是由于各种氨基酸的结构比较类似，因此开发能够高选择性地检测某种特定氨基酸的荧光传感器仍是一项巨大的挑战。

1. 赖氨酸化学生物传感器

赖氨酸是人体必需天然氨基酸之一，与 Krebs-Henseleit 循环及多胺的合成密切相关。赖氨酸代谢异常将引起高血糖症、酵母氨酸尿症、戊二酸血症等疾病[17-19]。目前，用于检测赖氨酸的 AIE 类化学生物传感器还非常少，例如，唐本忠、孙景志等[20]报道了 1，3-茚二酮修饰的四苯乙烯（TPE）衍生物 IND-TPE（1）[图 1-2（a）]，化合物 1 在 THF/水（体积比为 3∶7）混合溶液中聚集，具有强荧光。由于 1 中连接茚二酮与 TPE 的碳碳双键可在碱性条件下水解，因此，1 能够选择性地对 20 种常见氨基酸中的两种碱性氨基酸赖氨酸和精氨酸响应，产生的 ALD-TPE（2）在 THF/水混合溶液中的溶解性更好，因此荧光减弱。1 对赖氨酸和精氨酸的检测限约为 0.1 mmol/L。遗憾的是，这种开-关型的响应模式不利于生物成像及检测，并且 1 不能有效地区分赖氨酸和精氨酸，限制了其在生物体系中的应用。

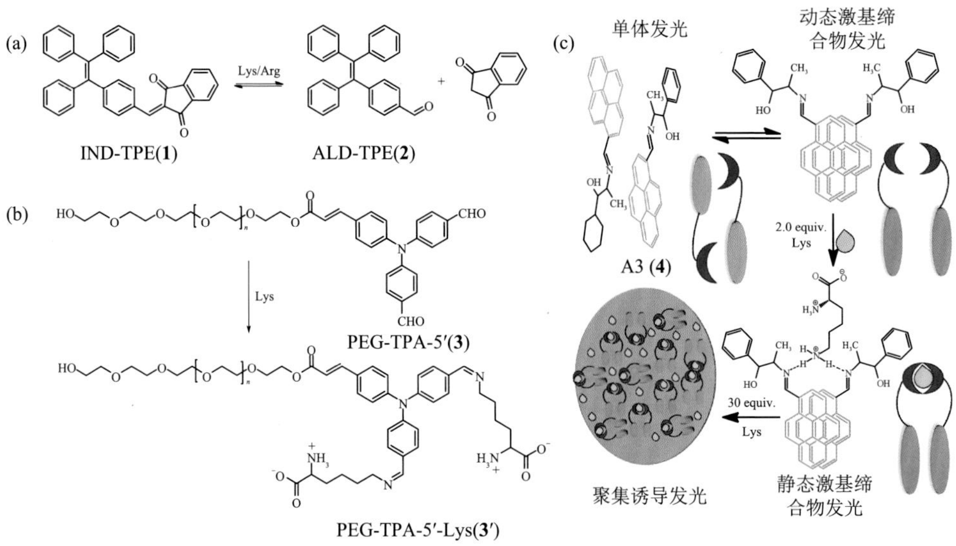

图 1-2　赖氨酸化学生物传感器 1～4

雷自强和马恒昌等[21]设计了一种 AIE 类化学生物传感器 **3**（PEG-TPA-5′）用于赖氨酸检测，如图 1-2（b）所示。赖氨酸残基中的脂肪氨基可以与 PEG-TPA-5′中的醛基反应，形成席夫碱 PEG-TPA-5′-Lys，荧光增强。并且 PEG-TPA-5′还可用作赖氨酸响应性的载药体系。遗憾的是，该传感器对脂肪胺化合物也有响应。

2015 年，Das 等[22]开发了一种基于芘衍生物的 AIE 化学生物传感器 **4**（A3）用于特异性识别赖氨酸，如图 1-2（c）所示。在甲醇-HEPES 缓冲体系（0.1 mol/L，pH 7.4，4 : 1，*v/v*）中，**4** 显示芘的衍生物特征的单体发射（404 nm）和激基缔合物发射（505 nm），加入低浓度的赖氨酸（0～2.0 equiv.）时，单体的发射峰逐渐减弱，激基缔合物的发射峰强度不断增强，因此 **4** 可对赖氨酸产生比率型响应，检测限为 3.0 nmol/L。当加入高浓度的赖氨酸（>2.0 equiv.）后，单体和激基缔合物的发射强度均减弱，在 455 nm 出现新的发射峰并逐渐增强。这是由于高浓度的赖氨酸加入之后，芘的动态激基缔合物在赖氨酸的作用下逐渐转化为静态激基缔合物，当赖氨酸浓度进一步增大到 30 equiv.时，这种静态激基缔合物发生进一步聚集，产生 AIE 效应，荧光增强。**4** 还可以用于细胞内赖氨酸的荧光成像，具有良好的生物兼容性。这些结果表明，**4** 是一种非常有效的比率型荧光传感器，用于赖氨酸的特异性识别和检测。

2. 组氨酸化学生物传感器

组氨酸不仅在保护神经细胞的髓鞘形成过程中发挥重要作用，而且参与了大脑信号向身体各个部分的传送过程，在肝脏和肾脏参与的重金属解毒及其他细胞残骸清除中也发挥了至关重要的作用[23-25]。因此，组氨酸的检测在生物化学和分子生物学中具有极其重要的意义。2015 年，张德清、张关心和曾艳[26]报道了一种基于铜配合物的 AIE 荧光传感器（**5** + Cu^{2+}），如图 1-3 所示。AIE 分子 **5** 与 Cu^{2+}络合后，荧光被猝灭，组氨酸可竞争性地与 **5** + Cu^{2+}中的 Cu^{2+}络合，释放出分子 **5**，从而聚集导致荧光增强。但是，该传感器的激发波长和发射波长都较短（<500 nm），限制了其在细胞成像及活体内的应用潜力。2016 年，蒲林、余孝其和于珊珊等[27]设计合成了 AIE 型荧光传感器（**6** 和 **7**，图 1-3），**6** 和 **7** 可以分别与 Zn^{2+}络合，原位生成的配合物可以通过比率型响应识别组氨酸，其他天然氨基酸及常见阳离子对识别的干扰较小。

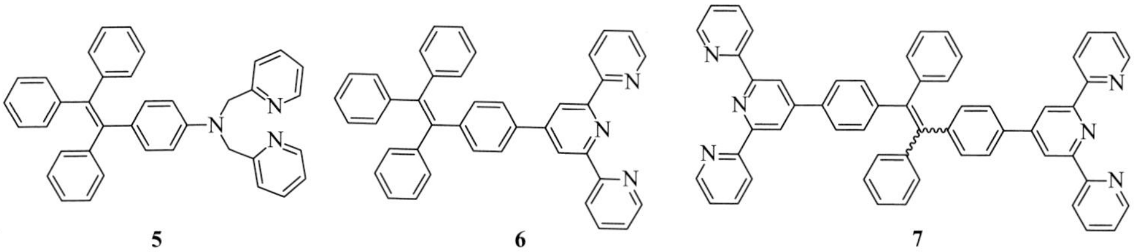

图 1-3　组氨酸化学生物传感器 5～7 的化学结构

3. 巯基氨基酸化学生物传感器

巯基氨基酸包括半胱氨酸（Cys）、同型半胱氨酸（Hcy）和谷胱甘肽（GSH），在保持蛋白质功能的内稳态中发挥至关重要的作用[28-32]。半胱氨酸的水平升高与许多神经疾病有关，而其含量降低则会导致生长缓慢、头发褪色、肝损伤及皮肤损伤等[33, 34]。Hcy 比半胱氨酸多一个亚甲基，与血管及肾脏疾病密切相关。血液中 Hcy 含量升高，患心血管疾病、阿尔茨海默病及神经管缺陷的风险将大大升高[35]。GSH 是含量最丰富的巯基三肽，是调节细胞内缓冲平衡的重要抗氧化物质。通过捕获活性氧物种及自由基，GSH 可以保护细胞免受氧化应激的损伤，还能影响化疗的有效性[36-39]。基于巯基氨基酸的重要性，科学家针对巯基氨基酸设计了大量的化学生物传感器，其中 AIE 类的传感器也非常多，主要利用巯基参与的化学反应设计，设计策略[40]主要包括：巯基参与的醛基化合物的环化反应；与 α, β-不饱和羰基化合物的迈克尔加成反应；磺酰胺或者磺酸酯键的断裂反应；与丙烯酸酯的共轭加成环化反应；芳基取代重排反应及自然化学连接等。

1）与醛基化合物的环化反应

利用巯基与醛基的环化反应是设计巯基响应化学生物传感器的常用策略之一。如图 1-4 所示，唐本忠、孙景志等[41, 42]开发了一系列醛基修饰的四苯乙烯或者噻咯衍生物 **8**～**10**（DMBFDPS、DMTPS-ALD 和 TPE-ALD），利用它们与 Cys 或 Hcy 的反应动力学差异来区分检测这两种结构十分类似的巯基氨基酸。AIE 传感器 TPE-ALD、DMBFDPS 和 DMTPS-ALD 在 HEPES-DMSO 混合溶液（$v/v = 50 : 50$）中发光较弱，随着 Cys 的加入，氨基酸残基中的巯基与传感器中的醛基迅速反应，生成溶解性更差的噻唑烷衍生物，荧光蓝移并大大增强。而加入 Hcy 后，荧光变化不明显。其中，AIE 传感器 TPE-ALD 响应更加迅速，荧光增幅最大，对 Cys 的灵敏度高、选择性强。根据这一设计策略，科学家们进一步设计合成了 AIE 传感器 11～16[43-47]。11 具有聚集诱导发光增强（AIEE）特性，能够特异性识别 Hcy，检测限为 3.05 μmol/L，并用于 HeLa 细胞中对 Hcy 进行荧光成像[43]。马骧、梅菊等设计合成了具有 D-π-A 结构的 AIE 传感器 14，14 可以识别 Cys 和 Hcy，对 GSH 无响应，响应时间 2 min，14 有望用于 Cys 和 Hcy 相关的临床疾病的诊断[45]。近期，Xie 等[46]报道了能够特异性检测 Hcy 的 AIEE 荧光传感器 15（APTC），15 对 Hcy 的响应非常迅速，仅需 5 min，检测限低至 21.98 nmol/L。15 还可制备到固体硅胶板上，用于 Hcy 的便携式检测，并可在活细胞中对 Hcy 进行荧光成像。

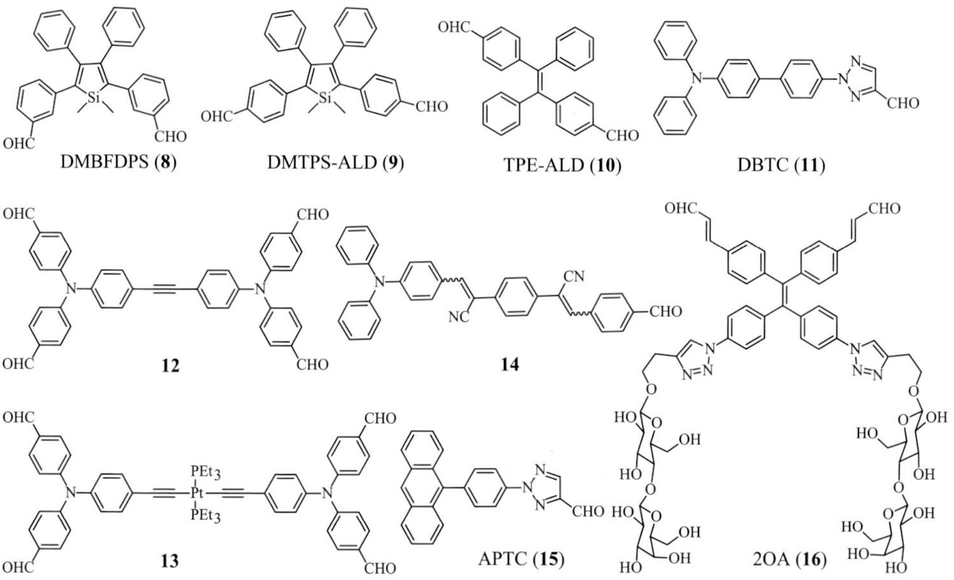

图 1-4　巯基氨基酸化学生物传感器 8～16 的结构示意图

AIE 有机荧光纳米颗粒具有优异的光学性质，近年来备受关注。邢国文、张媛等[47]将亲水性的糖单元引入到疏水性的 AIE 分子上，合成了一种两亲性的 AIE 荧光传感器 16。16 可在水溶液中自组装形成水溶性的有机纳米颗粒 2OA-FON。2OA-FON 可特异性响应 Cys，产生比率型（I_{500}/I_{575}）荧光变化，检测限为 25 μmol/L。2OA-FON 可在 HepG2 细胞内检测 Cys。通过在疏水 AIE 分子中引入亲水性的糖单元形成两亲性有机纳米颗粒的策略，为 Cys 及其他生物被分析物的检测提供了新的设计策略。

2）迈克尔加成反应

迈克尔加成反应可在非常温和的条件下发生，因此是用于蛋白质标记的巯基特异性探针的常用策略。唐本忠等[48]报道了第一个利用迈克尔加成反应设计合成的巯基特异性 AIE 生物传感器 TPE-MI（17），在 TPE 上引入马来酰亚胺基团可有效猝灭 TPE 的荧光，使得 17 在溶解状态或者聚集态均不发光。加入巯基化合物后，17 可与巯基快速发生迈克尔加成反应，巯基加成到马来酰亚胺基团的碳碳双键上，破坏了 n-π 共轭导致的激子湮灭过程，AIE 效应得到恢复，荧光增强。17 可用于薄层层析（TLC）板固态检测 Cys，365 nm 紫外灯激发下，只有加入 Cys 的点呈现非常亮的蓝色荧光，加入其他的氨基酸未观察到明显的发光。并且 17 还具有良好的细胞穿透能力，对细胞的毒性较低，有望用于对细胞内巯基化合物的分布进行可视化荧光成像。

Cys 残基主要存在于折叠蛋白质中，当蛋白质展开成非折叠状态时，Cys 就会裸露到蛋白质的表面。如图 1-5 所示，基于这一理念，Hatter、洪煜宁等[49]发现，

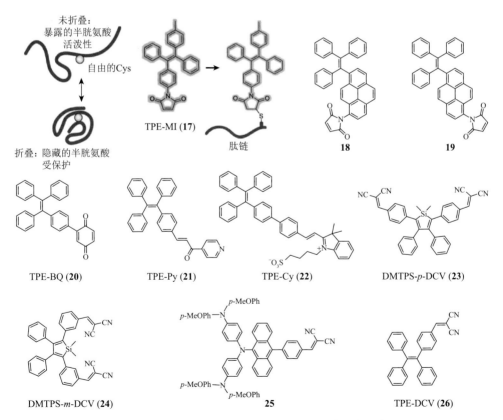

图 1-5　巯基氨基酸化学生物传感器 17～26 的结构示意图

利用 TPE-MI（**17**）的 AIE 性质及其特异性响应 Cys 的性质，**17** 可用于监控细胞内非折叠蛋白质的含量。细胞内蛋白质的稳态平衡受到干扰时，将加剧蛋白质的非折叠过程，进而导致蛋白质的聚集，这一过程与许多疾病如神经系统疾病密切相关，因此 **17** 有望用于这些相关疾病的可视化监控。同样利用马来酰亚胺与巯基的迈克尔加成反应设计的 AIE 巯基氨基酸化学生物传感器还有 **18** 和 **19**[50]，也表现出了很好的巯基氨基酸识别能力。

与马来酰亚胺类似，苯醌也可与巯基发生迈克尔加成反应。根据这一原理，池振国等[51]在 TPE 上键合苯醌基团，得到 AIE 荧光传感器 TPE-BQ（**20**）。**20** 可与巯基化合物发生反应，点亮荧光。密度泛函理论计算结果显示，**20** 的最高占据分子轨道（HOMO）和最低未占分子轨道（LUMO）是完全分离的，因此引入苯醌基团后，TPE 的荧光被完全猝灭，可能是由光致分子内电荷转移（PICT）过程导致的。当 **20** 中苯醌基团与巯基反应之后，苯醌变为对苯二酚，PICT 过程被抑制，从而产生荧光增强。**20** 与 Cys 的反应十分迅速，只需要 30 s，因此可实时检测 Cys，检测限为 0.88 μmol/L。

迈克尔加成反应也可在巯基与 α, β-不饱和醛或酮之间发生。唐本忠等[52]将吡啶与 TPE 通过 α, β-不饱和酮键合得到可响应巯基的 AIE 生物传感器 TPE-Py（**21**）。加入巯基氨基酸后，不饱和酮结构被破坏，分子骨架的共轭度被破坏，并进而引起荧光的变化。在乙腈/PBS（$v/v = 20 : 80$，20 mmol/L，pH = 8.0）混合溶液中，**21** 在 550 nm 处具有黄色荧光，加入 Hcy 后，荧光发射蓝移到 455 nm 处。相比较，Cys 和 GSH 只能使 550 nm 处的荧光强度降低。**21** 可用于特异性检测 Hcy，检测限为 0.346 μmol/L，可覆盖血清中 Hcy 的生理范围。

迈克尔加成反应还可以在巯基与连接有其他吸电子基团的不饱和双键之间发生。唐本忠、李楠、赵娜等[53]将 TPE 与吸电子的半花菁共价键合，得到 AIE 荧光传感器 TPE-Cy（**22**）。**22** 可特异性识别 Hcy，而对 Cys 和 GSH 不响应。加入 Hcy 后，TPE-Cy 在 pH = 8.0 的缓冲溶液中的红光发射被抑制，呈现出较强的蓝色发射。加入 Cys 只能引起较弱的蓝色荧光。核磁共振（NMR）实验结果显示，巯基与碳碳双键发生 1, 4-加成反应，位阻较小的 Hcy 更有利于反应的发生，而位阻更大的 GSH 反应活性最低，不能引起蓝色发光。

将强吸电子的丙二腈引入到 AIE 分子中同样可以构建巯基氨基酸特异性荧光传感器[54-56]，如 **23**～**26**。其中传感器 DMTPS-*p*-DCV（**23**）可通过与巯基反应的动力学差异特异性地识别 GSH，而间位被丙二腈取代的 DMTPS-*m*-DCV（**24**）则对 Cys 表现出较高的选择性，检测限为 0.5 μmol/L。这种对不同巯基氨基酸的特异性响应差异可能与它们的分子结构及它们与巯基氨基酸反应后产物的溶解性有关[54]。AIE 传感器 **25** 具有 D-π-A 结构，强的 ICT 效应使其荧光被猝灭。并且三苯胺结构的分子内旋转也会进一步导致荧光猝灭，因此 **25** 的荧光很弱。当与巯基氨基酸 Cys 或 Hcy 反应后，可分别产生 578 倍或 534 倍的荧光增强，并且响应迅速（4 min），检测限分别为 8.4 μmol/L 和 5.7 μmol/L，对 GSH 不响应。AIE 传感器 **25** 具有较低的细胞毒性，其近红外发射（651 nm）非常有利于细胞内巯基氨基酸的荧光成像[55]。TPE-DCV（**26**）可在水/乙醇混合溶剂（v/v = 68∶32）中选择性识别 GSH，而对 Cys、Hcy 及其他氨基酸不响应。**26** 可进一步用作谷胱甘肽还原酶活性的免标记传感器，谷胱甘肽还原酶将 GSSG 还原为 GSH，从而调节生物体内的氧化还原平衡[56]。

　　AIE 传感器 A1（**27**）[57]是另一个利用巯基与连接有强吸电子基团的不饱和双键之间发生迈克尔加成反应的例子（图 1-6）。**27** 可通过亲疏水相互作用与表面活性剂 F127 形成有机纳米颗粒 27-F127。由于硝基烯烃的存在，**27-F127** 有机纳米颗粒自身不发光，当与 Cys 发生迈克尔加成反应后，巯基被加成到硝基烯烃上，产生较强的近红外发光（654 nm）。**27-F127** 有机纳米颗粒可特异性地对 Cys 产生响应，检测限为 53.1 nmol/L，对 Hcy 和 GSH 不响应。值得一提的是，**27-F127** 有机纳米颗粒具有良好的生物兼容性，可用于 HeLa 细胞内巯基氨基酸的实时荧光成像。

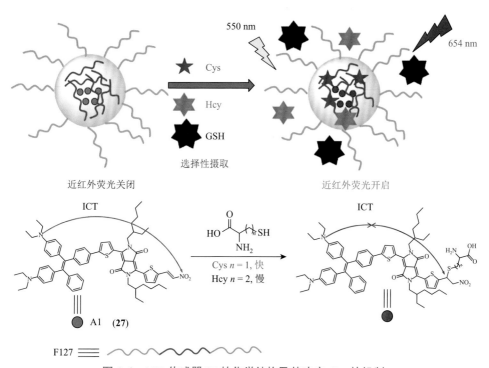

图 1-6　AIE 传感器 27 的化学结构及其响应 Cys 的机制

3）与席夫碱中碳氮双键的加成反应

巯基还可以与席夫碱中的碳氮双键发生亲核加成反应。根据这一反应原理，唐本忠、夏帆等[58]设计合成了 AIE 传感器 TPE-Cou（**28**），由于席夫碱中碳氮双键的光致电子转移（PET）过程及 TPE 结构中分子内旋转运动，**28** 在四氢呋喃中的荧光非常弱，并且在固态时荧光也很弱。单晶结构显示，整个分子具有共平面的刚性结构，导致分子内多重 π-π 相互作用，分子的发光被猝灭。当与巯基氨基酸反应后，碳氮双键被破坏，PET 过程受阻，473 nm 发光增强。**28** 对 Cys 和 Hcy 表现出较强的特异性，而对 GSH 几乎不响应（图 1-7）。根据巯基与席夫碱中碳氮双键反应设计的 AIE 荧光传感器还有 CPA（**29**）[59]和 TPE-DPP（**30**）[60]。

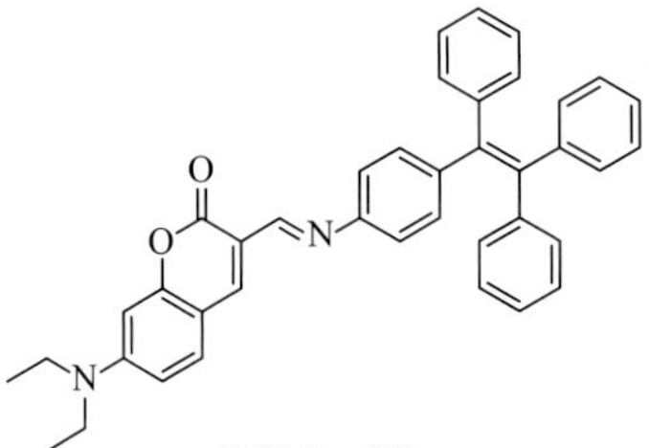

TPE-Cou(**28**) 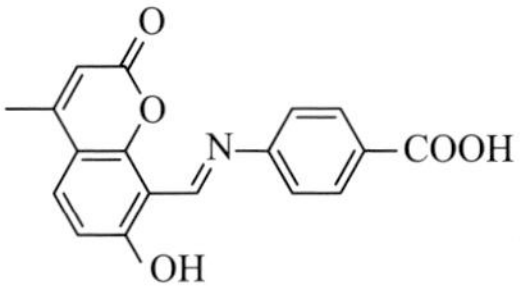   CPA(**29**)

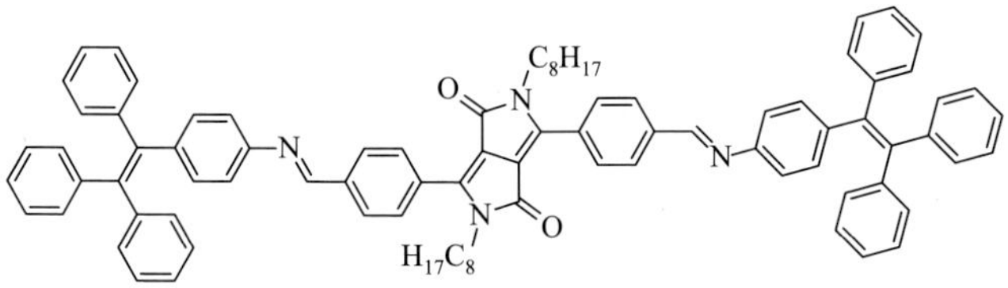

TPE-DPP(**30**)

图 1-7　巯基氨基酸化学生物传感器 28～30 的化学结构

4）与丙烯酸酯的共轭加成环化反应

巯基可与丙烯酸酯进行共轭加成环化反应。根据这一反应原理，人们设计合成了一些 AIE 荧光传感器[61-67]用于巯基氨基酸的特异性检测，如图 1-8 所示。其中，AIE 传感器 **31**[61]可用于特异性检测 Cys，检测限为 0.46 μmol/L，并可在含胎牛血清的复杂环境中定量 Cys。AIE 传感器 **33**[63]可通过比率型响应方式检测 Cys，有效避免温度、pH 等检测环境变化对检测结果造成的干扰。AIE 传感器 **34～37**[64-67]可用于活细胞内巯基氨基酸的荧光成像。

5）磺酰胺或磺酸酯断裂反应

2,4-二硝基苯磺酰基（DNBS）是非常有效的荧光猝灭基团，通常被用来构建巯基响应性化学生物传感器。例如，童爱军等[68]报道了一种含有 DNBS 的水杨醛吖嗪 AIE 荧光传感器 DNBS-CSA（**38**）（图 1-9）。**38** 可在试纸上快速灵敏地对巯基氨基酸响应，产生明显的荧光变化，说明该传感器在固态检测巯基氨基酸的应用潜力。之后，刘斌等[69]利用类似的原理设计合成了一种 GSH 激活型 AIE 光动

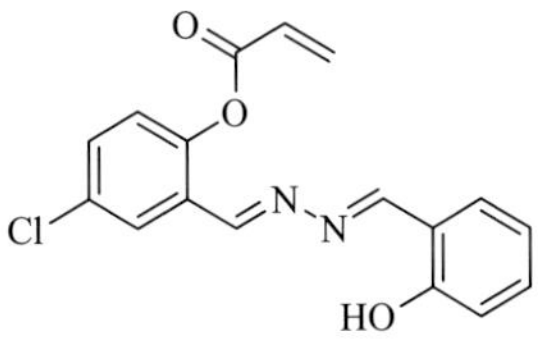

31 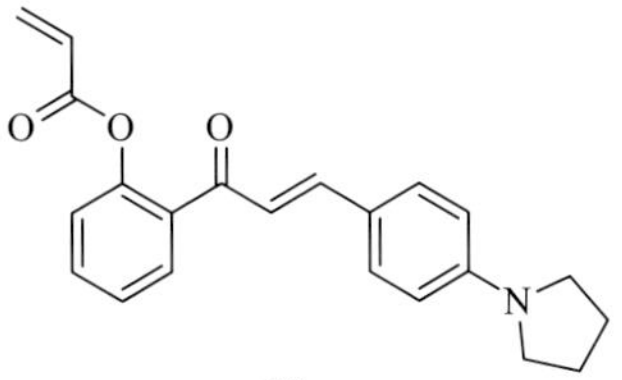　　　　　　**32** 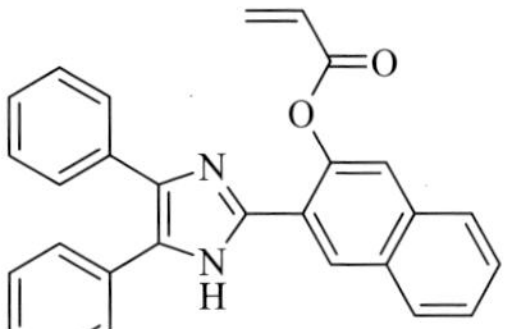　　　　　　**33**

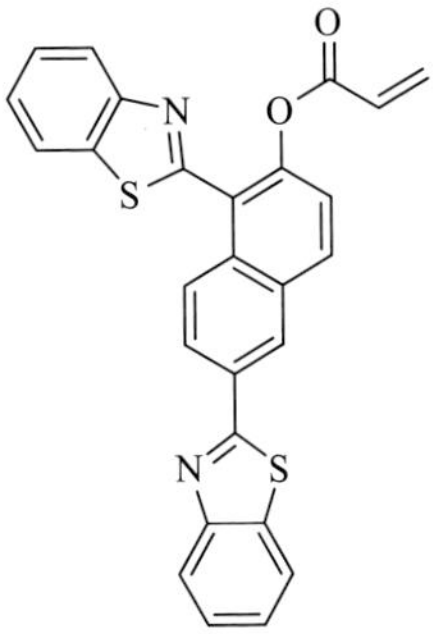

34 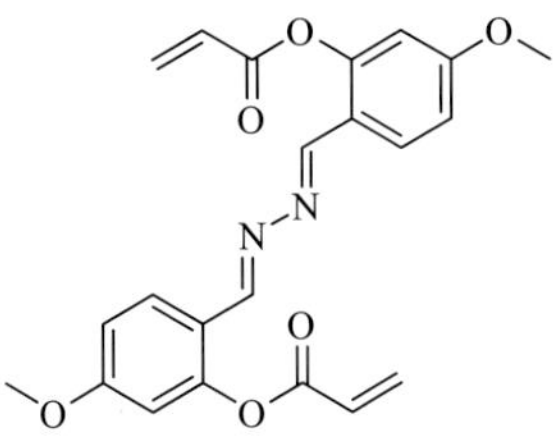　　　　AIE-S (**35**) 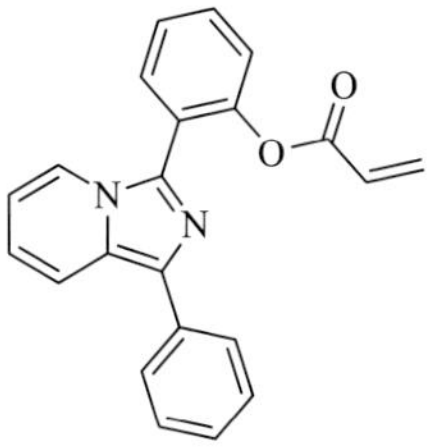　　　　MZC-AC (**36**) 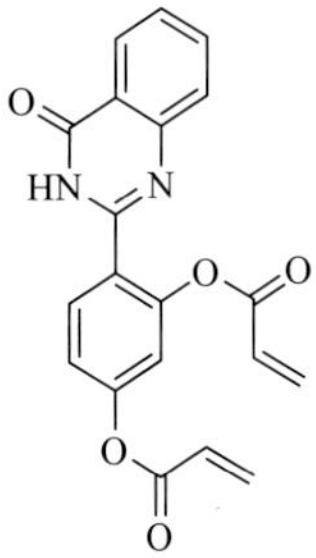　　　　DAP-1 (**37**)

图 1-8　AIE 传感器 31～37 的化学结构

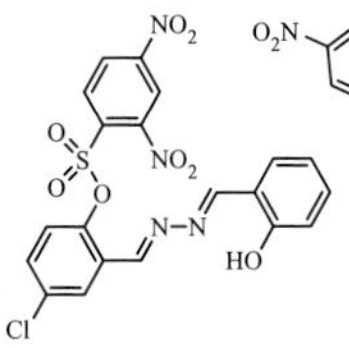

DNBS-CSA (**38**) 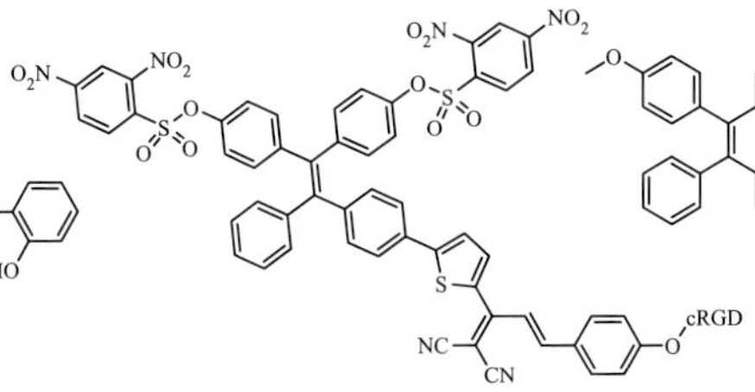　　TPETF-NQ-cRGD (**39**) 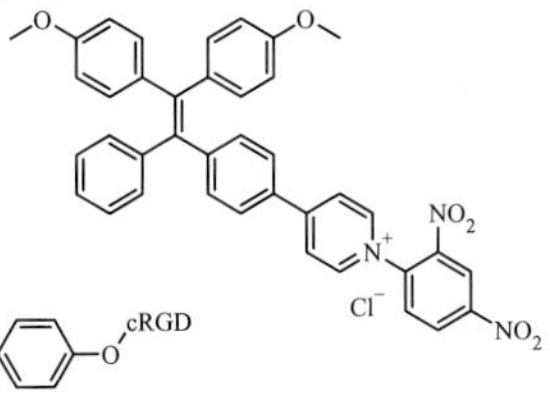　　**40**　　　TPENNO₂(**41**)

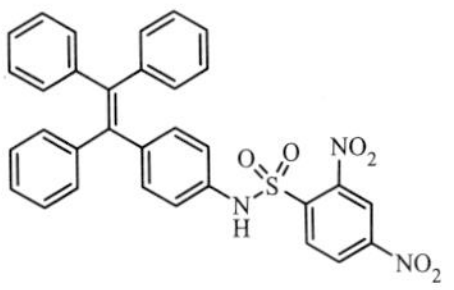

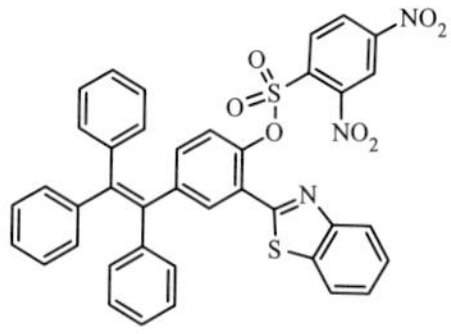

TPE-3 (**42**) 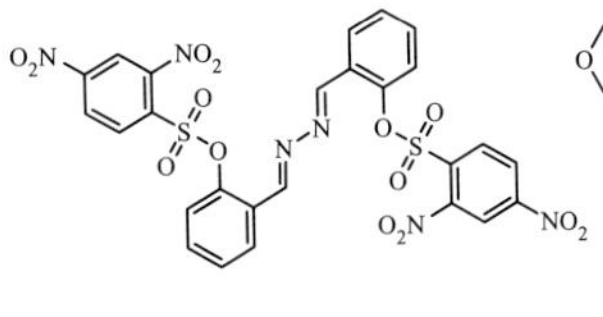　　　　SATZ (**43**) 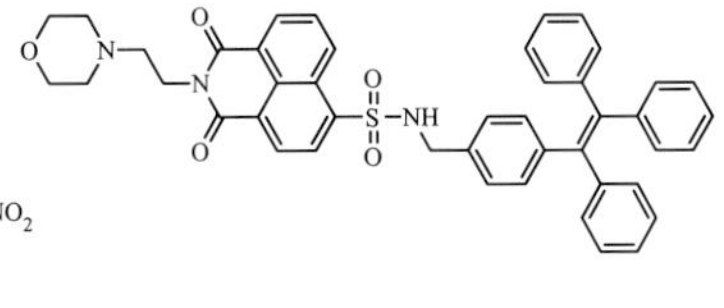　　　　TPE-Np (**44**)

图 1-9　AIE 传感器 38～44 的化学结构

力抗癌光敏剂 TPETF-NQ-cRGD（**39**）。该 AIE 光敏剂包含一个具有 AIE 效应的四苯乙烯结构，用于产生活性氧及实时指示 GSH 激活过程，一个 DNBS 基团作为荧光和活性氧的猝灭基团及 GSH 的响应基团；还包括一段环状 RGD 三肽，用于靶向过表达 α$_v$β$_3$ 的癌细胞。由于 DNBS 的猝灭效应，**39** 不具有荧光和活性氧产生能力，只有在进入 $\alpha_v\beta_3$ 过表达的癌细胞中，并与癌细胞中高浓度的 GSH 反应之后，**39** 中的 DNBS 基团与巯基反应而断裂，释放出新的 AIE 分子，才可激活荧光和活性氧（ROS）产生能力。这种双重选择过程可以提高癌细胞成像的对比度，降低背景荧光，降低光敏剂的暗毒性，提高光动力抗癌的效率。这种设计方法可开发具有高特异性、低暗毒性的激活型光敏剂用于光动力抗癌。

2018 年，张德清、张关心等[70]设计合成了一种 AIE Zincke 盐型荧光传感器 **40**。**40** 可在 GSH 作用下，发生 2, 4-二硝基苯基断裂反应，生成强荧光的吡啶四苯乙烯。AIE 传感器 **40** 对 GSH 的特异性强，检测限为 36.9 nmol/L（图 1-9）。王建国、李永东等[71]设计合成了 DNBS 猝灭的四苯乙烯 AIE 荧光传感器 TPENNO$_2$（**41**）。根据与巯基氨基酸 Cys、Hcy 及 GSH 反应的动力学快慢，TPENNO$_2$ 可特异性地将 Cys 区分出来。类似地，张岐、贾春满等[72]报道了具有 AIE 和 ESIPT 特性的荧光传感器 TPE-3（**42**）。TPE-3 可对巯基氨基酸响应，斯托克斯位移大于 200 nm，非常适合用于细胞内巯基氨基酸的实时荧光成像。利用类似机理设计合成的 AIE 荧光传感器还有 **43**[73]、**44**[74]。

6）二硫键或二硒键断裂反应

二硫键或二硒键可在巯基作用下发生断裂，因此也是设计巯基氨基酸荧光化学生物传感器的常用方法。例如，刘斌等[75]用含二硫键的亲水性多肽片段来修饰 TPE 分子，进而调控其聚集状态和 AIE 性质。据此，他们设计合成了 AIE 荧光传感器 TPE-SS-D$_5$（**45**）（图 1-10），通过二硫键将天冬氨酸五肽与 TPE 共价连接，得到的 **45** 具有良好的亲水性，在 DMSO/水（$v/v = 1:99$）混合溶液中不发光。当与 GSH 反应后，**45** 中的二硫键断裂，释放出疏水的 TPE 部分，从而发生聚集，荧光增强。**45** 对 GSH 具有较高的灵敏度，检测限为 4.26 μmol/L，并且可在细胞内检测 GSH。进一步地，该课题组又在 **45** 基础上引入具有靶向癌细胞过表达的 $\alpha_v\beta_3$ 整合蛋白能力的 RGD，得到 AIE 荧光传感器 TPE-SS-D$_5$-cRGD（**46**）[76]，可定位于 $\alpha_v\beta_3$ 整合蛋白过表达的人成胶质细胞瘤中细胞膜上，对该细胞系细胞内 GSH 进行实时荧光成像。

2019 年，王勇、陈宇等[77]报道了 AIE 聚合物 TPE-ssHPA（**47**）用于巯基氨基酸的特异性检测。**47** 由三部分组成：二硫键修饰的超支化聚合物多聚酰胺（ssHPA），作为亲水性介质；TPE 作为疏水性的 AIE 型荧光团；二硫键作为巯基响应基团。当 **47** 用作巯基氨基酸的荧光传感器时，可实现无金属、无有机溶剂检测。当与 Cys 或 GSH 反应后，二硫键断裂，聚合物被破坏，释放疏水的 TPE 分子，从而聚集产生荧光增强。该聚合物也可用于活细胞中巯基氨基酸的实时荧光成像。

除了设计合成巯基化学生物传感器，二硫键或二硒键与巯基的反应也经常被用来构建载药体系，制备成像与治疗于一体的诊疗系统。如图 1-10 中 **48**、**49** 所示[78, 79]。2015 年，计剑、金桥等[78]设计合成一种组织蛋白酶 B 和 GSH 双重响应的载药体系 TPE-GEM-RGD（**48**）。该体系包含四部分：①二硫键连接的化疗药物

GEM；②通过组织蛋白酶 B 响应的 GFLG 肽与 GEM 连接的四苯乙烯结构；③亲水性的天冬氨酸五肽；④可靶向癌细胞的 RGD 序列。**48** 具有良好的水溶性，在生理条件下不发光。当在细胞内被组织蛋白酶 B 水解后，疏水性的 TPE 基团被释放，荧光点亮。与 GSH 作用后，二硫键断裂释放出抗癌药物 GEM，因此 **48** 可作为荧光点亮型抗癌药物体系并用于癌细胞成像和抗癌研究。

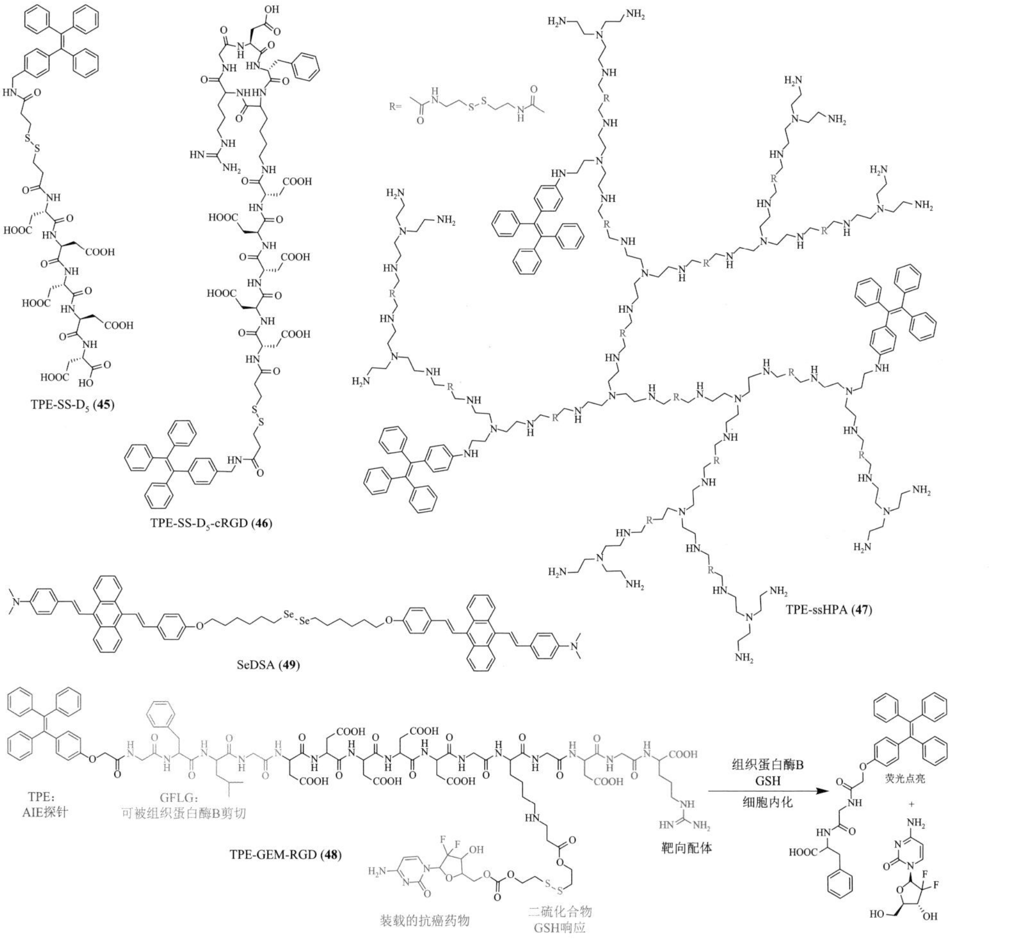

图 1-10　AIE 传感器 45～49 的化学结构及传感器 48 的响应机制

田文晶、徐斌等[79]设计合成了含有二硒键的 9, 10-二苯乙烯基蒽（SeDSA，**49**）。**49** 具有 AIE 性质，可与抗癌前药 SePTX（含二硒键修饰的紫杉醇）通过共沉淀法形成 SeDSA-SePTX 纳米颗粒。SeDSA-SePTX 纳米颗粒与 GSH 反应后，发生二硒键的断裂，产生荧光增强，同时释放抗癌药物紫杉醇，选择性地杀伤癌细胞。因此，这种方法可为还原型环境敏感载药体系的设计提供新思路。

7）与金属配合物发生配体置换反应

金属离子，特别是一些顺磁性的金属离子如 Cu^{2+}、Fe^{3+} 等能够有效地猝灭荧光，而巯基与这些金属离子的配合物发生配体置换反应后，可以把金属离子从原来的配合物中剥离，从而使原先的荧光发色团的发光恢复。根据这一原理，人们设计了一系列用于识别巯基氨基酸的 AIE 荧光传感器，如图 1-11（a）所示。唐

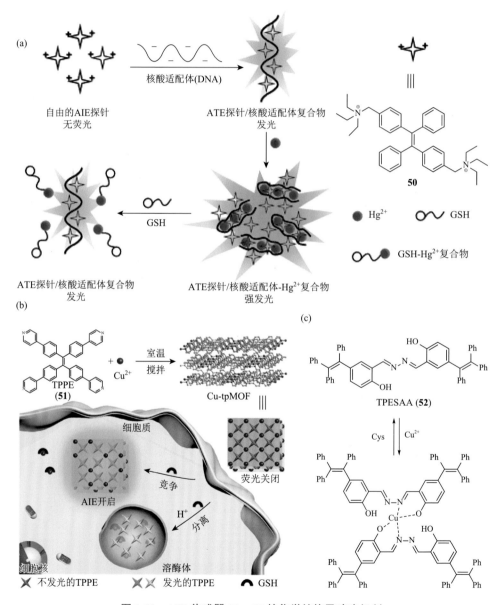

图 1-11　AIE 传感器 **50**～**52** 的化学结构及响应机制

本忠、计剑等[80]报道带有季铵盐结构的四苯乙烯化合物（**50**）可以与 Hg^{2+} 特异性的核酸适配体通过静电相互作用结合形成聚集体，荧光增强，当存在 Hg^{2+} 时，富含胸腺嘧啶的核酸适配体可特异性地与 Hg^{2+} 络合，使核酸适配体转化为发卡结构，使得四苯乙烯化合物之间的距离被拉近，荧光得到进一步增强；随后，当 GSH 与 Hg^{2+} 反应后，Hg^{2+} 被剥离，发卡结构被破坏，荧光减弱。因此这种发卡结构的配合物可以实现对 GSH 的高灵敏检测，检测限为 0.15 μmol/L。

2019 年，雷建平、刘斌等[81]利用四吡啶基苯基乙烯（TPPE，**51**）与 Cu^{2+} 形成的金属有机框架（MOF）结构来识别 GSH，如图 1-11（b）所示。由于 Cu^{2+} 诱导的电子转移过程，该 MOF 结构不发光。经细胞内吞过程进入细胞质后，该 MOF 结构中一部分 Cu^{2+} 被细胞内的 GSH 竞争性结合，MOF 结构的绿色荧光恢复；当进一步被转移到酸性的溶酶体中，MOF 结构中全部 Cu^{2+} 都与 GSH 结合，从 MOF 结构中解离出来，MOF 结构中的 TPPE 的吡啶氮原子被质子化，产生黄色荧光。这种 AIE 型 MOF 结构的双通道比率型荧光响应模式可以实时检测亚细胞器中 GSH 的含量，并且可用于药物导致的亚细胞 GSH 含量变化过程的动态监测。

利用类似原理设计的 AIE 荧光传感器还有 TPESAA（**52**）[82]。**52** 可高特异性地与 Cu^{2+} 络合，导致荧光猝灭。加入 Cys 后，Cys 竞争性地与 Cu^{2+} 络合，释放游离的 **52**，荧光恢复，如图 1-11（c）所示。这种利用巯基氨基酸与金属离子之间的强亲和力设计合成高特异性巯基氨基酸化学生物传感器的策略非常简单，是一种常见的设计策略。

8）以纳米材料为基础的巯基氨基酸化学生物传感器

近年来，具有 AIE 效应的纳米材料备受人们的关注。张学记等[83]利用具有 AIE 效应的 Au 纳米簇及巯基诱导的化学刻蚀反应构建了 Cys 荧光化学传感器 **53**。他们首先在酸性条件下制备了具有 AIE 效应并含有过量 Au(I)-GSH 的 Au 纳米簇，在酸性条件（pH = 2.0）下，该 Au 纳米簇的荧光随着低 Cys 浓度的增加而升高（<1 mmol/L）；而高浓度 Cys（如 500 mmol/L）则会猝灭纳米簇的发光，这种发光猝灭效应是由巯基诱导的刻蚀反应导致的。这种方法可在超宽的范围内检测 Cys，检测范围可跨 9 个数量级，检测限为 6.3 pmol/L。并且该方法对 Cys 具有较强的特异性，可在人血清中检测 Cys，如图 1-12（a）所示。黄玉明、曹海燕等[84]利用具有 AIE 效应的 Cu 纳米簇和 MnO_2 纳米片构筑了一种可检测痕量 GSH 的化学生物传感器 **54**，如图 1-12（b）所示。其中发红光的 Cu 纳米簇充当荧光报告器，MnO_2 纳米片充当 Cu 纳米簇的荧光猝灭剂及 GSH 的响应部分。MnO_2 纳米片通过内过滤效应猝灭 Cu 纳米簇的发光，当加入 GSH 时，MnO_2 纳米片被 GSH 还原为 Mn^{2+}，Cu 纳米簇的发光得以恢复。该体系对 GSH 具有超高的灵敏度，检测限为 1.2 nmol/L，并成功用于人血清样本中 GSH 的定量检测，并有望为 GSH 相关疾病的跟踪及临床诊断提供新的思路。

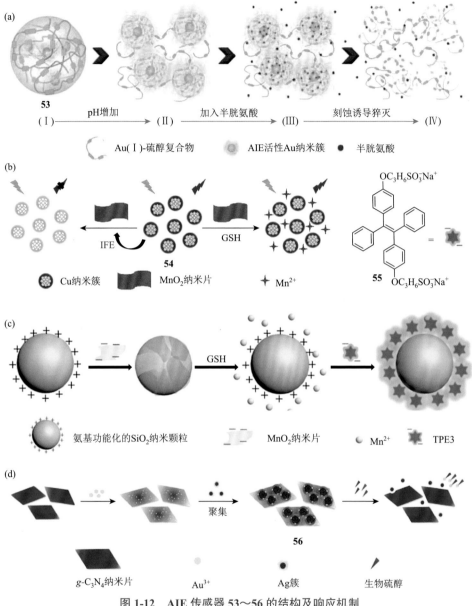

(a)

53

（Ⅰ）—— pH增加 ——（Ⅱ）—— 加入半胱氨酸 ——（Ⅲ）—— 刻蚀诱导猝灭 ——（Ⅳ）

Au(Ⅰ)-硫醇复合物　　AIE活性Au纳米簇　　半胱氨酸

(b)

OC₃H₆SO₃⁻Na⁺

IFE　　**54**　　GSH

Cu纳米簇　　MnO₂纳米片　　Mn²⁺　　**55** OC₃H₆SO₃⁻Na⁺

(c)

GSH

氨基功能化的SiO₂纳米颗粒　　MnO₂纳米片　　Mn²⁺　　TPE3

(d)

聚集

56

g-C₃N₄纳米片　　Au³⁺　　Ag簇　　生物硫醇

图 1-12　AIE 传感器 53～56 的结构及响应机制

　　类似地，渠凤丽、孔荣梅等[85]将带负电荷的 MnO₂ 纳米片包裹到氨基功能化的 SiO₂ 纳米颗粒上，加入 GSH 时，GSH 将 MnO₂ 纳米片还原为 Mn²⁺，释放出氨基功能化的 SiO₂ 纳米颗粒，此时，溶液中有利的带负电荷的四苯乙烯衍生物 **55** 可在纳米颗粒上聚集，发出强荧光，如图 1-12（c）所示。该体系设计方法简单、廉价，对 GSH 灵敏度高，检测限为 200 nmol/L，可用于血清中定量检测 GSH。

张修华、肖艳等[86]利用 Au^{3+} 触发的 Ag 纳米簇（Ag NCs）的 AIE 效应制备了一种比率型巯基氨基酸纳米传感器（**56**），如图 1-12（d）所示。他们将 Au^{3+} 负载至 g-C_3N_4 纳米片上，并进一步通过离子结合使 Ag NCs 在纳米片上聚集。由于 Au^{3+} 可调节 g-C_3N_4 纳米片与 Ag NCs 的发光，因此 Au^{3+} 与巯基氨基酸结合后从该体系中脱出，进一步产生比率型荧光变化。该体系可用于 GSH 检测，检测限为 0.8 μmol/L，也可用于血清中定量检测 GSH。

9）其他反应

如图 1-13 所示，马晨、杨冰川等[87]报道了一种简单有效的方法用来合成具有 AIE 效应的异噻唑[5, 4-b]吡啶-3(2H)-酮化合物，其中 **57** 可与巯基化合物发生开环反应，导致荧光猝灭。**57** 对 Cys 的检测限为 0.5 μmol/L。解永树、李成杰等[88]报道了一种具有 AIE 效应的 BODIPY 衍生物 XCN（**58**）用于检测巯基氨基酸 Cys 和 Hcy。XCN 不发光，与 GSH 反应后荧光增强不明显。但是加入 Cys 或 Hcy 时，XCN 中的氰基可与巯基发生加成环化反应，使得荧光大大增强。XCN 可在较宽的 pH 范围内（2～10）对 Cys 和 Hcy 产生特异性响应，并能够在细胞中对巯基氨基酸进行实时荧光成像。唐本忠等[89]报道了利用巯基-卤素的亲核取代反应设计的巯基氨基酸荧光传感器 **59**，可用于对含巯基蛋白质的荧光标记。

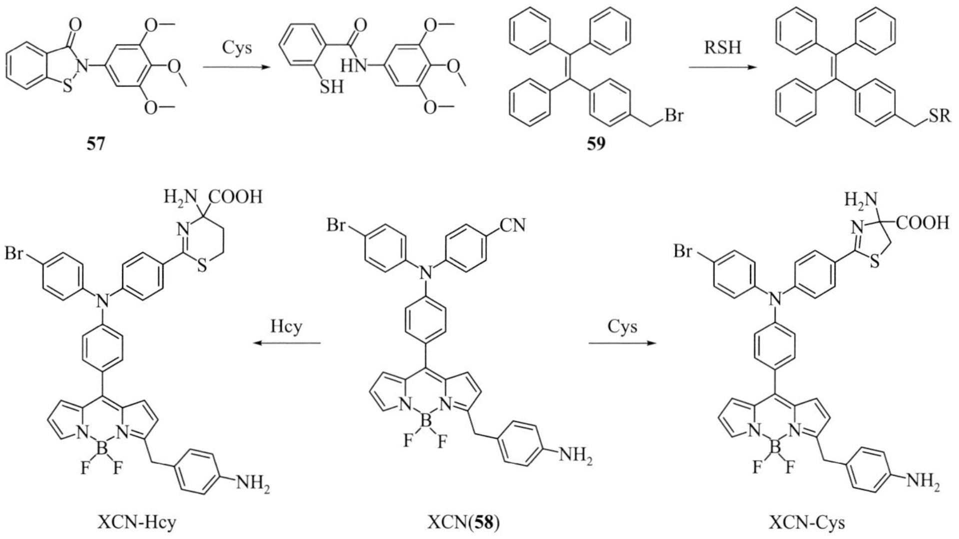

图 1-13　AIE 传感器 57～59 的化学结构及响应机制

1.2.2　单糖化学生物传感器

葡萄糖是研究最广泛最深入的小分子单糖，葡萄糖与人类健康密切相关，它不仅为人类日常生物过程提供能量，而且与其他蛋白质如胰岛素等共同作用维持人体健康、预防疾病。体液中的葡萄糖异常通常是身体出现不良状况的预警。因此，发展能够特异性检测葡萄糖浓度的化学生物传感器具有重要的生理意义。然而，葡萄糖与其他小分子单糖如果糖、甘露糖等的结构十分类似，设计特别针对葡萄糖的化学生物传感器就显得尤为困难。

2011 年，唐本忠、孙景志等[90]报道了一种具有 AIE 效应的点亮型生物传感器用于葡萄糖检测。如图 1-14 所示，**60** 的荧光强度随着葡萄糖浓度的升高而增强，可在尿液样本中检测葡萄糖。检测的机制涉及 **60** 中的两个硼酸基团与葡萄糖中顺式 1, 2-二醇的特异性相互作用。Shinkai 等[91]开发了一种比率型 AIE 荧光传感器用于葡萄糖检测。具有弱发光的传感器 **61** 由三部分组成：具有 AIE 特性的寡聚对苯乙炔（OPV）核、具有水溶性的吡啶基团及可与葡萄糖特异性相互作用的硼

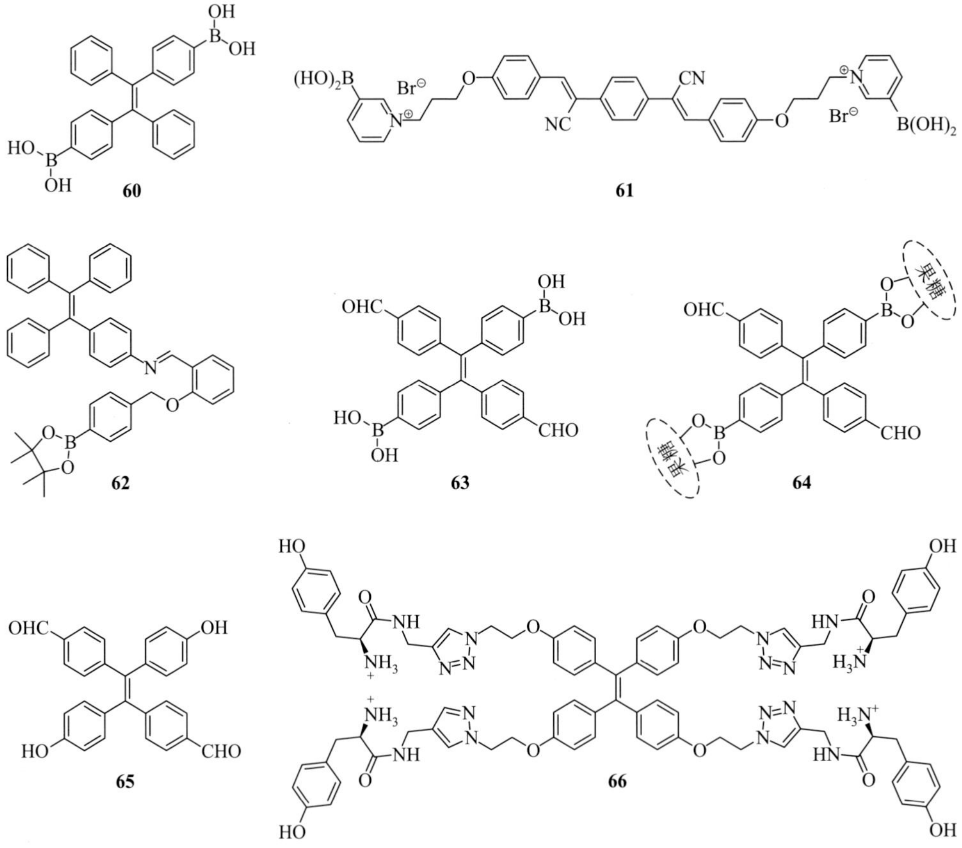

图 1-14　AIE 传感器 60～66 的化学结构

酸基团。将葡萄糖与 **61** 混合时，葡萄糖中的 1, 2-OH 和 3, 5, 6-OH 都能与硼酸基团作用形成 2∶1 的硼酸/葡萄糖络合物，使得 **61** 的面-面 H 聚集转换为错位的 J-聚集，形成有序的纤维状结构，从而导致发射峰从 440 nm 红移到 515 nm。

　　鉴于从结构非常类似的小分子单糖中特异性识别葡萄糖的难度较大，人们开发了酶参与的新型检测手段。其中，利用葡萄糖氧化酶（GOx）氧化葡萄糖产生过氧化氢（H_2O_2）来间接检测葡萄糖是最为常用的策略。

　　基于这一策略，唐本忠等[92]报道了用于检测 H_2O_2 和葡萄糖的 AIE 荧光传感器 **62**。传感器 **62** 由三部分组成：具有 AIE 特性的 TPE 部分、作为荧光调节器的亚胺部分和对 H_2O_2 响应的苯硼酸酯部分。由于未固定的亚胺部分的顺反异构化，**62** 自身不发光。加入葡萄糖和 GOx 后，反应产生的 H_2O_2 可将苯硼酸酯部分氧化，释放出 TPE 结构，产生明亮的黄色发光。利用这一策略，人们开发了许多可间接检测葡萄糖的 AIE 化学生物传感器，如图 1-14 所示。

　　通过调节加入葡萄糖前后溶解性的变化，具有多还原位点的 TPE 衍生物可用于葡萄糖检测[93]。如图 1-14 所示，**63** 在水溶液中溶解性较差，因此可发出明亮的蓝色荧光。当与果糖结合形成络合物 **64** 后，水溶性增强，发光减弱。**64** 可被 GOx 氧化葡萄糖产生的 H_2O_2 氧化生成水溶性更差的 **65**，可发出明亮的红色荧光。此外，利用化学生物传感器与葡萄糖形成网格状物或纳米颗粒也可以构建检测葡萄糖的 AIE 荧光传感器。刘世勇等[94]提出通过底物特异性的酶与 AIE 分子的反应来构建检测葡萄糖的 AIE 荧光传感器。酪氨酸修饰的 **66** 在 PBS（pH<6.2）中不发光。在 GOx 催化氧化葡萄糖产生的 H_2O_2 存在条件下，**66** 中酪氨酸基团可被辣根过氧化物酶（HRP）催化发生酚羟基聚合反应，产生 470 nm 处的强荧光。

　　利用静电相互作用，刘世勇、张国庆等[95]将可产生电荷的聚合物用于构建检测葡萄糖的 AIE 荧光传感器。如图 1-15（a）所示，聚合物 PBMA 与 H_2O_2 反应可产生带正电荷的聚合物，该聚合物可与四个带负电荷的羧酸基团修饰的 TPE 分子 **67** 结合形成聚离子络合物型纳米颗粒，从而使 AIE 分子 **67** 聚集，荧光增强。因此，向 PBMA、GOx 和 **67** 的混合溶液中加入葡萄糖时，该体系可实现对葡萄糖的特异性检测。

　　根据不同单糖所带负电荷的不同，人们设计合成带正电荷的 AIE 材料，这些材料不仅可以用于某种特定单糖的检测，还可以特异性地区分不同的单糖。例如，李广涛等[96]在聚离子液体中引入三种不同发光波长的 AIE 分子，用于检测和区分不同的单糖。聚离子凝胶球与不同单糖之间的相互作用会导致这种凝胶球不同程度的物理膨胀或萎缩，从而产生光学位移和颜色变化，同时，聚离子液体骨架的膨胀或萎缩以及不同单糖所导致的内部微环境的变化都将引起 AIE 分子聚集程度的变化，从而产生荧光变化。通过这种方法，该体系可通过光学和荧光两种信号的变化清楚地区分不同单糖，如图 1-15（b）所示。

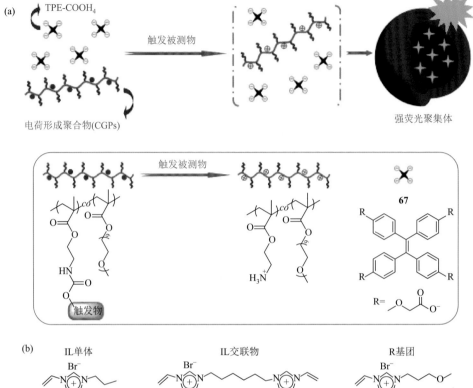

图 1-15　AIE 传感器 67、离子液体及相应 AIE 发色团的化学结构

1.2.3　ATP 化学生物传感器

腺苷三磷酸（ATP）作为细胞内的能量货币，在有机体各种新陈代谢循环中普遍存在，体内和体外 ATP 含量的测定能够为生物过程的精准理解提供重要的信息[97, 98]。ATP 作为信号分子，在调节细胞运动、神经传导和离子运输中发挥重要作用。并且 ATP 也参与生物体内许多酶反应过程，如激酶催化的蛋白质磷酸化过程、糖基转移酶催化过程等[99, 100]。ATP 在体内的含量也与各种疾病密切相关，如

心血管疾病、帕金森病及低血糖症等。鉴于 ATP 的重要生理意义,准确可靠地定性和定量检测 ATP 就显得十分必要。

目前,利用 AIE 分子设计合成检测 ATP 的化学生物荧光传感器主要有两种策略[101]:①金属离子作为键合位点的 AIE 传感器;②静电或氢键相互作用的 AIE 传感器。

1. 金属离子作为键合位点的 ATP 化学生物荧光传感器

金属离子如 Zn^{2+}、Cu^{2+} 等的配合物对磷酸盐表现出较强的结合能力,因此 Zn(Ⅱ)-磷酸和 Cu(Ⅱ)-磷酸相互作用为 ATP 的识别提供了重要途径。2018 年,卢忠林等[102]设计合成了一种两亲性的 TPE 分子(**68**),该分子可在水溶液中自组装形成 AIE 胶束。加入 Cu^{2+} 后,Cu^{2+} 可与 **68** 形成 2:1 的络合物,导致荧光猝灭。进一步加入 ATP,ATP 竞争性地与 **68**-Cu^{2+} 中的 Cu^{2+} 结合,荧光恢复。**68**-Cu^{2+} 对 ATP 特异性响应的检测限(DL)为 1.5 μmol/L。并且 **68**-Cu^{2+} 具有较低的细胞毒性,能够有效地进入细胞,在 HepG2 细胞中对 ATP 进行荧光成像。类似地,杨发福等[103]报道了一种"关-开"和"变色 关-开"双重检测型 AIE 荧光传感器(**69**)。**69** 可与 Cu^{2+} 形成 1:1 络合物导致荧光猝灭。所得到的 **69**-Cu^{2+} 的荧光可通过加入 ATP 竞争性结合 Cu^{2+} 而恢复。**69** 还可以与 Zn^{2+} 形成 1:1 络合物 **69**-Zn^{2+},使得荧光发射由红色变为橙色。当进一步加入 Cu^{2+} 后,黄色荧光被猝灭。再加入 ATP,黄色荧光又可以恢复。因此,通过 **69** 可实现对 ATP 的双重检测,并成功用于试纸及活细胞中 ATP 的检测。利用类似策略设计的 TPE-COOH(**70**)[104]可与 Cu^{2+} 络合,并进一步检测 ATP,如图 1-16 所示。

2. 静电或氢键相互作用的 ATP 化学生物荧光传感器

基于静电或氢键作用的 ATP 荧光传感器通常采用酰胺、吡咯、咪唑鎓盐及胍盐等基团。该类荧光传感器对 ATP 的选择性识别和检测具有重要意义。如图 1-17 所示,2009 年,张德清等[105]采用带正电荷的噻咯化合物 **71** 来识别 ATP。**71** 可通过静电相互作用和疏水作用在 ATP 分子上聚集,从而导致荧光增强。**71** 还可进一步用于原位检测 ATP 在生物体系中的消耗过程,因为 ATP 的水解产物 ADP、AMP 对检测过程无干扰。因此,可通过检测 **71** 荧光强度的变化情况检测小牛肠碱性磷酸酶对 ATP 的水解过程。随后,杨国强、李懿、李沙瑜等[106]报道了一种结构新颖的基于三芳基硼的 2-芘-1-(2,4,6-三异丙基)硼烷(DPTB)ATP 荧光传感器 **72**,能够在体内和体外检测 ATP 的水平,且对 ATP 表现出比 ADP 和 AMP 更高的专一性。其识别过程为 ATP 诱导的聚集状态的出现。

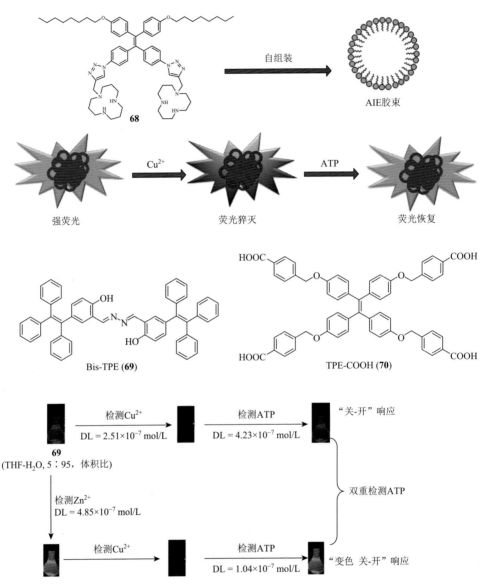

图 1-16　AIE 传感器 68～70 的结构及响应机制

荧光有机纳米颗粒由于具有毒性低、制备简单及表面可功能化等优点，在化学生物传感及成像领域备受关注。2016 年，李立东等[107]报道了一种自组装的荧光有机纳米颗粒 **73**，可用于 ATP 的识别传感。**73** 中含有可与 ATP 结合的双咪唑鎓盐（BIM）结构及可提高水溶性和生物兼容性的寡聚乙二醇结构，因此 **73** 与 ATP 结合后可自组装成纳米颗粒，发出明亮的荧光，并成功用于细胞内 ATP 的实时荧光成像。

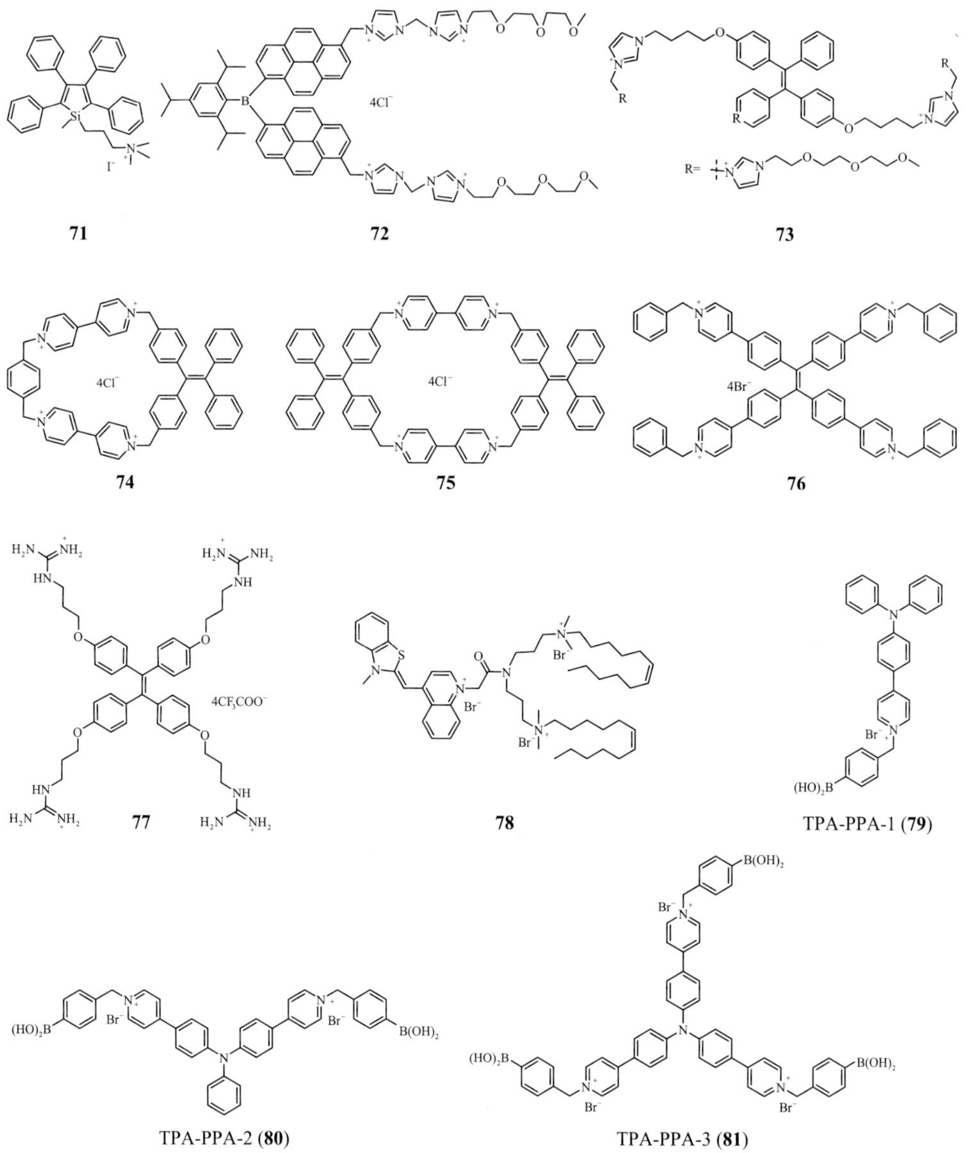

图 1-17　AIE 传感器 71～81 的结构

　　2019 年，曹利平等[108]用双吡啶盐结构连接 TPE 分子，设计合成了两种带四个正电荷的环蕃化合物 74 和 75。74 和 75 具有良好的水溶性。单晶衍射结果显示 74 具有梯形的空腔，空腔相对较小，而 75 具有矩形空腔，空腔相对较大。74 对色氨酸和 ATP 表现出较好的选择性，其空腔大小与色氨酸及 ATP 的尺寸吻合较好。并且他们通过调控连接 TPE 的连接基团的大小，调控这种带正电荷环蕃化合物的空腔尺寸，进而设计合成能够对 DNA 特异性识别的生物传感器，同时为分子结构的构建提供超分子构建模块。类似地，王建国、李永东等[109]利用吡啶盐结构也设计合成了能够特异性响应 ATP 的荧光传感器 **76**，通过改变传感器 **76** 的浓度，可在非常宽的范围内定量检测 ATP。**76** 可在正常细胞和癌细胞中对 ATP 进行实时荧光成像。另外，Shinkai 等[110]报道了一种基于四苯乙烯脒盐的 ATP 生物荧光传感器 **77**，可对 ATP 产生非线性的荧光响应，同时伴随 ATP 诱导的四苯乙烯结构自组装导致的 AIE 效应的发生。类似地，桂建舟、杨鹏等[111]报道了一种噻唑橙衍生物 **78**，可选择性地检测 ATP。

带有硼酸基团的 AIE 分子也被用于构建识别 ATP 的化学生物传感器[112]。雷自强、马恒昌等[112, 113]设计合成了一系列带有硼酸基团的荧光传感器 **79**～**81**，用于检测 ATP。其中，**81** 含有三个硼酸结合位点，与 ATP 结合后的分子内运动受限程度最大，因此 **81** 对 ATP 的特异性强、灵敏度高，并可用于 HepG2 细胞中对 ATP 的实时荧光成像。

1.2.4 其他重要的小分子

1. H_2S 化学生物传感器

H_2S 是体内产生的一种重要的生物信号分子。体内 H_2S 水平失衡将导致帕金森病和阿尔茨海默病等疾病，因此开发能够在细胞或组织水平对 H_2S 进行检测的化学生物传感器对于深入理解许多生理和病理过程具有重要的实际意义[114-116]。如图 1-18 所示，H_2S 具有还原性和亲核性，利用这些性质人们开发了许多 AIE 型化学生物传感器用于 H_2S 检测。例如，唐本忠、秦安军等[116]通过在 TPE 上连接叠氮基团构建了一种敏感性可调的 TPE 衍生物（**82**）。**82** 在溶液中和聚集态下都不发光，当与 H_2S 反应后，叠氮基团被还原为氨基得到氨基修饰的 TPE，在聚集态发出强荧光。**82** 对 H_2S 响应十分迅速，只需要 2 min，通过调节 **82** 的浓度可实

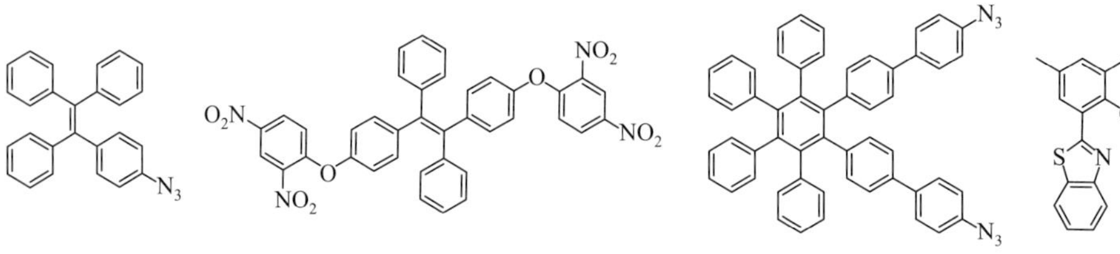

图 1-18　AIE 传感器 **82**～**85** 的化学结构

现对 H_2S 检测限的调控，并且可在血液中检测 H_2S。唐波、李平等[117]设计了类似的 TPE 衍生物 **83** 用于 H_2S 检测，**83** 用 2, 4-二硝基苯基醚来作为 H_2S 的响应基团，H_2S 的亲核反应生成可产生强荧光的物质羟基 TPE，同时，另一个产物 2, 4-二硝基苯硫酚在 450 nm 具有强吸收，导致反应溶液的颜色变化。并且 **83** 可用于监控细胞内和线虫（*C. elegans*）中 H_2S 含量的变化。

双光子成像技术具有组织穿透深度深、激发波长更长、观测时间更长等独特优势。近期，Kumar、Bhalla 等[118]报道了一种具有 AIEE 效应的六苯基苯衍生物（**84**）用于双光子条件下检测 H_2S。**84** 可选择性地对 H_2S 进行响应而不受其他活性氧物种的干扰，产生近 30 倍的荧光增强，检测限为 0.33 mmol/L。**84** 具有良好的细胞穿透能力，有望用于在双光子激发模式下对细胞内 H_2S 相关的生物过程进行监控。Yoon、Kim 等[119]合成了一种 2-(2-羟苯基)苯并噻唑（HBT）衍生物 **85** 用于 H_2S 检测。由于酚羟基以插烯内酯的形式存在，阻碍了 ESIPT 过程，因此 **85** 不发光。与 H_2S 发生开环反应之后，产生酚羟基参与的 ESIPT 过程，AIE 性质恢复，荧光增强约 80 倍，并伴随非常大的斯托克斯位移。**85** 可在双光子激发模式下对细胞内 H_2S 进行荧光成像。

2. 磷脂化学生物传感器

磷脂是构成细胞基本结构必需的物质之一，对活化细胞，维持新陈代谢、基础代谢及激素的均衡分泌、增强人体免疫力和再生力都发挥着重大作用。磷脂还具有促进脂肪代谢、防止脂肪肝、降低血清胆固醇、改善血液循环、预防心血管疾病的作用[120, 121]。至今，人们已发现磷脂几乎存在于所有机体细胞中，动植物体重要组织中都含有较多磷脂。心磷脂是一种在线粒体内膜上广泛存在的特殊磷脂，含有四个不饱和酰基长链及一个带有两个负电荷的极性头。心磷脂在调节线粒体呼吸及凋亡过程中具有重要作用，心磷脂的缺失是老化、心血管疾病巴思综合征（Barth syndrome）及一系列与线粒体呼吸作用相关疾病的重要预示[122-124]。唐本忠、Pletneva 等[125]设计合成了一种带正电荷的 AIE 荧光传感器用于心磷脂的检测和定量，如图 1-19 所示。**86** 中含有四个季铵盐结构，使其能够在水溶液中完全溶解，因此几乎不发光。当与含有心磷脂的囊泡（TOCL）作用后，荧光大大增强。相对地，**86** 在不含心磷脂的 DOPC 囊泡中及含线粒体其他磷脂的囊泡中均不发光。当增加检测溶液的离子浓度时，**86** 在含心磷脂的 TOCL 囊泡中也不再发光，说明 **86** 与心磷脂之间主要是通过静电吸引相互作用结合的。与商业化心磷脂传感器 10-壬基吖啶橙相比，**86** 的选择性和特异性更强，并且检测过程更加简单。

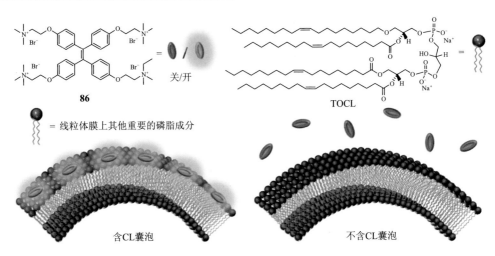

= 线粒体膜上其他重要的磷脂成分

含CL囊泡　　　　　不含CL囊泡

图 1-19　AIE 传感器 86 的化学结构及其响应机制

1.3 　生物大分子传感

1.3.1　核酸

　　核酸（DNA 和 RNA）是生物体中负载遗传信息的重要生物大分子，关系到人类的正常生命过程和病理过程。许多疾病的预防和治疗都是以核酸为靶点来设计的，而核酸的定量检测则是药物设计的基础。研究证明，与核酸作用的药物在体内体外具有一致性[126]，用核酸生物传感器对药物与核酸的结合进行研究具有非常重要的理论意义和实践意义，因此核酸生物传感器已获得了人们的广泛关注。

　　田文晶、徐斌等[127]利用单链 DNA 适配体、氧化石墨烯（GO）及具有 AIE 活性的 DSA 衍生物（87~89）来检测特定碱基序列的 DNA。如图 1-20 所示，单链 DNA 适配体可以与 DSA 衍生物结合而产生聚集诱导发光增强，当与 GO 作用后，从 DSA 衍生物到 GO 的荧光共振能量转移（FRET）效应将猝灭 DSA 衍生物的荧光。当单链 DNA 适配体与特定互补序列的 DNA 结合形成 DNA 双链后，可将 DSA 衍生物从 GO 表面剥离，并进一步与双链 DNA 结合，从而恢复强荧光。通过优化及调整 DSA 衍生物与 GO 和单链 DNA 的分子相互作用，该体系对 DNA 的检测限可达 0.17 nmol/L。

　　含有鸟嘌呤重复序列的单链 DNA 中心结合 K^+ 非常容易折叠形成 G-四链体的二级结构。人端粒 DNA 中 G-四链体的形成可以影响基因表达，抑制癌细胞中端粒酶的活性[128-130]。因此，科学家认为开发靶向 G-四链体的药物能够实现对基因

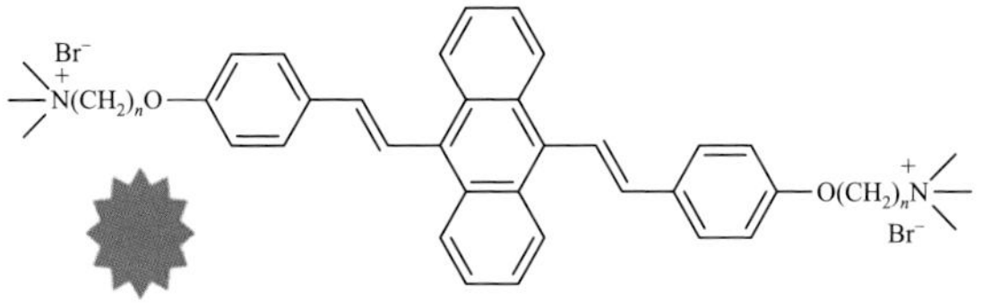

n = 2, DSAC$_2$N(**87**)
n = 4, DSAC$_2$N(**88**)
n = 6, DSAC$_2$N(**89**)

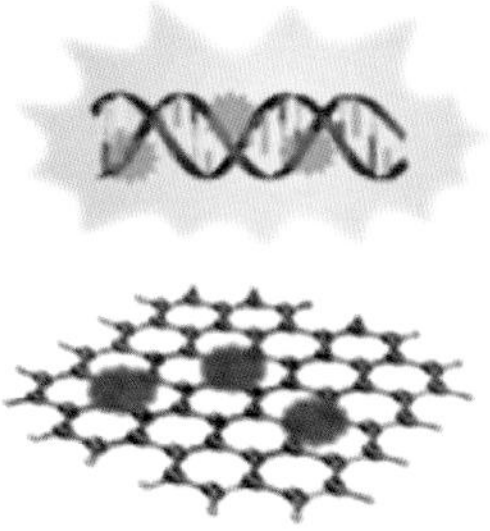

超灵敏DNA传感

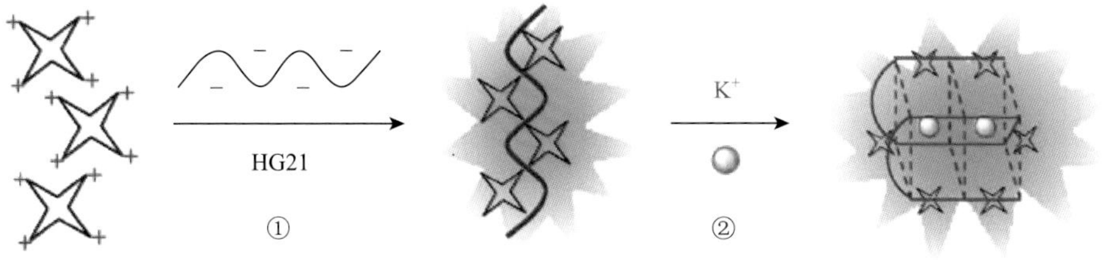

游离**90**
无荧光

90/HG21(随机缠绕)
470 nm强荧光

90/HG21/K$^+$(四链体)
492 nm强荧光

用于DNA的具有随机螺旋
四链体和双重构象的生物探针

HG21 = 5′-GGGTTAGGGTTAGGGTTAGGG-3′
C21 = 5′-CCCTTACCCTTACCCTTACCC-3′

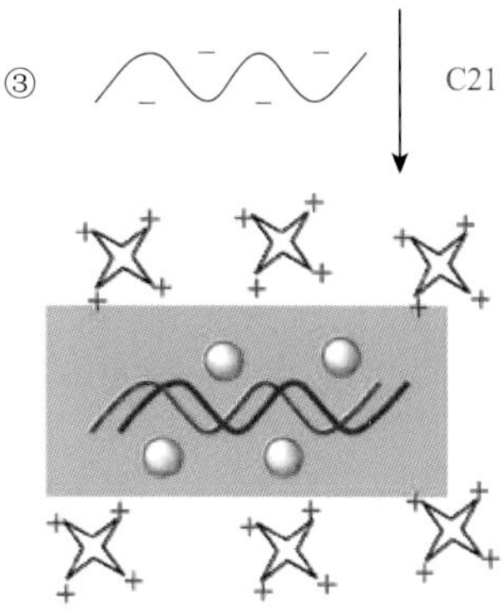

90

HG21/C21/K$^+$(二链体)
470 nm弱荧光

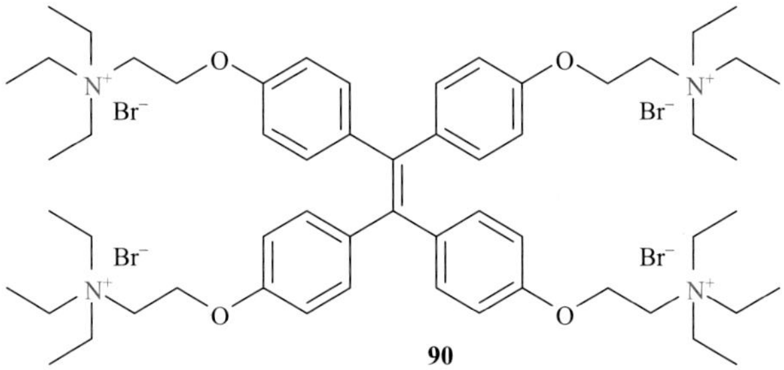

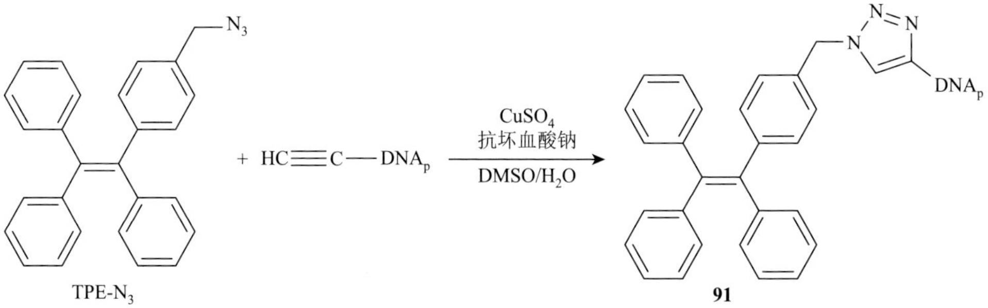

TPE-N$_3$

+ HC≡C—DNA$_p$

CuSO$_4$
抗坏血酸钠
DMSO/H$_2$O

91

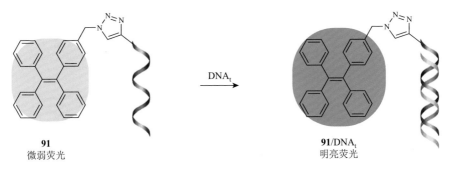

图 1-20　AIE 传感器 87～91 的结构及其响应机制

表达的人工调控，并进而控制癌细胞增殖，因此对 G-四链体的检测具有非常重要的医学价值[131, 132]。唐本忠等[133]发现带正电荷的 TPE 衍生物（**90**）可特异性地检测 DNA 的折叠结构。如图 1-20 所示，**90** 在水溶液中具有较好的溶解性，本身在 470 nm 处发光较弱。当与 DNA 单链 HG21 结合后，可抑制分子内的旋转，点亮 470 nm 的荧光。K⁺的加入诱导 HG21 折叠形成 G-四链体结构，发射光谱从 470 nm 红移至 492 nm。当与互补序列 C21 结合后，四链体结构被破坏，形成双链 DNA，K⁺与 **90** 竞争性地与双链 DNA 结合，K⁺结合能力更强，最终 **90** 重新游离到溶液中，恢复 470 nm 处的弱发光。

刘斌、唐本忠等[134]设计了一种简单的 DNA 单链标记的 AIE 荧光传感器（**91**）用于检测 DNA 交联，如图 1-20 所示。**91** 包含一段寡聚核苷酸序列和一个 TPE 荧光发色团，在溶液中，该传感器发光较弱。当存在互补序列时，该传感器发生 DNA 交联，生成 DNA 双螺旋结构，有效地阻止了 TPE 分子内旋转和振动，荧光发射恢复。

1.3.2　蛋白质

蛋白质是构成机体组织、器官的重要组成部分，并参与调节机体代谢，为机体提供能量等。基于蛋白质的重要生理功能，对蛋白质的检测具有至关重要的意义。唐本忠等[135]利用磺酸化的 TPE 衍生物（**92**）检测牛血清白蛋白（BSA）。如图 1-21 所示，**92** 在中性磷酸盐缓冲液中不发光，当加入 500 mg/L BSA 后，荧光增强 240 倍，这种高灵敏度使得 **92** 可对浓度低至 0.05 mg/L（或 50 ppb[①]）的 BSA 进行检测。**92** 具有较大的斯托克斯位移（＞100 nm），线性范围宽，性质稳定。**92** 的荧光强度与 BSA 浓度（0～100 mg/L）呈良好的线性关系，说明 **92** 可在较宽的浓度范围内定量检测 BSA。

---

① ppb 为 10^{-9}。

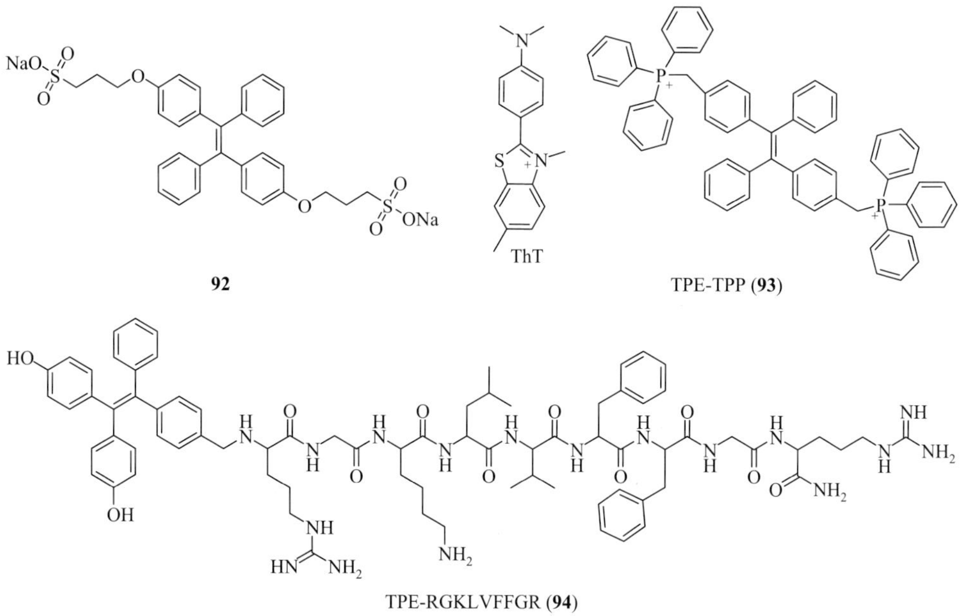

92

TPE-TPP (93)

TPE-RGKLVFFGR (94)

图 1-21 AIE 传感器 92～94 的化学结构

蛋白质纤维化和淀粉样变性与许多疾病密切相关[136-138]，蛋白质纤维的大量富集将导致帕金森病、阿尔茨海默病等神经系统疾病[139-141]。因此，急需开发有效的生物传感器在疾病初期检测蛋白质纤维的形成，检测蛋白质纤维化过程。硫黄素 T（ThT）是检测蛋白质纤维化最常用的染料，但是由于 ACQ 效应，ThT 检测通常须在低浓度下进行，导致检测的低灵敏度和假阳性信号[142-144]。AIE 生物传感器的特殊发光性质可以有效克服 ThT 检测的缺点。因此，唐本忠、黄旭辉等[145]进一步利用生物传感器 92 来监控胰岛素纤维化过程。当 92 与原生态胰岛素结合后荧光仍然保持较弱，但是与胰岛素蛋白纤维结合后，荧光大大增强。92 的荧光增强程度与胰岛素纤维化程度呈现线性相关，预示着 92 可以用于定量胰岛素的纤维化程度。分子动态模拟及对接实验结果显示 92 更倾向于通过疏水作用与胰岛素的部分未折叠形式结合，而不易与原生态胰岛素结合。

α-突触核蛋白（α-Syn）的异常聚集和纤维化在帕金森病中起关键作用[146-148]。为了监控 α-突触核蛋白的纤维化过程，唐本忠、Gai、唐友宏等[149]设计合成了一种三苯基膦盐修饰的 TPE 生物传感器 TPE-TPP（93）。如图 1-21 所示，93 可快速灵敏地区分单体 α-突触核蛋白和纤维化的 α-突触核蛋白。93 及 ThT 与 α-突触核蛋白纤维结合的解离常数（K_d）分别为 4.36 μmol/L 和 8.48 μmol/L。可见，93 有望用于监控 α-突触核蛋白的纤维化过程和早期帕金森病的临床诊断。

β-淀粉样蛋白（Aβ）多肽在细胞外以富集 Aβ 纤维的形式富集是导致阿尔茨

海默病的重要原因[150]。为了实现阿尔茨海默病的早期诊断，发展快速灵敏的检测 Aβ 纤维的新方法，监控纤维形成的动力学就显得非常关键。近期，Jana、Ghorai 等[151]报道了一种荧光点亮型淀粉样蛋白纤维的生物传感器（TPE-RGKLVFFGR，**94**），如图 1-21 所示。**94** 由 TPE 和一段可特异性地与淀粉样蛋白结构结合的肽链（RGKLVFFGR）共价键合而成，**94** 在淀粉样蛋白单体肽链存在条件下不发光，与淀粉样蛋白纤维结合后可点亮荧光，与传统传感器 ThT 相比，**94** 响应的荧光信号强 4 倍，可用于高灵敏度地检测和监控淀粉样蛋白的纤维化过程。

1.3.3 疾病相关酶活性传感

对疾病相关的酶活性的检测对生物相关研究及疾病的临床诊断具有重大的实际应用价值，AIE 荧光传感器已被广泛应用于各种各样疾病相关的酶活性的检测，包括乙酰胆碱酯酶（AChE）、碱性磷酸酶（ALP）、酯酶、凋亡酶、单胺氧化酶、NAD(P)H：醌氧化还原酶（NQO1）及端粒酶等。

根据不同 AIE 传感器与待测酶的相互作用机制，可以将目前报道的用于疾病相关酶活性检测的 AIE 荧光传感器的设计思路大致分为两类：亲和力型 AIE 荧光传感器与反应型 AIE 荧光传感器，如图 1-22 所示。将酶特异性的底物或者抑制剂键合到 AIE 分子上可以构建亲和力型 AIE 荧光传感器，其识别过程不涉及酶催化的化学反应，只涉及酶与底物的非共价结合。而反应型 AIE 荧光传感器则是基于酶与传感器之间的特异性催化反应设计的。相较于亲和力型 AIE 荧光传感器，反应型 AIE 荧光传感器具有更低的背景荧光，传感器被酶催化转化为产物前的背景荧光非常低，只有与酶发生特异性反应生成新产物之后才能发出较强的荧光。因此，亲和力型 AIE 荧光传感器更具有实际应用潜力。

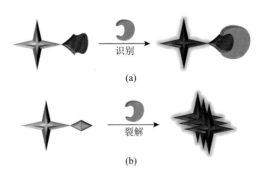

图 1-22 亲和力型（a）和反应型（b）AIE 荧光传感器的设计策略

1. ALP 传感

ALP（EC 3.1.3.1）是一种非常重要的酶，广泛存在于骨、肝、肠等组织中，在细胞蛋白质代谢过程中的磷酸化和脱磷酸化过程中具有重要的作用[152]。ALP 已被认为是骨病、肝功能损伤、心脏衰竭、卵巢癌、乳腺癌及前列腺癌、糖尿病等的诊断标志物[153, 154]，同时也是成骨细胞分化的重要标志物[155]，因此，特异性地对 ALP 进行检测，对临床相关疾病的诊断和治疗都具有非常重要的意义和实际应用价值。

近年来，科学家设计合成了多种 AIE 荧光传感器用于 ALP 的活性/水平的检测，如图 1-23 (a) 所示。这些 AIE 传感器基本都是根据 ALP 催化的脱磷酸基团反应设计的[156-163]。其中 **95～102** 具有良好的水溶性，在水溶液中基本不发光。

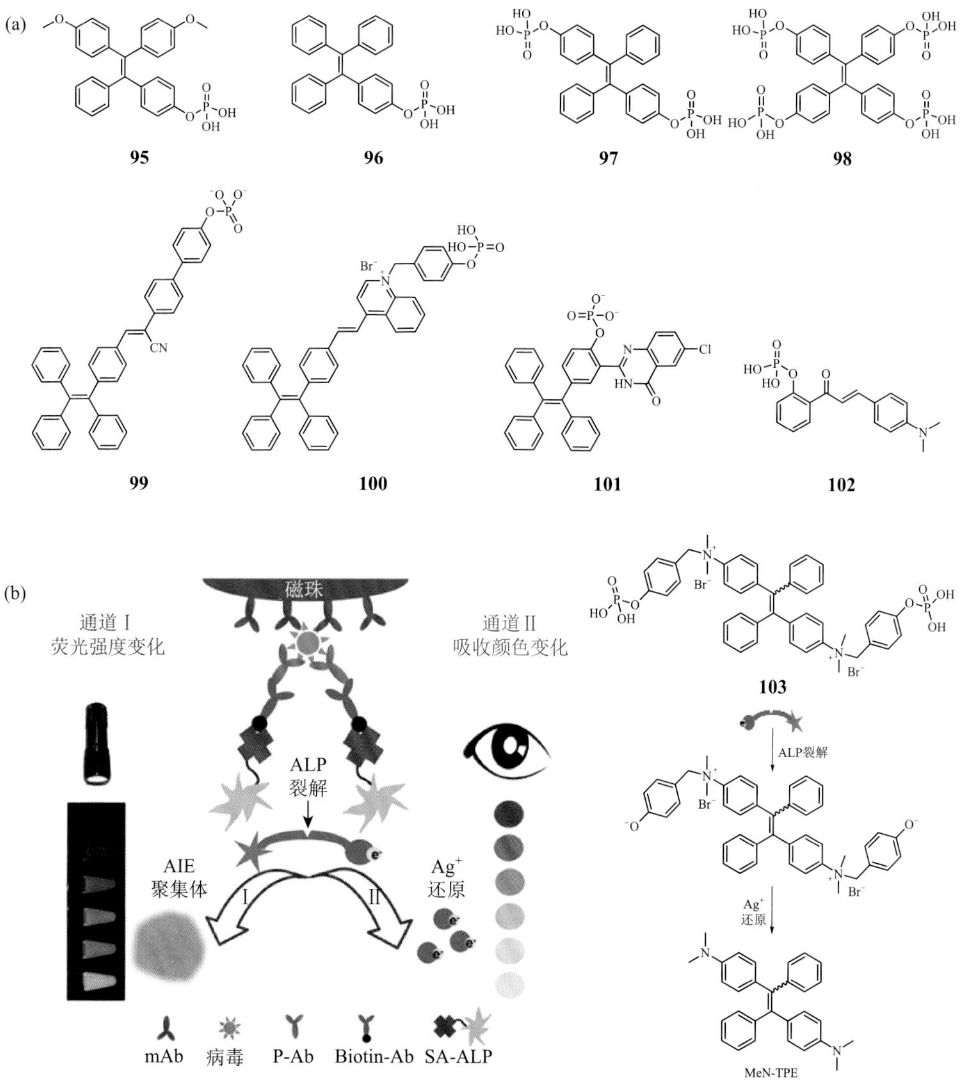

图 1-23　AIE 传感器 95～103 的化学结构及其响应机制

ALP 催化分子中的磷酸基团脱除转化为羟基，分子的水溶性变差，分子发生聚集并点亮荧光。**95** 和 **99** 可用于活细胞内 ALP 水平的实时荧光成像[156, 159]，而 **97** 和 **100** 可用于在血清样本中定量检测 ALP[158, 160]。值得注意的是，**96** 和 **97** 还能用于成骨细胞分化过程中 ALP 活性的监控[157]。唐本忠、刘斌等设计合成了一种红光发射的比率型 AIE 荧光传感器（**103**）用于 ALP 检测[162]。**103** 具有 AIE 和 ESIPT 特性，其特有的红光发射及其对 ALP 比率型的响应方式可以避免检测过程中细胞或组织自身荧光发射带来的背景干扰，提高检测的灵敏度和特异性。

唐本忠等[163]开发了一种基于病毒粒子-免疫桥连杂化体系用于双通道响应的病毒免疫检测。如图 1-23（b）所示，该病毒免疫检测体系包含磁珠、抗 VP1 单克隆抗体（mAb）、病毒、兔多克隆抗体（P-Ab）、生物素修饰的抗体（Biotin-Ab）和链霉亲和素-ALP（SA-ALP）。以人肠道 71 型病毒（EV71 病毒）为例，病毒粒子-桥连的 ALP 酶可催化水解 AIE 传感器 **103** 中的磷酸基团转化为水溶性较差的 MeN-TPE，使得荧光增强 380 倍。同时，**103** 催化水解过程中可将 Ag^+ 还原为 Ag，在 Au 纳米颗粒表面形成一层 Ag 的纳米壳，产生非常强的等离子体颜色变化，可用于肉眼可见的病毒初筛。应用该病毒免疫检测体系可特异性地对 EV71 病毒粒子进行检测，荧光法的检测限为 1.4 拷贝数/μL。并且通过简单更换相应的抗体，该病毒免疫检测体系还可用于其他病毒如 H7N9 及寨卡（Zika）病毒的双通道免疫检测。

2. 凋亡酶传感

凋亡酶是一类细胞内半胱氨酸蛋白酶，在细胞凋亡的启动和执行过程中发挥关键作用[164, 165]。在典型的细胞凋亡过程中，凋亡启动酶如凋亡酶-8 或凋亡酶-9 负责激活效应器凋亡酶（凋亡酶-3/-7）并最终导致细胞凋亡[166]，因此，凋亡酶是细胞凋亡过程可视化成像的重要靶标。到目前为止，科学家已经报道了多个凋亡酶活性检测的 AIE 荧光生物传感器[167-172]，如图 1-24 所示。刘斌、唐本忠等[167]将凋亡酶特异性的 DEVD 多肽序列键合到疏水性的 TPE 上获得 AIE 传感器 **104**。在水溶液中，由于多肽序列的亲水性，**104** 的发光非常弱，当与凋亡酶-3/-7 反应后，多肽序列 DEVD 断裂，释放出疏水性的 TPE，荧光大大增强。**104** 为实时监控细胞凋亡过程提供了可视化工具，并且可用于原位筛选或量化细胞凋亡诱导试剂。在此工作基础上，他们还报道了 AIE 传感器 **105**[168]用于活体小动物体内细胞凋亡研究及体外药物筛选。

顺铂是目前临床最常用的抗癌药物之一，可以与 DNA 结合并诱导癌细胞凋亡[173]。刘斌、唐本忠等[169]开发了一种靶向 Pt(IV) 抗癌前药（**106**，TPS-DEVD-Pt-cRGD），该前药在诱导细胞凋亡的同时，还可原位对药物诱导的细胞凋亡过程进行可视化监控。**106** 含有 Pt(IV) 抗癌前药，可在细胞内被 GSH 还原为活性的 Pt(II)

抗癌药物，TPS 作为 AIE 荧光团，DEVD 多肽序列作为凋亡酶作用靶点，并且其环肽序列 RGD 可特异性地靶向过表达 $\alpha_v\beta_3$ 整合蛋白的癌细胞，帮助该前药快速被癌细胞摄取。进入细胞后，Pt(IV)抗癌前药被还原为具有活性的 Pt(II)抗癌药物，并诱导细胞凋亡，激活凋亡酶-3 切断 **106** 中的 DEVD 序列，释放出具有 AIE 活性的 TPS，因此 **106** 可用于癌细胞化疗效果的早期评估中。进一步地，该课题组基于 FRET 机理设计合成了一个可自校准的 AIE 传感器 **107** 用于凋亡酶-3 的检测[170]，如图 1-25 所示。**107** 采用香豆素作为能量受体，并通过凋亡酶-3 特异性的 DEVD 多肽与具有 AIE 活性的能量供体共价键合。与传统 FRET 荧光传感器不同，**107** 的发光被 AIE 分子到香豆素的能量转移以及 AIE 分子的分子内自由旋转两部分因素猝灭。**107** 与凋亡酶-3 响应后，由于能量给体与能量受体的分离以及反应后释放的 AIE 分子发生聚集，体系可同时发出强的绿色和红色荧光。这种双信号点亮的响应方式使得 **107** 可在溶液中或活细胞中高效地实时监控凋亡酶-3 的活性，并可用于自校准酶活性检测和药物筛选。

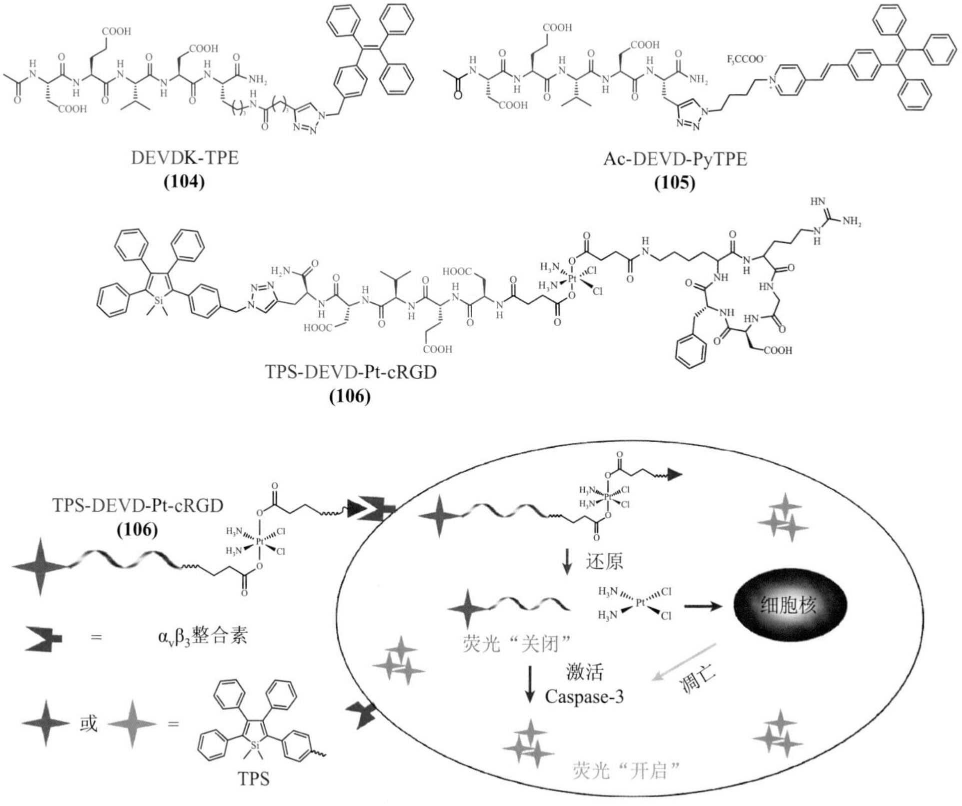

DEVDK-TPE
(104)

Ac-DEVD-PyTPE
(105)

TPS-DEVD-Pt-cRGD
(106)

TPS-DEVD-Pt-cRGD
(106)

还原

细胞核

荧光"关闭"

激活
Caspase-3

凋亡

荧光"开启"

= $\alpha_v\beta_3$ 整合素

或 = TPS

图 1-24　AIE 传感器 104～106 的化学结构及其响应机制

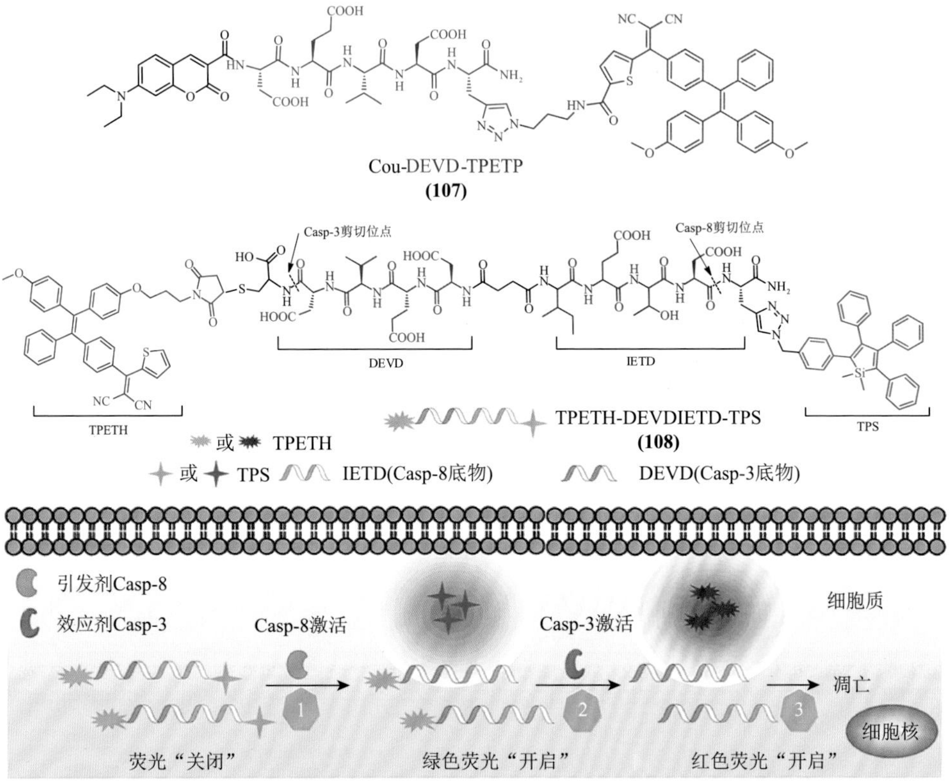

图 1-25 AIE 传感器 107 和 108 的化学结构及其响应机制

用同一个传感器在特定生物过程中同时监控多个酶的活性对疾病的诊断是非常重要的。例如，在细胞凋亡过程中，凋亡启动酶如凋亡酶-8 或凋亡酶-9 负责激活效应器凋亡酶（凋亡酶-3/-7）并最终导致细胞凋亡[166]。由于大多数化疗药物都是通过诱导癌细胞凋亡实现抗癌活性，因此实时检测凋亡酶级联活化过程对抗癌药物的筛选、药效评价及药物抗癌机制的研究都至关重要。刘斌等[171]设计合成了一个点亮型 AIE 传感器（108）用于同时监控细胞内两种凋亡酶的活性。如图 1-25 所示，108 由三部分组成：①两个可在同一波长下激发，但是分别发出绿光和红光的 AIE 分子；②两段亲水性的肽链，分别可在 Casp-8 和 Casp-3 作用下水解。108 在水溶液中不发光。在 H_2O_2 诱导的早期凋亡细胞中，肽段可被 Casp-8 和 Casp-3 水解，并点亮绿色和红色荧光，108 有望进一步用于抗癌药物治疗效率的评价中。

如图 1-26 所示，通过引入可自组装的多肽 GFFY，丁丹、杨志谋等[172]发展了一种简单有效的 AIE 荧光传感器用于凋亡酶-3 的检测。他们合成了两种凋亡酶-3 的传感器 109 和 110，它们在水溶液中均不发光。与凋亡酶-3 反应后，109 被转化为 TPE-GFFYK，其可在水溶液中自组装形成纤维网格纳米结构，而作为对照的 **110** 被转化为 TPE-K，只能形成纳米颗粒。因此 TPE-GFFYK 的结构更加有序，其分子内运动受限程度更大，荧光更强，检测凋亡酶时灵敏度更高，可用于水溶液或癌细胞中检测凋亡酶-3。与 **110** 相比，**109** 检测凋亡酶-3 的检测限可达 0.54 pmol/L，是目前报道的灵敏度最高的凋亡酶 AIE 荧光传感器。

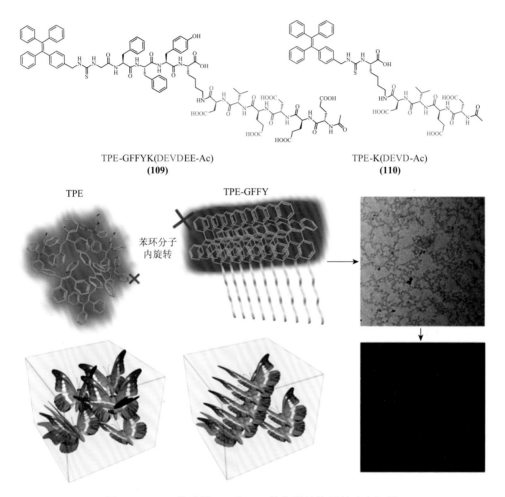

TPE-GFFYK(DEVDEE-Ac)
(109)

TPE-K(DEVD-Ac)
(110)

TPE　　TPE-GFFY

苯环分子内旋转

图 1-26　AIE 传感器 109 和 110 的化学结构及其响应机制

3. β-半乳糖苷酶传感

β-半乳糖苷酶传感是一种检测转录和转染效率的常用报告分子[174,175]，同时也是细胞老化和卵巢癌初期的重要生物标志物[174-177]。另外，β-半乳糖苷酶的缺乏也会导致半乳糖唾液酸贮积症和 Morquio B 综合征，因此高灵敏度、高特异性地

检测 β-半乳糖苷酶，并在体内和体外对 β-半乳糖苷酶进行实时荧光成像越来越受到科学家们的关注。图 1-27 所示是近年来发展的一些针对 β-半乳糖苷酶的 AIE 荧光传感器（**111～115**）[178-182]，这些传感器都是通过在荧光分子上共价键合 β-半乳糖苷酶的特异性底物设计的。其中 **111**[178] 与 β-半乳糖苷酶反应后，可释放同时具有 AIE 和 ESIPT 的荧光分子水杨醛吖嗪，荧光强度在 β-半乳糖苷酶浓度为 0～0.1 U/mL 范围内呈现线性变化，检测限为 0.014 U/mL。**111** 具有很多独特的优势，如在高浓度时不会发生荧光自猝灭、斯托克斯位移大（190 nm）、对 β-半乳糖苷酶专一性强，荧光强度增强可达 820 倍等。**111** 可在活细胞内对 β-半乳糖苷酶实现高对比度荧光成像。

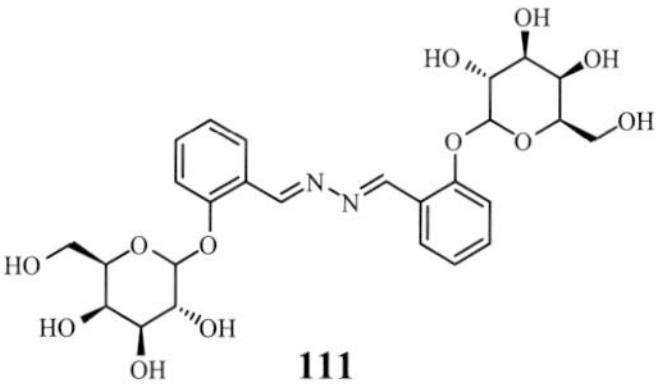

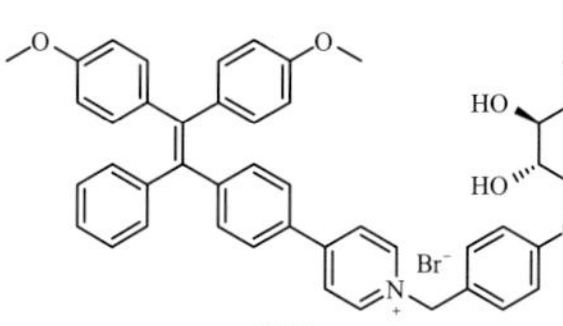

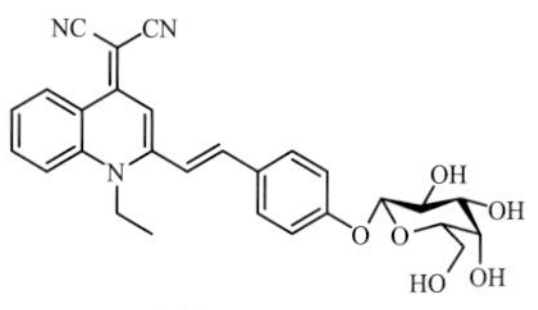

图 1-27　AIE 传感器 111～115 的化学结构

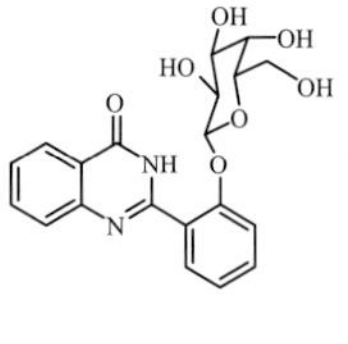

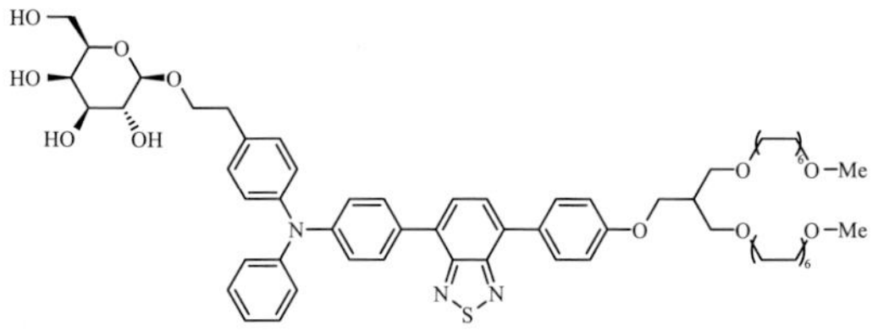

在 TPE 中同时引入带正电荷的吡啶盐与 β-半乳糖苷酶的底物 D-半乳糖，唐本忠、吴勇权、王建国等[179]设计合成了 AIE 传感器 **112**。由于吡啶盐和 D-半乳糖的亲水性，**112** 在水溶液中不发光，与 β-半乳糖苷酶反应后，**112** 可被快速水解为水溶性较差的 AIE 分子，点亮荧光，用于定量检测 β-半乳糖苷酶，线性范围为 0.8～4.8 U/mL，检测限为 0.33 U/mL。通过考察 **112** 与其他常见分子，如活性氧物种（ROS）、活性氮物种（RNS）、金属离子、酶等发现，**112** 对 β-半乳糖苷酶具有较高的专一性，其他常见生物分子或酶对检测过程无干扰。并且 **112** 具有良好的生物兼容性，能够在卵巢癌细胞中实时对 β-半乳糖苷酶进行荧光成像。

2019 年，郭志前等[180]报道了一种可原位检测和长时跟踪 β-半乳糖苷酶活性的 AIE 生物传感器 **113**。通过在疏水的喹诺酮-丙二腈衍生物发色团上共价连接亲水的半乳糖苷得到的 **113** 在水溶液中不发光。进入细胞后，**113** 可被细胞内的 β-半乳糖苷酶水解激活，释放具有 AIE 活性的羟基喹诺酮-丙二腈，可原位形成具有强荧光发射的纳米颗粒，因此可用于对活细胞内源性 β-半乳糖苷酶进行原位实时成像。**113** 与 β-半乳糖苷酶反应后生成的羟基喹诺酮-丙二腈可原位形成纳米颗粒，在细胞内保留时间长，不易从细胞中溢出，因此 **113** 还可用于 β-半乳糖苷酶过表达的卵巢癌细胞的长时（约 12 h）示踪，为生物医药及疾病诊断提供新手段。

4. γ-谷氨酰转肽酶传感

γ-谷氨酰转肽酶（GGT）是一种质膜二肽酶，可特异性地将谷胱甘肽中谷氨酸酯或其他含谷酰基的化合物断裂[183-185]。GGT 活性或水平的升高与多种癌症（口腔癌、肝癌、卵巢癌等）密切相关[186-188]。临床上，GGT 的活性也是诊断这些癌症的重要参数[189-191]。因此，在血液、活细胞、病理组织中检测 GGT 对快速准确地诊断癌症非常重要，同时也能促进癌症治疗效果的有效评价。吴水珠等[192]率先报道了检测 GGT 的 AIE 荧光传感器 **116**，如图 1-28 所示。他们将亲水的 γ-谷氨酰胺基团键合到 TPE 上，提高 AIE 分子的水溶性，使其能在水溶性的生物样本中使用。另外，γ-谷氨酰胺是 GGT 的特异性底物，**116** 中 γ-谷氨酰胺基团被 GGT 水解后，生成疏水的 AIE 分子，从而在水溶液中发生聚集，并进而点亮荧光。**116** 对 GGT 的响应非常迅速，45 min 即可达到饱和，检测限为 0.59 U/L。这种高灵敏度和高特异性的响应可为血清中 GGT 的检测提供一种非常方便的一步直接检测方法，在诊断相关的应用中具有非常大的潜力，并且 **116** 还成功用于人卵巢癌 A2780 细胞中检测内源性 GGT。

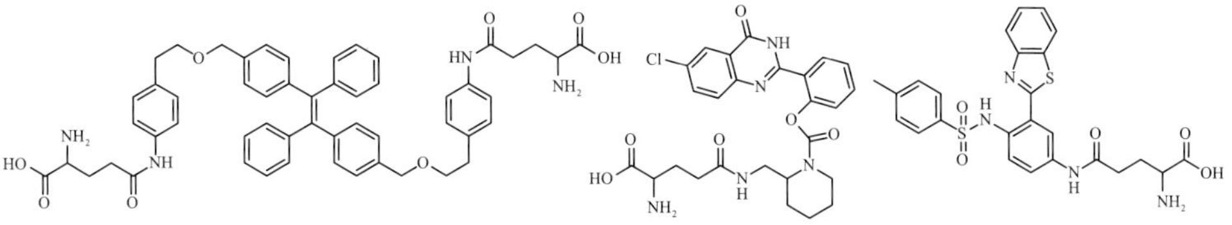

116　　　　**117**　　　　**118**

图 1-28　AIE 传感器 116~118 的化学结构

传感器 **117**[193]是将 γ-谷氨酰基键合到 2-（2-羟基苯基）-6-氯-4-（3H）-喹唑啉酮（HPQ）的羟基上获得的。HPQ 具有特征的 AIE 和 ESIPT 效应。**117** 与 GGT 反应后，可释放 HPQ，用于体外和体内 GGT 活性的检测和成像。**117** 对 GGT 检测的线性范围为 0.05~80 U/L，检测限为 16.7 mU/L。据文献报道，正常女性血液中 GGT 的水平为 5~55 U/L，正常男性血液中 GGT 的水平为 15~85 U/L，因此 **117** 对 GGT 检测的线性范围可完全覆盖正常男女血液中 GGT 的浓度范围，非常适合用于 GGT 的生物检测分析。因此，**117** 被成功用于小鼠血清样本中 GGT 的定量分析，并用于氧化应激条件下细胞内 GGT 水平的动态监控。**117** 还可区分癌细胞和正常细胞，用于病理组织中 GGT 的荧光成像，为更好理解 GGT 在生命体中的功能提供了工具，也为临床痕量 GGT 的检测提供了可替代的新方法。

曾文彬等[194]设计合成了一种兼具 AIE 和 ESIPT 特性的红光发射的 AIE 纳米传感器用于 GGT 检测。如图 1-28 所示，通过键合谷氨酸基团，**118** 可在水溶液中很好地分散，产生微弱的发光。与 GGT 发生酶促反应后，产生水溶性差的 AIE 分子，激活 ESIPT 过程，荧光增强。**118** 与 GGT 反应后的荧光强度与 GGT 浓度在 10~90 U/L 呈现良好的线性关系，检测限为 2.9 U/L。并且 **118** 可区分癌组织和正常组织，在荧光介导的肝癌组织精准切除手术中具有巨大的应用潜力，对术中导航和肝癌的早期诊断具有重要价值。

5. 组织蛋白酶 B 传感

组织蛋白酶 B（cathepsin B）是一种溶酶体半胱氨酸蛋白酶，主要在肿瘤细胞的外周区域分泌[195]，因此组织蛋白酶 B 被认为是一种潜在有效的癌细胞生物标志物。组织蛋白酶 B 可特异性地断裂 GFLG 肽链序列，也常用于酶响应的药物输送体系[196, 197]。刘斌等[198]设计合成了一种组织蛋白酶 B 响应可特异性靶向癌细胞并能够通过光动力杀伤癌细胞的 AIE 荧光传感器 **119**。如图 1-29 所示，**119** 由四部分组成，分别是：作为成像试剂和光动力光敏剂的 AIE 分子 TPECM；组织

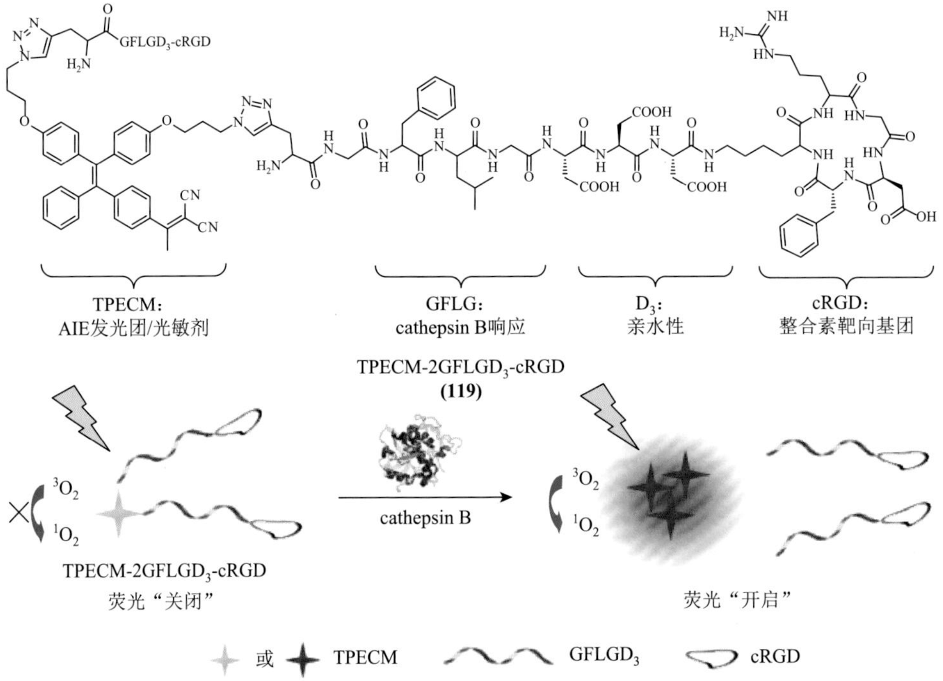

图 1-29　AIE 传感器 119 的结构及作用机制示意图

蛋白酶 B 特异性的底物 GFLG 肽段；用于提高整个分子水溶性的天冬氨酸肽段和可靶向癌细胞的环肽 RGD。分子内自由旋转使得激发态能量耗散，**119** 在水溶液中几乎不发光，并且 ROS 产生能力非常低。然而，被癌细胞摄取后，**119** 中的 GFLG 肽段被癌细胞分泌的组织蛋白酶水解，释放出疏水的 AIE 分子，点亮荧光，激活 ROS 产生能力，可用于荧光介导的光动力抗癌过程。

多耐药性是化疗药物面临的巨大障碍[199-202]。为了克服化疗药物的多耐药性，张先正等[203]设计合成了一种具有 AIE 效应的嵌合肽段，用来包裹化疗药物阿霉素（DOX）。与癌细胞组织蛋白酶作用后，**120** 通过形貌改变在细胞膜上形成致密的网状结构，组织药物的排出，从而达到抗耐药性的作用。如图 1-30 所示，**120**

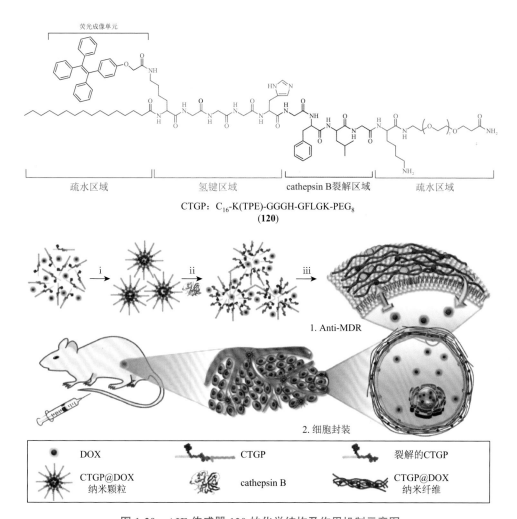

图 1-30　AIE 传感器 120 的化学结构及作用机制示意图

（CTGP）包含组织蛋白酶响应的 GFLG 肽段、亲水的 PEG 和 GGGH 肽段、细胞膜靶向的疏水 C_{16} 烷基链以及 AIE 分子 TPE。CTGP 在水溶液中自组装形成纳米胶束，进一步包裹 DOX 形成多肽为基础的药物输送纳米体系（CTGP@DOX）。由于 PEG 的存在，CTGP@DOX 在血液循环过程中保持稳定，并通过高通透性和滞留（EPR）效应在癌组织区域富集。被癌组织周围过表达的组织蛋白酶 B 水解后，CTGP@DOX 分解并由原来的亲水性转变为疏水性，通过氢键相互作用，从球形纳米颗粒转化为纳米纤维。所形成的纳米纤维结构通过 C_{16} 烷基链可牢牢固定在细胞膜上，DOX 被细胞摄取，并且抑制外流。与单独的 DOX 相比，CTGP@DOX 的药物保留时间延长了 45 倍，在耐药性的 MCF-7R 细胞中的抗耐药能力提高了 49 倍。

6. 酯酶传感

酯酶可催化酯类水解转化为相应的酸和醇。生物体内存在大量的酯酶，如羧酸酯酶、乙酰胆碱酯酶、脂酶、磷酸酯酶及磺酸酯酶等，它们所能催化的底物不同，所具有的生理功能也不同。酯酶的活性与人类疾病如肥胖、癌症、高血脂及脂肪肝等存在直接的关系[204-206]。特别是溶酶体酯酶的缺乏将导致伴随腹泻、腹腔萎缩、肝脏增大及无法增重等一系列症状的 Wolman 病[207]。因此，酯酶的检测越来越受到人们的关注。

1）羧酸酯酶传感

羧酸酯酶（CaE）是一类在哺乳类动物器官中常见的同工酶[208]，在催化羧酸酯水解使麻醉剂解毒[209]及化学毒物清除[210-214]过程中具有重要作用。基于其广泛的底物特异性及较高的立体选择性，羧酸酯酶是化疗前药的重要代表和激活蛋白[215, 216]。科学家发现，人血清中羧酸酯酶可作为肝癌的组织标志物[217]。根据比色分析法测定结果，健康成人血清中羧酸酯酶的浓度为（0.019±0.001）U/mL[218]。而肝癌患者血清中羧酸酯酶的含量明显高于健康成人[219]。李新明、陈红等[220]合成了一种新型的 TPE 衍生物 121，其带有四个羧酸酯基团，可用于羧酸酯酶的特异性检测，如图 1-31 所示。121 在水中溶解性非常好，在 475 nm 处具有微弱的发光（发光量子效率为 0.02）。当羧酸酯酶催化四个羧酸酯水解后，121 转化为水溶性较差的 TPE 衍生物，点亮发光。通过荧光显微镜观察发现，转化后的 TPE 衍生物可在水溶液中通过自组装形成长度超过 50 μm 的一维棒状微纤维。虽然 121 对羧酸酯酶的检测非常灵敏，检测限为 29 pmol/L，但遗憾的是，响应时间太长，需要 2 h。

刘斌等[221]将羧酸酯酶特异性底物乙酰基及溶酶体靶向基团吗啉与水杨醛吖嗪共价键合获得一个兼具 AIE 和 ESIPT 特性的荧光传感器 122 用于原位可视化检测溶酶体内羧酸酯酶的活性。将水杨醛吖嗪中的羟基用乙酰基保护起来，氢键被破坏，N—N 键可以自由转动，因此可以有效猝灭分子的发光。与羧酸酯酶作用后，乙酰基被脱除，氢键恢复，N—N 键自由转动受限，激活 AIE 和 ESIPT 过程，因此可点亮荧光。羧酸酯酶的浓度在 0.10～0.50 U/mL 范围内与 **122** 的荧光强度呈线性关系，检测限为 2.4 mU/mL。选择性测试结果显示，**122** 的荧光不受无机盐、维生素 C、ROS 及蛋白质的影响，说明 **122** 对羧酸酯酶表现出较高的特异性。由于吗啉结构的存在，**122** 可特异性地靶向溶酶体，对溶酶体内羧酸酯酶活性进行原位实时荧光成像。同时，**122** 还能用于监控氯喹诱导的溶酶体活动情况，可以帮助诊断溶酶体存储相关的疾病。

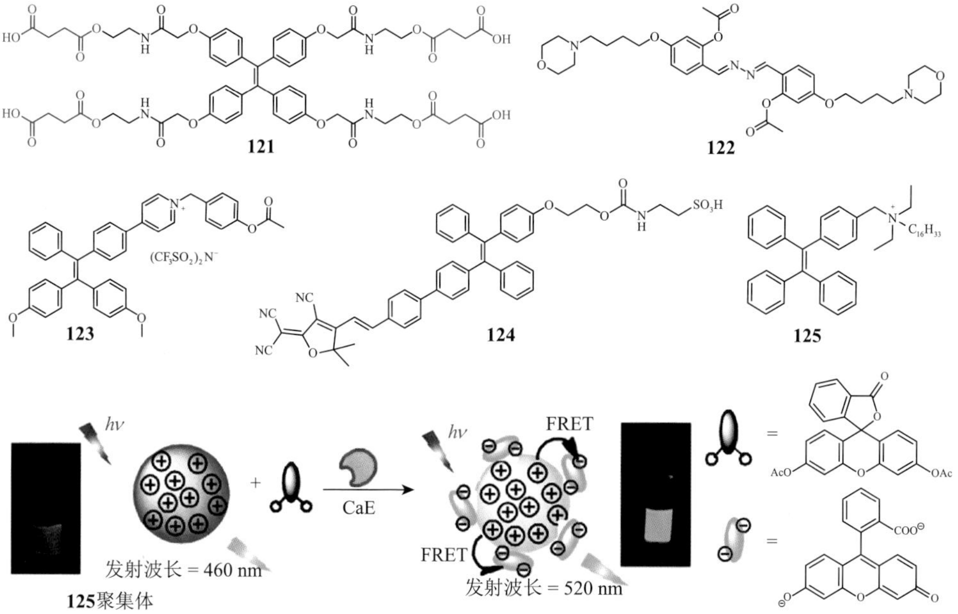

图 1-31 AIE 传感器 121～125 的化学结构及作用机制示意图

张德清等[222]设计合成了一个具有 AIE 活性的荧光传感器用于分析羧酸酯酶的活性，筛选羧酸酯酶抑制剂。**123** 含有吡啶盐结构，可以增加传感器的水溶性，因此 **123** 在水溶液中发光较弱。羧酸酯酶可催化水解 **123** 中的酯键，随后发生 1,6-消除生成吡啶取代 TPE（TPE-Py）。TPE-Py 在水溶液中溶解性较差，因此发生聚集，点亮 TPE 的荧光。**123** 对羧酸酯酶的检测限为 5.67 U/mL，可用于活细胞内羧酸酯酶的活性分析，也用于筛选羧酸酯酶的抑制剂。

炎症细胞大量表达水解酶，如酯酶、蛋白酶、磷酸酶等，并且通常暴露在高水平的 ROS 环境中[223,224]。ROS 的过表达及抗氧化剂的不足导致氧化应激及慢性炎症疾病。吴水珠等[225, 226]设计合成了一种 AIE 荧光传感器用于跟踪羧酸酯酶激活的抗炎药物释放及 ROS 捕获过程。他们将具有抗氧化活性的牛磺酸与具有近红外发射的 AIE 分子通过氨基甲酸酯连接，得到 AIE 传感器 **124**。亲水性的牛磺酸可增加 **124** 的水溶性和细胞摄取能力。**124** 中的酯键可被炎症细胞中过表达的羧酸酯酶水解，释放出牛磺酸用于捕获 ROS，同时激活 AIE 部分的发光，跟踪羧酸酯酶激活的牛磺酸释放过程。实验结果表明，在 0.05 mg/mL 羧酸酯酶存在条件下，牛磺酸的释放率为 75%。该体系具有较大的斯托克斯位移（225 nm）、毒性低、光稳定性好，可成功用于 Raw 264.7 细胞中实时跟踪羧酸酯酶激活的牛磺酸释放过程，在可视化治疗方面具有较大的应用前景。另外，该课题组[223]还发展了一种基于 FRET 效应的比率型 AIE 荧光传感器用于羧酸酯酶的检测。该体系选用具有 AIE 活性的 **125** 纳米聚集体（AIE dots）作为能量供体，荧光素作为能量受体，采用荧光素二乙酸酯（FDA）作为羧酸酯酶的底物。如图 1-31 所示，FDA 呈中性，并且不发光，AIE dots 与 FDA 之间没有静电相互作用，因此不能发生 FRET 过程，只有 **125** 纳米聚集体的荧光可以被检测到。加入羧酸酯酶后，FDA 被转化为发强荧光的荧光素分子，并且带有两个负电荷，AIE dots 与荧光素之间通过静电相互作用靠近，可发生 FRET，此时激发 AIE dots，可检测到荧光素的发光，因此通过 AIE dots 和荧光素发光波长的比率变化可以检测羧酸酯酶的活性或水平。该体系还可用于在血清样本中检测羧酸酯酶。

2）脂酶传感

脂酶又称甘油三酯水解酶，也是酯酶家族的一员。脂酶通常是胰腺相关疾病的关键生物标志物[227-231]。测定血清中脂酶的含量结合癌症标志物 CA19-9 可以用于临床胰腺癌的诊断[232]。Huang 等[233]设计合成了一个非常简单的 TPE 衍生物用于脂酶的检测。如图 1-32 所示，**126** 可在脂酶催化下水解为 TPE-COOH，与 **126** 相比，TPE-COOH 的水溶性更差，聚集更加严重，因此荧光增强。**126** 对脂酶检测的线性范围为 0.1～1.3 mg/mL，不仅可用于脂酶特异性检测，还可用于商业化脂酶活性的筛选测定。

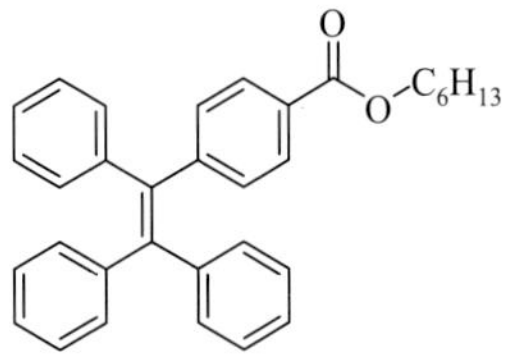

126 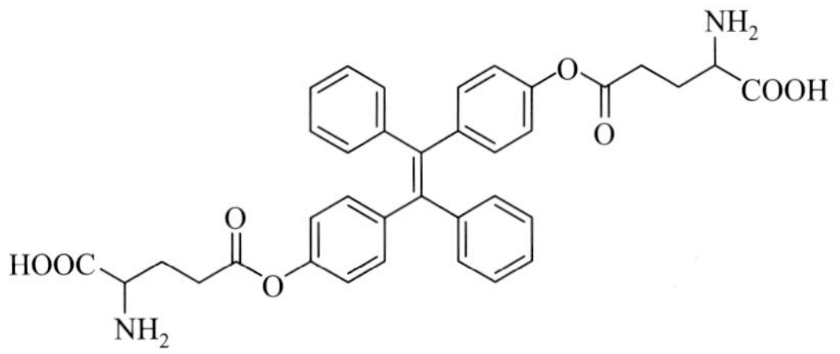　　　　　　　　　　**127**

图 1-32　AIE 传感器 126 和 127 的化学结构

众所周知，传感器的化学结构及空间结构对其响应性能具有决定性的作用，也就是说识别基团的种类、识别基团连接的位置以及它们的立体几何构型都会对传感器的灵敏度、特异性等性能产生重要影响。通常，即使是传感器结构的微小改变也会产生性能上的巨大变化。因此，唐波、Huang 等[234]进一步在 TPE 分子上引入谷氨酸酯作为识别基团合成了 **127** 用于脂酶的检测。在异相介质中，**127** 中的氨基和羧基的亲水性可帮助 **127** 与脂酶在油水界面上结合。令人兴奋的是，**127** 对脂酶的响应非常迅速，只需 7 min，检测限为 0.13 U/L，检测的线性范围为 0~80 U/L，可完美覆盖人血清中脂酶的浓度范围。**127** 与脂酶结合的米氏常数为 4.23 μmol/L，说明结合非常有效。与前面的 AIE 传感器 **126** 相比，**127** 检测限提高了 338 倍。当应用于急性胰腺炎的可视化诊断时，**127** 在健康成人血清样本中发光较弱，而在急性胰腺炎患者血清样本中发出肉眼可见的强荧光。AIE 荧光传感器 **127** 不仅可为进一步阐明脂酶的生理功能提供重要手段，也有望为脂酶相关疾病的病理分析提供有效的途径。

7. 基质金属蛋白酶-2 传感

基质金属蛋白酶-2（MMP-2）是一种非常常见的金属蛋白酶，主要功能是降解Ⅳ型胶原蛋白，参与血管重塑、血管新生、组织修复、肿瘤侵袭、炎症及动脉粥样斑块破裂等过程[235]。MMP-2 过表达是多种实体瘤的显著特征[236]。张先正等[237]首次报道了一种比率型的 MMP-2 激活的 AIE 类荧光介导光动力疗法抗癌试剂 **128**，如图 1-33 所示。该体系将光动力光敏剂原卟啉Ⅸ（PpⅨ）与荧光试剂 TPE 通过 PEG 和 PLGVR 肽段连接。PpⅨ既可作为 PDT 光敏剂，其自身荧光也可作为内参。当 **128** 到达肿瘤组织后，肿瘤组织产生的 MMP-2 可将 PLGVR 肽段序列水解，使得 TPE 与 PEG 化的 PpⅨ分离，产生荧光的比率变化。TPE 和 PpⅨ的荧光比值（$F_{TPE}/F_{PpⅨ}$）与 MMP-2 的浓度在一定范围内呈线性关系，说明 MMP-2 的表达水平可以通过 $F_{TPE}/F_{PpⅨ}$的比值变化来反映，进而定量 MMP-2。基于 MMP-2 在多种实体瘤中过表达的事实，**128** 在诊断这些肿瘤中具有广阔的应用前景。同时，**128** 可通过 EPR 效应在肿瘤区域有效富集，MMP-2 激活的 TPE 和 PpⅨ的双重荧光可以明确指示肿瘤的位置，为精准 PDT 治疗提供荧光导向，实现有效的 PDT 抗癌效果，同时保持最低的副作用。这一设计策略为肿瘤成像及精准医学开启了新的窗口，在实际治疗中具有巨大的应用潜力。

夏帆和娄筱叮等[238]设计了一种 MMP-2 激活的前药 **129**，用于在活细胞中快速输送及精准跟踪药物释放过程。如图 1-34 所示，**129** 由三部分组成：典型的 AIE 活性分子 TPE-Py；由 MMP-2 响应的 LGLAG 肽段和细胞穿膜肽 CPP 组成的肽段；抗癌药物阿霉素（DOX）。无 MMP-2 时，**129** 很难进入细胞，与 MMP-2 作用后，**129** 被 MMP-2 水解成两部分，一部分是带有 CPP 的 DOX，另一部分是 TPE-Py

的自组装体。在 CPP 的帮助下，DOX 很容易进入细胞。同时，由于溶解性的改变，TPE-Py 部分发生自组装，聚集后点亮黄色荧光，指示 DOX 的释放。利用 DOX 自身的荧光，也可以指示 **129** 在 MMP-2 过表达细胞中释放 DOX 的过程。该设计策略为 MMP-2 过表达癌细胞中可控药物输送及实时监控药物释放过程提供了新方法。

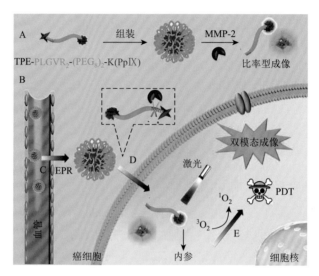

图 1-33　AIE 传感器 **128** 的化学结构及作用机制示意图

8. 还原酶传感

乏氧是一种局部缺氧的状态，众多实体瘤、炎症疾病及心脏缺血中普遍存在乏氧状态[239, 240]，因此乏氧被认为是这些疾病的最重要特征之一。因此，开发乏氧特异性荧光传感器对病理状态的分析具有十分重要的意义。根据文献报道，乏氧可加速生物还原反应，加速细胞内还原酶的过表达，如偶氮还原酶、细胞色素 P450 还原酶、醌氧化还原酶及硝基还原酶等[241, 242]。因此，乏氧相关疾病的诊断和疾病发生位置的确认大多数是通过这些还原酶选择性激活相应荧光传感器来进行的。

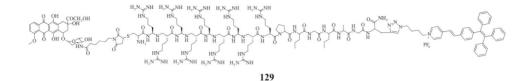

129

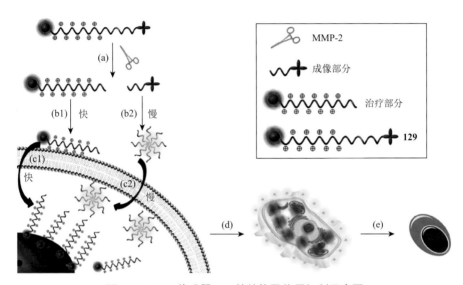

图 1-34　AIE 传感器 129 的结构及作用机制示意图

1）偶氮还原酶传感

偶氮还原酶可通过双电子转移过程有效还原 N=N 键，是乏氧肿瘤中研究最多的还原酶之一[243]。如图 1-35 所示，**130** 是一个两亲性的含偶氮苯的 TPE 衍生物[244]，由于其分子的两亲性，**130** 可在水溶液中自组装形成纳米聚集体，产生稳定的 AIE dots，荧光被 FRET 过程有效猝灭。在肿瘤乏氧微环境下，肿瘤组织过表达的偶氮还原酶将体系中的偶氮苯结构断裂，TPE 的荧光恢复。正常氧含量（20% O_2）培养的 A549 细胞中 **130** 的荧光较弱，而在乏氧（1% O_2）条件下培养的 A549 细胞中 **130** 的荧光很强，由此可见，**130** 可对肿瘤乏氧的微环境进行响应。同时，由于 **130** 聚集体具有较大的双光子吸收截面，经酶还原后，还原产物可在 760 nm 激光激发下进行近红外区域的双光子成像。

周年琛、张正彪等[245]报道了一种两亲性的荧光共聚物用于偶氮还原酶成像及偶氮还原酶激活的药物输送，如图 1-35 所示。TPE 与偶氮基团共价键合，并在分子中分别修饰亲水和疏水的 PEG 和 PCL 链段，得到两亲性的共聚物 **131**。**131** 在 PBS 缓冲液中可自组装形成棒状胶束，由于偶氮基团的猝灭效应，**131** 不发光。在还原性物质如偶氮还原酶或 $Na_2S_2O_4$ 存在时，偶氮基团断裂，棒状胶束断裂成 PEG 和 PCL 链段。随着胶束的解聚，TPE 部分被包裹进 PCL 聚集体内，其 AIE

活性被激活，荧光增强。并且 **131** 可用于包裹抗癌药物，如 DOX，形成载药胶束，当与偶氮还原酶作用后，可实时监控 DOX 释放过程。

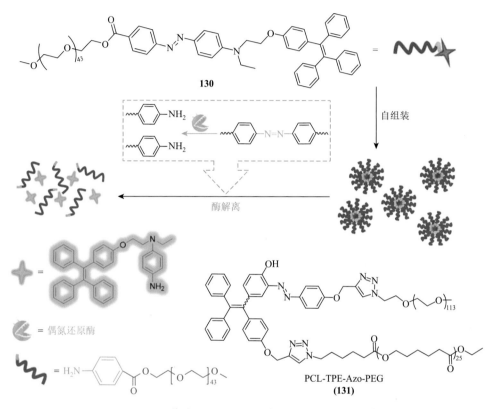

图 1-35   AIE 传感器 130 和 131 的结构及作用机制示意图

2）硝基还原酶传感

硝基还原酶（NTR）是一种通过与辅酶 NADH 结合来还原含硝基的化合物的还原酶[246, 247]。NTR 也是乏氧癌细胞特异性过表达的肿瘤标志物之一[248, 249]。目前大多数 NTR 荧光传感器都含有硝基苯或者对位硝基苯乙醇基团，这类基团可以通过光致电子转移过程猝灭传感器的发光[250]。NTR 将硝基催化还原为氨基之后，可改变光致电子转移过程或者通过进一步的级联消除反应改变电荷转移过程，导致荧光变化。如图 1-36 所示，通过在 TPE 中引入硝基，张德清、张关心等[251]开发了一种硝基还原酶 AIE 荧光传感器用于 NTR 检测和乏氧肿瘤荧光成像。通过吡啶取代的 TPE 与 2-溴甲基-5-硝基呋喃的反应，可获得 AIE 荧光传感器 **132**。**132** 在水溶液中呈较好的分子分散状态，因而发光较弱，当与 NTR 和 NADH 作用后，硝基被还原成氨基，并进一步发生 2,5-重排和消除反应，产生吡啶取代的

TPE（TPE-Py）。这种由亲水向疏水状态的改变导致产物 TPE-Py 的聚集，在 525 nm 处产生强荧光。**132** 在含氧量正常的 HeLa 细胞内呈现橙红色发光，而在乏氧 HeLa 细胞中呈现蓝绿色荧光，说明 **132** 在细胞内经历了 NTR 还原反应。

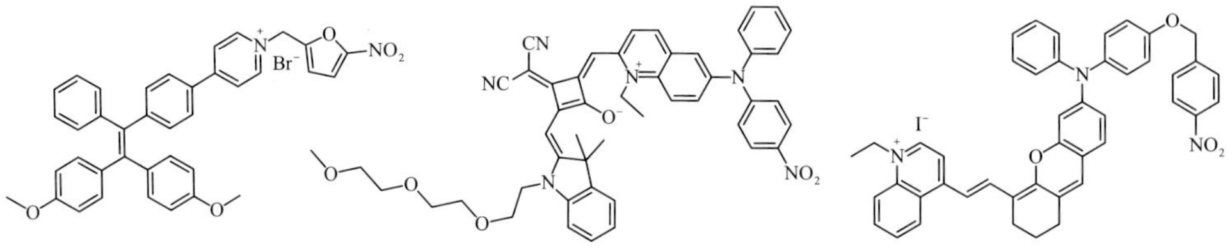

132　　　　　　　　**133**　　　　　　　　**134**

图 1-36　AIE 传感器 132～134 的结构

吴水珠等[252]合成了一种不对称方酸类 AIE 传感器用于淋巴道转移荧光成像。在传感器 **133** 中，分别在方酸核两端连接三甘醇修饰的吲哚和喹诺酮结构形成不对称方酸，另外，还在方酸上修饰了二氰基亚甲基基团来提高传感器的化学稳定性，提高方酸核的缺电子性，使其吸收光谱进一步红移。并且 **133** 结构中还引入了三苯胺基团赋予该荧光传感器聚集发射增强（AEE）性质。在水溶液中，由于其两亲性及堆积作用，传感器 **133** 聚集成纳米结构，并且不发光，在 742 nm 具有较强的吸收。NTR 可将 **133** 中拉电子的硝基还原为给电子的氨基，将最大吸收波长蓝移至 690 nm，由于摩尔消光系数较大，可产生光声信号，同时，由于氨基产物的 AEE 性质，762 nm 处荧光大大增强。注射到荷瘤小鼠中，**133** 可对肿瘤乏氧过表达的 NTR 快速响应，产生多光谱光声层析成像（MSOT）信号和荧光信号，用于对原发性肿瘤和淋巴道转移进行成像。采用三维 MSOT 技术，**133** 可对淋巴道转移过程进行跟踪，将从足跖的原发性肿瘤到哨位淋巴结的整体转移路径通过时间和空间双重分辨的方式可视化呈现。进一步该课题组[253]还报道了一个 NTR 响应的纳米聚集体 AIE 荧光传感器 **134**，可通过 MSOT 技术及 AIE 近红外 I 区和 II 区荧光成像的方式监控乳腺癌转移过程。**134** 中采用疏水性的二氢氧杂蒽作为强电子给体，用亲水性的喹啉镓作为电子受体，并将硝基苄氧基二苯胺共价键合到给体单元上，作为 NTR 的识别单元，同时作为荧光的猝灭基团。由于硝基苄氧基及三苯胺基团的存在，**134** 可在水中形成相对疏松的纳米聚集体，并且在近红外区域没有明显的吸收和发光。NTR 可将强拉电子的硝基还原为氨基，诱发自发消除反应，生成给电子的羟基，激活探针的荧光和光声信号，其发光在近红外区域，可延伸至 900 nm。体内成像实验显示，**134** 可快速对两例乳腺癌转移小鼠模型中的 NTR 响应，并对原位乳腺肿瘤向淋巴结及肺的连续转移过程进行成像。并且通过 NIR 荧光及 MSOT 技术，**134** 可对化疗过程中的治疗效果进行跟踪和监控。

3）NQO1 传感

NADP(H)：醌氧化还原酶（NQO1）又称为 DT-心肌黄酶，也是肿瘤乏氧过表达的一种还原酶。作为一种双电子还原酶，NQO1 可还原各种毒性物质，如醌类生物异源物、超氧阴离子等[254-256]。根据文献报道，NQO1 在多种人类癌细胞如肝癌、乳腺癌、胰腺癌、肠癌、胃癌、卵巢癌及肾癌等细胞中均过表达，其水平可比正常细胞中高 2～50 倍[254]。理论上，正常细胞向癌细胞转变的早期就会发生 NQO1 过表达[254-256]，因此 NQO1 被认为是这些癌症的重要生物标志物，跟踪 NQO1 活性在癌症诊断和治疗过程中也是非常重要的。Kim、Chi 等[257]近期通过在 TPE 上连接三苯基磷盐和 NQO1 特异性的醌基团，设计了一种可靶向线粒体的 AIE 荧光传感器 **135**，如图 1-37 所示，兼具靶向细胞器作用和对 NQO1 高灵敏度，达到"一石二鸟"的效果。**135** 具有 AIE 活性，可降低检测的背景荧光，氢醌释放后，可产生 500 倍的荧光增强，除了可用于细胞成像外，还可用于抑制癌细胞生长。小鼠实验结果表明，**135** 对 A549 移植瘤的肿瘤生长抑制率为 79%，敲除 *NQO1* 基因使得肿瘤生长抑制率下降（28%）。然而，该荧光传感器的发射波长较短，可能会限制其实际应用。

4）细胞色素 P450 还原酶传感

细胞色素 P450（CYP450）还原酶是另一个在乏氧癌细胞中过表达的还原酶，在辅酶 NADPH 帮助下，通过单电子还原将醌类化合物还原为半醌阴离子自由基[258]。唐本忠课题组[259]近期报道了可对 CYP450 还原酶特异性响应的 AIE 荧光传感器 **136**，如图 1-37 所示。**136** 是含有 N^+-O^- 结构的 TPE 衍生物，可在水溶液中分散，发出微弱的荧光。**136** 可用于检测乏氧癌细胞中过表达的 CYP450 还原酶，如图所示，HeLa 细胞在不同氧浓度（21%、8%、0%）条件下培养后，加入 **136** 作用一定时间后发现：正常氧浓度（21%）条件下，细胞内几乎没有荧光；而极度缺氧（0%）条件下，细胞内呈现非常强的荧光。CYP450 抑制剂二苯基碘锡氯盐的加入可有效抑制乏氧条件下 **136** 的发光。值得注意的是，**136** 还可在乏氧条件下选择性地杀伤癌细胞，有望用作 AIE 型癌症诊疗试剂。

通过本章研究可知，化学生物传感器的研究与开发对于化学、生物医学、环境科学的发展至关重要，对人类生命健康和经济社会发展具有深远影响。特别是 AIE 荧光传感器的提出与发展，为化学生物传感器的发展注入了新的血液，也提供了新的发展机遇。但是，目前基于 AIE 的化学生物传感器仍处于起步阶段，还有很多问题需要去一一解决。如何通过合理的分子设计来提高不同环境下检测的灵敏度和选择性，仍具有很大的挑战。另外，如何将已有的化学生物传感器通过工艺优化制备出可临床应用的设备仍是未来发展的重中之重。

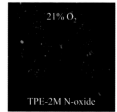
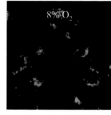
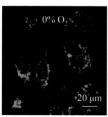

135

TPE-2M N-oxide

136

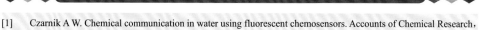

图 1-37 AIE 传感器 135 和 136 的结构及作用机制示意图

（姜国玉 王建国*）

参考文献

[1] Czarnik A W. Chemical communication in water using fluorescent chemosensors. Accounts of Chemical Research，1994，27（10）：302-308.

[2] Wu D，Sedgwick A C，Gunnlaugsson T，et al. Fluorescent chemosensors：the past，present and future. Chemical Society Reviews，2017，46（23）：7105-7123.

[3] Wilson J. Sensor Technology Handbook. Oxford：Newnes Imprint，2004.

[4] Damborský P，Švitel J，Katrlík J. Optical biosensors. Essays in Biochemistry，2016，60（1）：91-100.

[5] Carter K P，Young A M，Palmer A E. Fluorescent sensors for measuring metal ions in living systems. Chemical Reviews，2014，114（8）：4564-4601.

[6] Domaille D W，Que E L，Chang C J. Synthetic fluorescent sensors for studying the cell biology of metals. Nature Chemical Biology，2008，4：168-175.

[7] Yao J，Yang M，Duan Y. Chemistry，biology，and medicine of fluorescent nanomaterials and related systems：new insights into biosensing，bioimaging，genomics，diagnostics，and therapy. Chemical Reviews，2014，114（12）：6130-6178.

[8] Gao M，Tang B Z. Fluorescent sensors based on aggregation-induced emission：recent advances and perspectives. ACS Sensors，2017，2（10）：1382-1399.

[9] Kwok R T K，Leung C W T，Lam J W Y，et al. Biosensing by luminogens with aggregation-induced emission characteristics. Chemical Society Reviews，2015，44（13）：4228-4238.

---

* 表示通讯作者。后同。

[10] Qian J，Tang B Z. AIE luminogens for bioimaging and theranostics：from organelles to animals. Chem，2017，3（1）：56-91.

[11] Klymchenko A S. Solvatochromic and fluorogenic dyes as environment-sensitive probes：design and biological applications. Accounts of Chemical Research，2017，50（2）：366-375.

[12] Yoshida H，Nakano Y，Koiso K，et al. Liquid chromatographic determination of ornithine and lysine based on intramolecular excimer-forming fluorescence derivatization. Analytical Sciences，2001，17（1）：107-112.

[13] Shahrokhian S. Lead phthalocyanine as a selective carrier for preparation of a cysteine-selective electrode. Analytical Chemistry，2001，73（24）：5972-5978.

[14] Chen G N，Wu X P，Duan J P，et al. A study on electrochemistry of histidine and its metabolites based on the diazo coupling reaction. Talanta，1999，49（2）：319-330.

[15] Mackay G M，Forrest C M，Stoy N，et al. Tryptophan metabolism and oxidative stress in patients with chronic brain injury. European Journal of Neurology，2006，13（1）：30-42.

[16] Refsum H，Ueland P M，Nygård O，et al. Homocysteine and cardiovascular disease. Annual Review of Medicine，1998，49：31-62.

[17] Hirayama C，Suyama K，Horie Y，et al. Plasma amino acid patterns in hepatocellular carcinoma. Biochemical Medicine and Metabolic Biology，1987，38（2）：127-133.

[18] Tang G，Miron D，Zhu-Shimoni J，et al. Regulation of lysine catabolism through lysine-ketoglutarate reductase and saccharopine dehydrogenase in Arabidopsis. Plant Cell，1997，9（8）：1305-1316.

[19] Divry P，Vianey-Liaud C，Mathieu M. Inborn errors of lysine metabolism. Annuals de Biologie Clinique，1991，49（1）：27-35.

[20] Tong J Q，Wang Y J，Mei J，et al. A 1,3-indandione-functionalized tetraphenylethene：aggregation-induced emission，solvatochromism，mechanochromism，and potential applications as a multiresponsive fluorescent probe. Chemistry：A European Journal，2014，20（16）：4661-4670.

[21] Ma H C，Qi C X，Cao H Y，et al. Water-soluble fluorescent probes for selective recognition of lysine and its application in an object carry-and-release system. Chemistry：An Asian Journal，2016，11（1）：58-63.

[22] Ghosh A，Sengupta A，Chattopadhyay A，et al. Lysine triggered ratiometric conversion of dynamic to static excimer of a pyrene derivative：aggregation-induced emission，nanomolar detection and human breast cancer cell（MCF7）imaging. Chemical Communications，2015，51（57）：11455-11458.

[23] Snyderman S E，Boyer A，Roitman E，et al. The histidine requirement of the infant. Pediatrics，1963，31：786-801.

[24] Kopple J D，Swendseid M E. Evidence that histidine is an essential amino acid in normal and chronically uremic man. The Journal of Clinical Investigation，1975，55（5）：881-891.

[25] Kusakari Y，Nishikawa S，Ishiguro S. Histidine-like immunoreactivity in the rat retina. Current Eye Research，1997，16（6）：600-604.

[26] Zeng Y，Zhang G X，Zhang D Q. A tetraphenylethylene-based fluorescent chemosensor for Cu^{2+} in aqueous solution and its potential application to detect histidine. Analytical Sciences，2015，31（3）：191-195.

[27] Du J，Yu S S，Huang Z，et al. Highly selective ratiometric fluorescent recognition of histidine by tetraphenylethene-terpyridine-Zn(Ⅱ) complexes. RSC Advances，2016，6（30）：25319-25329.

[28] Chen X Q，Zhou Y，Peng X J，et al. Fluorescent and colorimetric probes for detection of thiols. Chemical Society Reviews，2010，39（6）：2120-2135.

[29] Zhang S，Ong C N，Shen H M. Critical roles of intracellular thiols and calcium in parthenolide-induced apoptosis

in human colorectal cancer cells. Cancer Letters，2004，208（2）：143-153.

[30]　Reddie K G，Carrol K S. Expanding the functional diversity of proteins through cysteine oxidation. Current Opinion in Chemical Biology，2008，12（6）：746-754.

[31]　Sun W，Li J，Li W H，et al. Design of OFF/ON fluorescent thiol probes based on coumarin fluorophore. Science China Chemistry，2012，55（9）：1776-1780.

[32]　Han C，Yang H，Chen M，et al. Mitochondria-targeted near-infrared fluorescent off-on probe for selective detection of cysteine in living cells and *in vivo*. ACS Applied Materials & Interfaces，2015，7（50）：27968-27975.

[33]　Dröge W，Eck H P，Mihm S. HIV-induced cysteine deficiency and T-cell dysfunction—a rationale for treatment with *N*-acetylcysteine. Immunology Today，1992，13（6）：211-214.

[34]　Lieberman M W，Wiseman A L，Shi Z Z，et al. Growth retardation and cysteine deficiency in gamma-glutamyl transpeptidase-deficient mice. PNAS，1996，93（15）：7923-7926.

[35]　Klee G G. Cobalamin and folate evaluation：measurement of methylmalonic acid and homocysteine *vs* vitamin B_{12} and folate. Clinical Chemistry，2000，46（8）：1277-1283.

[36]　Janáky R，Varga V，Hermann A，et al. Mechanisms of L-cysteine neurotoxicity. Neurochemical Research，2000，25（9-10）：1397-1405.

[37]　Townsend D M，Tew K D，Tapiero H. The importance of glutathione in human disease. Biomedicine & Pharmacotherapy，2003，57（3-4）：145-155.

[38]　Wang X F，Cynader M S. Pyruvate released by astrocytes protects neurons from copper-catalyzed cysteine neurotoxicity. Journal of Neuroscience，2001，21（10）：3322-3331.

[39]　Li M，Wu X，Wang Y，et al. A near-infrared colorimetric fluorescent chemodosimeter for the detection of glutathione in living cells. Chemical Communications，2014，50（14）：1751-1753.

[40]　Ding S，Liu M，Hong Y. Biothiol-specific fluorescent probes with aggregation-induced emission characteristics. Science China Chemistry，2018，61（8）：882-891.

[41]　Mei J，Wang Y J，Tong J Q，et al. Discriminatory detection of cysteine and homocysteine based on dialdehyde-functionalized aggregation-induced emission fluorophores. Chemistry：A European Journal，2013，19（2）：613-620.

[42]　Mei J，Tong J Q，Wang J，et al. Discriminative fluorescence detection of cysteine，homocysteine and glutathione via reaction-dependent aggregation of fluorophore-analyte adducts. Journal of Materials Chemistry，2012，22（33）：17063-17070.

[43]　Chu Y，Xie Z，Yue Y，et al. New fast，highly selective probe with both aggregation-induced emission enhancement and intramolecular charge-transfer characteristics for homocysteine detection. ACS Omega，2019，4（3）：5367-5373.

[44]　Chowdhury A，Howlader P，Mukherjee P S. Mechano-fluorochromic Pt[II] luminogen and its cysteine recognition. Chemistry：A European Journal，2016，22（4）：1424-1434.

[45]　Huang Y，Mei J，Ma X. A novel simple red emitter characterized with AIE plus intramolecular charge transfer effects and its application for thiol-containing amino acids detection. Dyes and Pigments，2019，165：499-507.

[46]　Chu Y，Xie Z，Zhuang D，et al. An intramolecular charge transfer and aggregation induced emission enhancement fluorescent probe based on 2-phenyl-1,2,3-triazole for highly selective and sensitive detection of homocysteine and its application in living cells. Chinese Journal of Chemistry，2019，37（12）：1216-1222.

[47]　Ning Z W，Wu S Z，Liu G J，et al. Water-soluble AIE-active fluorescent organic nanoparticles：design，preparation

and application for specific detection of cysteine over homocysteine and glutathione in living cells. Chemistry: An Asia Journal，2019，14（13）：2220-2224.

[48] Liu Y，Yu H，Lam J W Y，et al. Simple biosensor with highly selectivity and sensitivity：thiol-specific biomolecular probing and intracellular imaging by AIE fluorogen on a TLC plate through a thiol-ene click mechanism. Chemistry: A European Journal，2010，16（28）：8433-8438.

[49] Chen M Z，Moily N S，Bridgford J L，et al. A thiol probe for measuring unfolded protein load and proteostasis in cells. Nature Communications，2017，8：474.

[50] Dong F，Lai H，Liu Y，et al. Highly selective isomer fluorescent probes for distinguishing homo-/cysteine from glutathione based on AIE. Talanta，2020，206：120177.

[51] Li X F，Zhang X Q，Chi Z G，et al. Simple fluorescent probe derived from tetraphenylethylene and benzoquinone for instantaneous biothiol detection. Analytical Methods，2012，4（10）：3338-3343.

[52] Chen S J，Hong Y N，Liu J Z，et al. Discrimination of homocysteine，cysteine and glutathione using an aggregation-induced-emission-active hemicyanine dye. Journal of Materials Chemistry B，2014，2（25）：3919-3923.

[53] Zhao N，Gong Q，Zhang R X，et al. A fluorescent probe with aggregation-induced emission characteristics for distinguishing homocysteine over cysteine and glutathione. Journal of Materials Chemistry C，2015，3（32）：8397-8402.

[54] Mei J，Sun J Z，Qin A，et al. Comparative study of the dicyanovinyl-functionalized 1, 1-dimethyl-2, 3, 4, 5-tetraphenylsilole derivatives on their structures，properties，and applications in thiol detection. Dyes and Pigments，2017，141：366-378.

[55] Bu L，Chen J，Wei X，et al. An AIE and ICT based NIR fluorescent probe for cysteine and homocysteine. Dyes and Pigments，2016，136：724-731.

[56] Lou X，Hong Y，Chen S，et al. A selective glutathione probe based on AIE fluorogen and its application in enzymatic activity assay. Scientific Reports，2014，4：4272.

[57] Wang L，Zhuo S，Tang H，et al. A near-infrared turn on fluorescent probe for cysteine based on organic nanoparticles. Sensors and Actuators B：Chemical，2018，277：437-444.

[58] Lou X，Zhao Z，Hong Y，et al. A new turn-on chemosensor for bio-thiols based on the nanoaggregates of a tetraphenylethene-coumarin fluorophore. Nanoscale，2014，6（24）：14691-14696.

[59] Yan L，Kong Z，Shen W，et al. An aggregation-induced emission（AIE）ratiometric fluorescent cysteine probe with an exceptionally large blue shift. RSC Advances，2016，6（7）：5636-5640.

[60] Wang L，Wu S，Tang H，et al. An efficient probe for sensing different concentration ranges of glutathione based on AIE-active Schiff base nanoaggregates with distinct reaction mechanism. Sensors and Actuators B：Chemical，2018，273：1085-1090.

[61] Liu H，Wang X，Xiang Y，et al. Fluorescence turn-on detection of cysteine over homocysteine and glutathione based on "ESIPT" and "AIE". Analytical Methods，2015，7（12）：5028-5033.

[62] Li R，Yan L，Wang Z，et al. An aggregation-induced emissive NIR luminescent based on ESIPT and TICT mechanisms and its application to the detection of Cys. Journal of Molecular Stucture，2017，1136：1-6.

[63] Zhang Y，Wang J H，Zheng W，et al. An ESIPT fluorescent dye based on HBI with high quantum yield and large Stokes shift for selective detection of Cys. Journal of Materials Chemistry B，2014，2（26）：4159-4166.

[64] Zhou X，Guo D，Jiang Y，et al. A novel AIEE and ESIPT fluorescent probe for selective detection of cysteine.

Tetrahedron Letters，2017，58：3214-3218.

[65] Cui L，Baek Y，Lee S，et al. An AIE and ESIPT based kinetically resolved fluorescent probe for biothiols. Journal of Materials Chemisty C，2016，4（14）：2909-2914.

[66] Sheng H，Hu Y，Zhou Y，et al. A highly selective ESIPT-based fluorescent probe with a large Stokes shift for the turn-on detection of cysteine and its application in living cells. Dyes and Pigmens，2019，160：48-57.

[67] Sheng H，Hu Y，Zhou Y，et al. A hydroxyphenylquinazolinone-based fluorescent probe for turn-on detection of cysteine with a large Stokes shift and its application in living cells. Journal of Photochemistry and Photobiology：Chemistry，2018，364：750-757.

[68] Peng L，Zhou Z J，Wei R R，et al. A fluorescent probe for thiols based on aggregation-induced emission and its application in live-cell imaging. Dyes and Pigments，2014，108：24-31.

[69] Yuan Y，Xu S，Zhang C J，et al. Dual-targeted activatable photosensitizers with aggregation-induced emission （AIE）characteristics for image-guided photodynamic cancer cell ablation. Journal of Materials B：Chemistry，2016，4（1）：169-176.

[70] Zhan C，Zhang G X，Zhang D Q. Zincke's salt-substituted tetraphenylethylenes for fluorometric turn-on detection of glutathione and fluorescence imaging of cancer cells. ACS Applied Materials & Interfaces，2018，10（15）：12141-12149.

[71] Jiang G Y，Liu X，Chen Q Q，et al. A new tetraphenylethylene based AIE probe for light-up and discriminatory detection of Cys over Hcy and GSH. Sensors and Actuators B：Chemical，2017，252：712-716.

[72] Chen Q，Jia C M，Zhang Y F，et al. A novel fluorophore based on the coupling of AIE and ESIPT mechanisms and its application in biothiol imaging. Journal of Materials Chemistry B，2017，5（37）：7736-7742.

[73] Song H，Zhou Y，Qu H，et al. A novel AIE plus ESIPT fluorescent probe with a large Stokes shift for cysteine and homocysteine：application in cell imaging and portable kit. Industrial and Engineering Chemistry Research，2018，57（44）：15216-15223.

[74] Han X，Liu Y，Liu G，et al. A versatile naphthalimide-sulfonamide-coated tetraphenylethene：aggregation-induced emission behavior，mechanochromism，and tracking glutathione in living cells. Chemistry：An Asian Journal，2019，14（6）：890-895.

[75] Zhang R，Yuan Y，Liang J，et al. Fluorogen-peptide conjugates with tunable aggregation-induced emission characteristics for bioprobe design. ACS Applied Materials & Interfaces，2014，6（16）：14302-14310.

[76] Yuan Y，Kwok R T K，Feng G，et al. Rational design of fluorescent light-up probes based on an AIE luminogen for targeted intracellular thiol imaging. Chemical Communications，2014，50（3）：295-297.

[77] Wang B，Li C，Yang L，et al. Tetraphenylethene decorated with disulfide-functionalized hyperbranched poly（amido amine）s as metal/organic solvent-free turn-on AIE probes for biothiol determination. Journal of Materials Chemistry B，2019，7（24）：3846-3855.

[78] Han H，Jin Q，Wang Y，et al. The rational design of a gemcitabine prodrug with AIE-based intracellular light-up characteristics for selective suppression of pancreatic cancer cells. Chemical Communications，2015，51（98）：17435-17438.

[79] Han W K，Zhang S，Qian J Y，et al. Redox-responsive fluorescent nanoparticles based on diselenide-containing AIEgens for cell imaging and selective cancer therapy. Chemisty：An Asia Journal，2019，14（10）：1745-1753.

[80] Xu J P，Song Z G，Fang Y，et al. Label-free fluorescence detection of mercury(Ⅱ)and glutathione based on Hg^{2+}-DNA complexes stimulating aggregation-induced emission of a tetraphenylethene derivative. Analyst，2010，

135（11）：3002-3007.

[81] Zhu L，Córdova Wong B J C，Li Y，et al. Quencher-delocalized emission strategy of AIEgen-based metal-organic framework for profiling of subcellular glutathione. Chemistry：A European Journal，2019，25（18）：4665-4669.

[82] Zhao Y H，Luo Y，Wang H，et al. A new fluorescent probe based on aggregation induced emission for selective and quantitative determination of copper（Ⅱ）and its further application to cysteine detection. ChemistrySelect，2018，3（5）：1521-1526.

[83] Wang J X，Lin X F，Su L，et al. Chemical etching of pH-sensitive aggregation-induced emission-active gold nanoclusters for ultra-sensitive detection of cysteine. Nanoscale，2019，11（10）：294-300.

[84] Du Q Q，Hu X，Zhang X D，et al. Ultrasensitive detection of glutathione based on a switch-on fluorescent probe of AIE-type red-emitting copper nanoclusters. Analytical Methods，2019，11（27）：3446-3451.

[85] Zhang X B，Kong R M，Tan Q Q，et al. A label-free fluorescence turn-on assay for glutathione detection by using MnO_2 nanosheets assisted aggregation-induced emission-silica nanospheres. Talanta，2017，169：1-7.

[86] Zhou J，Xiao Y，Zhang X H，et al. A novel ratiometric fluorescence nanoprobe based on aggregation-induced emission of silver nanoclusters for the label-free detection of biothiols. Talanta，2018，188：623-629.

[87] Tan X C，Du Y N，Yang B C，et al. A novel type of AIE material as a highly selective fluorescent sensor for the detection of cysteine and glutathione. RSC Advances，2015，5（68）：55165-55169.

[88] Wang Q，Wei X D，Li C J，et al. A novel p-aminophenylthio-and cyano-substituted BODIPY as a fluorescence turn-on probe for distinguishing cysteine and homocysteine from glutathione. Dyes and Pigments，2018，148：212-218.

[89] Yu Y，Li J，Chen S J，et al. Thiol-reactive molecule with dual-emission-enhancement property for specific prestaining of cysteine containing proteins in SDS-PAGE. ACS Applied Materials & Interfaces，2013，5（11）：4613-4616.

[90] Liu Y，Deng C M，Tang L，et al. Specific detection of D-glucose by a tetraphenylethene-based fluorescent sensor. Journal of the American Chemical Society，2011，133（4）：660-663.

[91] Yoshihara D，Noguchi T，Roy B，et al. Ratiometric sensing of D-glucose in a combined approach of aggregation-induced emission（AIE）and dynamic covalent bond formation. Chemistry Letters，2016，45（7）：702-704.

[92] Song Z，Kwok R T K，Ding D，et al. An AIE-active fluorescence turn-on bioprobe mediated by hydrogen-bonding interaction for highly sensitive detection of hydrogen peroxide and glucose. Chemical Communications，2016，52（65）：10076-10079.

[93] Liu G J，Long Z，Lv H，et al. A dialdehyde-diboronate-functionalized AIE luminogens：design，synthesis and application in the detection of hydrogen peroxide. Chemical Communications，2016，52（67）：10233-10236.

[94] Wang X R，Hu J M，Zhang G Y，et al. Highly selective fluorogenic multianalyte biosensors constructed via enzyme-catalyzed coupling and aggregation-induced emission. Journal of the American Chemical Society，2014，136（28）：9890-9893.

[95] Li C H，Wu T，Hong C Y，et al. A general strategy to construct fluorogenic probes from charge-generation polymers（CGPs）and AIE-active fluorogens through triggered complexation. Angewandte Chemie International Edition，2012，51（2）：455-459.

[96] Zhang W L，Li Y，Liang Y，et al. Poly(ionic liquid) s as a distinct receptor material to create a highly-integrated sensing platform for efficiently identifying numerous saccharides. Chemical Science，2019，10（27）：6617-6626.

[97]　Knowles J R. Enzyme-catalyzed phosphoryl transfer reactions. Annual Review of Biochemistry，1980，49：877-919.

[98]　Higgins C F，Hiles I D，Salmond G P C，et al. A family of related ATP-binding subunits coupled to many distinct biological processes in bacteria. Nature，1986，323：448-450.

[99]　Mishra N S，Tuteja R，Tuteja N. Signaling through MAP kinase networks in plants. Archives of Biochemistry and Biophysics，2006，452（1）：55-68.

[100]　Ghosh A，Shrivastav A，Jose A，et al. Colorimetric sensor for triphosphates and their application as a viable staining agent for prokaryotes and eukaryotes. Analytical Chemistry，2008，80（14）：5312-5319.

[101]　张继东，张俊，严瞻，等. 基于有机小分子的三磷酸腺苷荧光传感器的研究进展. 有机化学，2019，39（11）：3051-3064.

[102]　Ding A X，Shi Y D，Zhang K X，et al. Self-assembled aggregation-induced emission micelle（AIE micelle）as interfacial fluorescence probe for sequential recognition of Cu^{2+} and ATP in water. Sensors and Actuators B：Chemical，2018，255（1）：440-447.

[103]　Jiang S J，Qiu J B，Chen S B，et al. Double-detecting fluorescent sensor for ATP based on Cu^{2+} and Zn^{2+} response of hydrazono-bis-tetraphenylethylene. Spectrochimica Acta Part A：Molecular and Biomolecular Spectroscopy，2020，227：117568.

[104]　Geng L Y，Zhao Y，Kamya E，et al. Turn-off/on fluorescent sensors for Cu^{2+} and ATP in aqueous solution based on a tetraphenylethylene derivative. Journal of Materials Chemistry C，2019，7（9）：2640-2645.

[105]　Zhao M C，Wang M，Liu H J，et al. Continuous on-site label-free ATP fluorometric assay based on aggregation-induced emission of silole. Langmuir，2009，25（2）：676-678.

[106]　Li X Y，Guo X D，Cao L X，et al. Water-soluble triarylboron compound for ATP imaging *in vivo* using analyte-induced finite aggregation. Angewandte Chemie International Edition，2014，53（30）：7809-7813.

[107]　Yang Y，Wang X Y，Cui Q L，et al. Self-assembly of fluorescent organic nanoparticles for iron（III）sensing and cellular imaging. ACS Applied Materials & Interfaces，2016，8（11）：7440-7448.

[108]　Cheng L，Zhang H Y，Dong Y H，et al. Tetraphenylethene-based tetracationic cyclophanes and their selective recognition for amino acids and adenosine derivatives in water. Chemical Communications，2019，55（16）：2372-2375.

[109]　Jiang G Y，Zhu W D，Chen Q Q，et al. A new tetraphenylethylene based AIE sensor with light-up and tunable measuring range for adenosine triphosphate in aqueous solution and in living cells. Analyst，2017，142（23）：4388-4392.

[110]　Noguchi T，Shiraki T，Dawn A，et al. Nonlinear fluorescence response driven by ATP-induced self-assembly of guanidinium-tethered tetraphenylethene. Chemical Communications，2012，48（65）：8090-8092.

[111]　Deng T，Chen J H，Yu H，et al. Adenosine triphosphate-selective fluorescent turn-on response of a novel thiazole orange derivative via their cooperative co-assembly. Sensors and Actuators B：Chemical，2015，209：735-743.

[112]　Ma H C，Yang M Y，Zhang C L，et al. Aggregation-induced emission（AIE）-active fluorescent probes with multiple binding sites toward ATP sensing and live cell imaging. Journal of Materials Chemistry B，2017，5（43）：8525-8531.

[113]　Szabó C. Hydrogen sulphide and its therapeutic potential. Nature Reviews Drug Discovery，2007，6：917-935.

[114]　Eto K，Asada T，Arima K，et al. Brain hydrogen sulfide is severely decreased in Alzheimer's disease. Biochemical and Biophysical Research Communications，2002，293（5）：1485-1488.

[115] Yu F，Han X，Chen L. Fluorescent probes for hydrogen sulfide detection and bioimaging. Chemical Communications，2014，50（82）：12234-12249.

[116] Cai Y B，Li L Z，Wang Z T，et al. A sensitivity tunable tetraphenylethene-based fluorescent probe for directly indicating the concentration of hydrogen sulfide. Chemical Communications，2014，50（64）：8892-8895.

[117] Zhang W，Kang J，Li P，et al. Dual signaling molecule sensor for rapid detection of hydrogen sulfide based on modified tetraphenylethylene. Analytical Chemistry，2015，87（17）：8964-8969.

[118] Pramanik S，Bhalla V，Kim H M，et al. A hexaphenylbenzene based AIEE active two photon probe for the detection of hydrogen sulfide with tunable self-assembly in aqueous media and application in live cell imaging. Chemical Communications，2015，51（85）：15570-15573.

[119] Chen L，Wu D，Lim C S，et al. A two-photon fluorescent probe for specific detection of hydrogen sulfide based on a familiar ESIPT fluorophore bearing AIE characteristics. Chemical Communications，2017，53（35）：4791-4794.

[120] van Meer G，Voelker D R，Feigenson G W. Membrane lipids：where they are and how they behave. Nature Reviews Molecular Cell Biology，2008，9：112-124.

[121] Stavru F，Palmer A E，Wang C，et al. Atypical mitochondrial fission upon bacterial infection. Proceedings of the National Academy of Sciences of the United States of America，2013，110（40）：16003-16008.

[122] Kagan V E，Tyurin V A，Jiang J，et al. Cytochrome c acts as a cardiolipin oxygenase required for release of proapoptotic factors. Nature Chemical Biology，2005，1：223-232.

[123] Dowhan W，Bogdanov M. Functional roles of lipids in membrane//Dowhan，Bogdanov M. Biochemistry of Lipids，Lipoproteins and Membranes. 4th ed. Amsterdam：Elsevier，2002.

[124] Hong Y，Muenzner J，Grimm S K，et al. Origin of the conformational heterogeneity of cardiolipin-bound cytochrome c. Journal of the American Chemical Society，2012，134（45）：18713-18723.

[125] Leung C W T，Hong Y，Hanske J，et al. Superior fluorescent probe for detection of cardiolipin. Analytical Chemistry，2014，86（2）：1263-1268.

[126] Garrett R H，Grisham C M. Biochemistry. 2nd ed. 北京. 高等教育出版社，2002.

[127] Wang H，Ma K，Xu B，et al. Tunable supramolecular interactions of aggregation-induced emission probe and graphene oxide with biomolecule：an approach toward ultrasensitive label-free and "turn-on" DNA sensing. Small，2016，12（47）：6613-6622.

[128] Blasco M A. Telomeres and human disease：aging，cancer and beyond. Nature Review Genetics，2005，6：611-622.

[129] Pennarun G，Granotier C，Gauthier L R，et al. Apoptosis related to telomere instability and cell cycle alterations in human glioma cells treated by new highly selective G-quadruplex ligands. Oncogene，2005，24：2917-2928.

[130] Mergny J L，Riou J F，Mailliet P，et al. Natural and pharmacological regulation of telomerase. Nucleic Acids Research，2002，30（4）：839-865.

[131] Neidle S，Parkinson G. Telomere maintenance as a target for anticancer drug discovery. Nature Reviews Drug Discovery，2002，1：383-393.

[132] Phan A T，Kuryavyi V，Ma J B，et al. An interlocked dimeric parallel-stranded DNA quadruplex：a potent inhibitor of HIV-1 integrase. Proceedings of the National Academy of Sciences of the United States of America，2005，102（3）：634-639.

[133] Hong Y，Häussler M，Lam J W Y，et al. Label-free fluorescent probing of G-quadruplex formation and real-time monitoring of DNA folding by a quaternized tetraphenylethene salt with aggregation-induced emission characteristics. Chemistry：A European Journal，2008，14（21）：6428-6437.

[134] Li Y, Kwok R T K, Tang B Z, et al. Specific nucleic acid detection based on fluorescent light-up probe from fluorogens with aggregation-induced emission characteristics. RSC Advances, 2013, 3 (26): 10135-10138.

[135] Tong H, Hong Y N, Dong Y Q, et al. Protein detection and quantitation by tetraphenylethene-based fluorescent probes with aggregation-induced emission characteristics. Journal of Physical Chemistry B, 2007, 111 (40): 11817-11823.

[136] Stefani M, Dobson C M. Protein aggregation and aggregate toxicity: new insights into protein folding, misfolding diseases and biological evolution. Journal of Molecular Medicine, 2003, 81: 678-699.

[137] Kelly J W. The alternative conformations of amyloidogenic proteins and their multi-step assembly pathways. Current Opinion in Structural Biology, 1998, 8 (1): 101-106.

[138] Sipe J D, Cohen A S. Review: history of the amyloid fibril. Journal of Structural Biology, 2000, 130 (2-3): 88-98.

[139] Bernstein S L, Dupuis N F, Lazo N D, et al. Amyloid-β protein oligomerization and the importance of tetramers and dodecamers in the aetiology of Alzheimer's disease. Nature Chemistry, 2009, 1: 326-331.

[140] Hardy J, Selkoe D J. The amyloid hypothesis of Alzheimer's disease: progress and problems on the road to therapeutics. Science, 2002, 297 (5580): 353-356.

[141] Dobson C M. Protein folding and misfolding. Nature, 2003, 426: 884-890.

[142] Levine III H. Thioflavine T interaction with synthetic Alzheimer's disease β-amyloid peptides: detection of amyloid aggregation in solution. Protein Science, 1993, 2 (3): 404-410.

[143] Rodríguez-Rodríguez C, Rimola A, Rodríguez-Santiago L, et al. Crystal structure of thioflavin-T and its binding to amyloid fibrils: insights at the molecular level. Chemical Communications, 2010, 46 (7): 1156-1158.

[144] Groenning M, Norrman M, Flink J M, et al. Binding mode of thioflavin T in insulin amyloid fibrils. Journal of Structural Biology, 2007, 159 (3): 483-497.

[145] Hong Y N, Meng L M, Chen S P, et al. Monitoring and inhibition of insulin fibrillation by a small organic fluorogen with aggregation-induced emission characteristics. Journal of the American Chemical Society, 2012, 134 (3): 1680-1689.

[146] Conway K A, Harper J D, Lansbury P T. Accelerated in vitro fibril formation by a mutant α-synuclein linked to early-onset Parkinson disease. Nature Medicine, 1998, 4: 1318-1320.

[147] Taschenberger G, Garrido M, Tereshchenko Y, et al. Aggregation of α-synuclein promotes progressive in vivo neurotoxicity in adult rat dopaminergic neurons. Acta Neuropathologica, 2012, 123: 671-683.

[148] Lashuel H A, Overk C R, Oueslati A, et al. The many faces of α-synuclein: from structure and toxicity to therapeutic target. Nature Reviews Neuroscience, 2013, 14: 38-48.

[149] Leung C W T, Guo F, Hong Y, et al. Detection of oligomers and fibrils of α-synuclein by AIEgen with strong fluorescence. Chemical Communications, 2015, 51 (10): 1866-1869.

[150] Kontush A. Amyloid-β: an antioxidant that becomes a pro-oxidant and critically contributes to Alzheimer's disease. Free Radical Biology and Medicine, 2001, 31 (9): 1120-1131.

[151] Pradhan N, Jana D, Ghorai B K, et al. Detection and monitoring of amyloid fibrillation using a fluorescence "switch-on" probe. ACS Applied Materials & Interfaces, 2015, 7 (46): 25813-25820.

[152] Millán J L. Alkaline phosphatase. Purinergic Signaling, 2006, 2 (2): 335-341.

[153] Ooi K, Shiraki K, Morishita Y, et al. High-molecular intestinal alkaline phosphatase in chronic liver diseases. Journal of Clinical Laboratory Analysis, 2007, 21 (3): 133-139.

[154] Christenson A R H. Biochemical markers of bone metabolism: an overview. Clinical Biochemistry，1997，30（8）：573-593.

[155] Higuchi A，Ling Q D，Hsu S T，et al. Biomimetic cell culture proteins as extracellular matrices for stem cell differentiation. Chemical Reviews，2012，112（8）：4507-4540.

[156] Gu X，Zhang G，Wang Z，et al. A new fluorometric turn-on assay for alkaline phosphatase and inhibitor screening based on aggregation and deaggregation of tetraphenylethylene molecules. Analyst，2013，138（8）：2427-2431.

[157] Cao F Y，Long Y，Wang S B，et al. Fluorescence light-up AIE probe for monitoring cellular alkaline phosphatase activity and detecting osteogenic differentiation. Journal of Materials Chemistry B，2016，4（26）：4534-4541.

[158] Liang J，Kwok R T K，Shi H，et al. Fluorescent light-up probe with aggregation-induced emission characteristics for alkaline phosphatase sensing and activity study. ACS Applied Materials & Interfaces，2013，5（17）：8784-8789.

[159] Lin M，Huang J，Zeng F，et al. A fluorescent probe with aggregation-induced emission for detecting alkaline phosphatase and cell imaging. Chemistry：A European Journal，2019，14（6）：802-808.

[160] Zhang W，Yang H，Li N，et al. A sensitive fluorescent probe for alkaline phosphatase and an activity assay based on the aggregation-induced emission effect. RSC Advances，2018，8（27）：14995-15000.

[161] Liu H W，Li K，Hu X X，et al. *In situ* localization of enzyme activity in live cells by a molecular probe releasing a precipitating fluorochrome. Angewandte Chemie International Edition，2017，56（39）：11788-11792.

[162] Song Z，Kwok R T K，Zhao E，et al. A ratiometric fluorescent probe based on ESIPT and AIE processes for alkaline phosphatase activity assay and visualization in living cells. ACS Applied Materials & Interfaces，2014，6（19）：17245-17254.

[163] Xiong L H，He W，Zhao Z，et al. Ultrasensitive virion immunoassay platform with dual-modality based on a multifunctional aggregation-induced emission luminogen. ACS Nano，2018，12（9）：9549-9557.

[164] Thornberry N A，Lazebnik Y. Caspases：enemies within. Science，1998，281（5381）：1312-1316.

[165] Vaux D L，Korsmeyer S J. Cell death in development. Cell，1999，96（2）：245-254.

[166] Riedl S J，Shi Y G. Molecular mechanisms of caspase regulation during apoptosis. Nature Reviews Molecular Cell Biology，2004，5（11）：897-907.

[167] Shi H，Kwok R T K，Liu J，et al. Real-time monitoring of cell apoptosis and drug screening using fluorescent light-up probe with aggregation-induced emission characteristics. Journal of the American Chemical Society，2012，134（43）：17972-17981.

[168] Shi J，Zhao N，Ding D，et al. Fluorescent light-up probe with aggregation-induced emission characteristics for *in vivo* imaging of cell apoptosis. Organic & Biomolecular Chemistry，2013，11（42）：7289-7296.

[169] Yuan Y，Kwok R T K，Tang B Z，et al. Targeted theranostic platinum（Ⅳ）prodrug with a built-in aggregation-induced emission light-up apoptosis sensor for noninvasive early evaluation of its therapeutic responses *in situ*. Journal of the American Chemical Society，2014，136（6）：2546-2554.

[170] Yuan Y，Zhang R，Cheng X，et al. A FRET probe with AIEgen as the energy quencher：dual signal turn-on for self-validated caspase detection. Chemical Science，2016，7（7）：4245-4250.

[171] Yuan Y，Zhang C J，Kwok R T K，et al. Light-up probe based on AIEgens：dual signal turn-on for caspase cascade activation monitoring. Chemical Science，2017，8（4）：2723-2728.

[172] Han A T，Wang H M，Kwok R T K，et al. Peptide-induced AIEgen self-assembly：a new strategy to realize highly sensitive fluorescent light-up probes. Analytical Chemistry，2016，88（7）：3872-3878.

[173] Seki K，Yoshikawa H，Shiiki K，et al. Cisplatin（CDDP）specifically induces apoptosis via sequential activation

of caspase-8, -3 and-6 in osteosarcoma. Cancer Chemotherapy and Pharmacology，2000，45（3）：199-206.

[174] Alam J，Cook J L. Reporter genes：application to the study of mammalian gene transcription. Analytical Biochemistry，1990，188（2）：245-254.

[175] Spergel D J，Krüth U，Shimshek D R，et al. Using reporter genes to label selected neuronal populations in transgenic mice for gene promoter，anatomical，and physiological studies. Progress in Neurobiology，2001，63（6）：673-686.

[176] Dimri G P，Lee X，Basile G，et al. A biomarker that identifies senescent human cells in culture and in aging skin *in vivo*. Proceedings of the National Academy of Sciences of the United States of America，1995，92（20）：9363-9367.

[177] Chatterjee S K，Bhattacharya M，Barlow J J. Glycosyltransferase and glycosidase activities in ovarian cancer patients. Cancer Research，1979，39（6）：1943-1951.

[178] Peng L，Gao M，Cai X C，et al. A fluorescent light-up probe based on AIE and ESIPT processes for β-galactosidase activity detection and visualization in living cells. Journal of Materials Chemistry B，2015，3（47）：9168-9172.

[179] Jiang G Y，Zeng G J，Zhu W P，et al. A selective and light-up fluorescent probe for β-galactosidase activity detection and imaging in living cells based on an AIE tetraphenylethylene derivative. Chemical Communications，2017，53（32）：4505-4508.

[180] Gu K Z，Qiu W S，Guo Z Q，et al. An enzyme-activatable probe liberating AIEgens：on-site sensing and long-term tracking of β-galactosidase in ovarian cancer cells. Chemical Communications，2019，10（2）：398-405.

[181] Yang W，Zhao X，Zhang J，et al. Hydroxyphenylquinazolinone-based turn-on fluorescent probe for β-galactosidase activity detection and application in living cells. Dyes and Pigments，2018，156：100-107.

[182] Ishi-I T，Kawai K，Shirai Y，et al. Amphiphilic triphenylamine-benzothiadiazole dyes：preparation，fluorescence and aggregation behavior，and enzyme fluorescence detection. Photochemical & Photobiological Sciences，2019，18（6）：1447-1460.

[183] Grimm C，Hofstetter G，Aust S，et al. Association of gamma-glutamyltransferase with severity of disease at diagnosis and prognosis of ovarian cancer. British Journal of Cancer，2013，109（3）：610-614.

[184] Kushwaha N，Srivastava S. Gamma-glutamyl transpeptidase from two plant growth promoting rhizosphere fluorescent pseudomonads. Antonie van Leeuwenhoek，2014，105（1）：45-56.

[185] Terzyan S S，Burgett A W，Heroux A，et al. Human γ-glutamyl transpeptidase 1. Journal of Biological Chemistry，2015，290（28）：17576-17586.

[186] Shimane T，Aizawa H，Koike T，et al. Oral cancer intraoperative detection by topically spraying a γ-glutamyl transpeptidase-activated fluorescent probe. Oral Oncology，2016，54：e16-e18.

[187] Miyata Y，Ishizawa T，Yamashita S，et al. Intraoperative imaging of hepatic cancers using γ-glutamyl transpeptidase-specific fluorophore enabling real-time identification and estimation of recurrence. Scientific Reports，2017，7（1）：3542.

[188] Pompella A，de Tata V，Paolicchi A，et al. Expression of γ-glutamyltransferase in cancer cells and its significance in drug resistance. Biochemical Pharmacology，2006，71（3）：231-238.

[189] Seebacher V，Polterauer S，Grimm C，et al. Prognostic significance of gamma-glutamyltransferase in patients with endometrial cancer：a multi-centre trial. British Journal of Cancer，2012，106（9）：1551-1555.

[190] Corti A，Franzini M，Paolicchi A，et al. Gamma-glutamyltransferase of cancer cells at the crossroads of tumor progression，drug resistance and drug targeting. Anticancer Research，2010，30（4）：1169-1181.

[191] Strasak A M, Rapp K, Brant L J, et al. Association of γ-glutamyltransferase and risk of cancer incidence in men: a prospective study. Cancer Research, 2008, 68（10）: 3970-3977.

[192] Hou X F, Zeng F, Wu S Z. A fluorescent assay for γ-glutamyltranspeptidase via aggregation induced emission and its applications in real samples. Biosensors and Bioelectronics, 2016, 85: 317-323.

[193] Ou-Yang J, Li Y F, Wu P, et al. Detecting and imaging of γ-glutamyl transpeptidase activity in serum, live cells, and pathological tissues with a high signal-stability probe by releasing a precipitating fluorochrome. ACS Sensors, 2018, 3（7）: 1354-1361.

[194] Liu Y, Feng B, Cao X Z, et al. A novel "AIE + ESIPT" near-infrared nanoprobe for the imaging of γ-glutamyl transpeptidase in living cells and the application in precision medicine. Analyst, 2019, 144（17）: 5136-5142.

[195] Decock J, Obermajer N, Vozelj S, et al. Cathepsin B, cathepsin H, cathepsin X and cystatin C in sera of patients with early-stage and inflammatory breast cancer. The International Journal of Biological Markers, 2008, 23（3）: 161-168.

[196] Duncan R, Cable H C, Lloyd J B, et al. Polymers containing enzymatically degradable bonds, 7. Design of oligopeptide side-chains in poly[N-（2-hydroxypropyl）methacrylamide] copolymers to promote efficient degradation by lysosomal enzymes. Macromolecular Chemistry and Physics, 1983, 184（10）: 1997-2008.

[197] Rejmanová P, Kopeček J, Pohl J, et al. Polymers containing enzymatically degradable bonds, 8. Degradation of oligopeptide sequences in N-（2-hydroxypropyl）methacrylamide copolymers by bovine spleen cathepsin B. Macromolecular Chemistry and Physics, 1983, 184（10）: 2009-2020.

[198] Yuan Y, Zhang C J, Gao M, et al. Specific light-up bioprobe with aggregation-induced emission and activatable photoactivity for the targeted and image-guided photodynamic ablation of cancer cells. Angewandte Chemie International Edition, 2015, 54（6）: 1780-1786.

[199] Chen W H, Luo G F, Qiu W X, et al. Tumor-triggered drug release with tumor-targeted accumulation and elevated drug retention to overcome multidrug resistance. Chemistry of Materials, 2016, 28（18）: 6742-6752.

[200] Cui W, Li J, Decher G. Self-assembled smart nanocarrier for targeted drug delivery. Advanced Materials, 2016, 28（6）: 1302-1311.

[201] He Q, Shi J. MSN anti-cancer nanomedicines: chemotherapy enhancement, overcoming of drug resistance, and metastasis inhibition. Advanced Materials, 2004, 26（3）: 391-411.

[202] Torchilin V P. Multifunctional, stimuli-sensitive nanoparticulate systems for drug delivery. Nature Reviews Drug Discovery, 2014, 13（11）: 813-827.

[203] Zhang C, Liu L H, Qiu W X, et al. A transformable chimeric peptide for cell encapsulation to overcome multidrug resistance. Small, 2018, 14（11）: 1703321.

[204] Park S J, Lee H W, Kim H R, et al. A carboxylesterase-selective ratiometric fluorescent two-photon probe and its application to hepatocytes and liver tissues. Chemical Science, 2016, 7（6）: 3703-3709.

[205] Derikvand F, Yin D T, Barrett R, et al. Cellulose-based biosensors for esterase detection. Analytical Chemistry, 2016, 88（6）: 2989-2993.

[206] Tian M, Sun J, Tang Y, et al. Discriminating live and dead cells in dual-color mode with a two-photon fluorescent probe based on ESIPT mechanism. Analytical Chemistry, 2018, 90（1）: 998-1005.

[207] Anderson R A, Byrum R S, Coates P M, et al. Mutations at the lysosomal acid cholesteryl ester hydrolase gene locus in Wolman disease. Proceedings of the National Academy of Sciences of the United States of America, 1994, 91（7）: 2718-2722.

[208] Satoh T，Hosokawa M. Carboxylesterases：structure，function and polymorphism in mammals. Journal of Pesticide Science，2010，35（3）：218-228.

[209] Satoh T，Hosokawa M. The mammalian carboxylesterases：from molecules to functions. Annual Reviews of Pharmacology and Toxicology，1998，38：257-288.

[210] Satoh T，Hosokawa M. Structure，function and regulation of carboxylesterases. Chemico-Biological Interactions，2006，162（3）：195-211.

[211] Imai T. Human carboxylesterase isozymes：catalytic properties and rational drug design. Drug Metabolism and Pharmacokinetics，2006，21（3）：173-185.

[212] Potter P M，Wadkins R M. Carboxylesterases-detoxifying enzymes and targets for drug therapy. Current Medicinal Chemistry，2006，13（9）：1045-1054.

[213] Hosokawa M. Structure and catalytic properties of carboxylesterase isozymes involved in metabolic activation of prodrugs. Molecules，2008，13（2）：412-431.

[214] Imai T，Hosokawa M. Prodrug approach using carboxylesterases activity：catalytic properties and gene regulation of carboxylesterase in mammalian tissue. Journal of Pesticide Science，2010，35（3）：229-239.

[215] Aghi M，Hochberg F，Breakefield X O. Prodrug activation enzymes in cancer gene therapy. The Journal of Gene Medicine，2000，2（3）：148-164.

[216] Redinbo M R，Potter P M. Keynote review：mammalian carboxylesterases：from drug targets to protein therapeutics. Drug Discovery Today，2005，10（5）：313-325.

[217] Na K，Lee E Y，Lee H J，et al. Human plasma carboxylesterase 1，a novel serologic biomarker candidate for hepatocellular carcinoma. Proteomics，2009，9（16）：3989-3999.

[218] Vriese C D，Gregoire F，Kisoka R L，et al. Ghrelin degradation by serum and tissue homogenates：identification of the cleavage sites. Endocrinology，2004，145（11）：4997-5005.

[219] Wang J，Chen Q，Tian N，et al. A fast responsive，highly selective and light-up fluorescent probe for the two-photon imaging of carboxylesterase in living cells. Journal of Materials Chemistry B，2018，6（11）：1595-1599.

[220] Wang X J，Liu H，Li J W，et al. A fluorogenic probe with aggregation-induced emission characteristics for carboxylesterase assay through formation of supramolecular microfibers. Chemistry：An Asian Journal，2014，9（3）：784-789.

[221] Gao M，Hu Q，Feng G，et al. A fluorescent light-up probe with "AIE + ESIPT" characteristics for specific detection of lysosomal esterase. Journal of Materials Chemistry B，2014，2（22）：3438-3442.

[222] Yang Y，Huang Y Y，Zhang G X，et al. A new fluorometric turn-on assay for carboxylesterase and inhibitor screening based on aggregation induced emission behavior of tetraphenylethylene molecules. Acta Chimica Sinica，2016，74（11）：871-876.

[223] Wu Y，Huang S，Zeng F，et al. A ratiometric fluorescent system for carboxylesterase detection with AIE dots as FRET donors. Chemical Communications，2015，51（64）：12791-12794.

[224] Marcinkiewicz J，Kontny E. Taurine and inflammatory disease. Amino Acids，2014，46（1）：7-20.

[225] Wang J，Wu Y L，Zeng F，et al. AIE fluorophore with enhanced cellular uptake for tracking esterase-activated release of taurine and ROS scavenging. Faraday Discussions，2017，196：335-350.

[226] Wang J，Wu Y L，Sun L H，et al. NIR AIE system for tracking release of taurine and ROS scavenging. Acta Chimica Sinica，2016，74（11）：910-916.

[227] Catanzaro R，Cuffari B，Italia A，et al. Exploring the metabolic syndrome：nonalcoholic fatty pancreas disease.

World Journal of Gastroenterology，2016，22（34）：7660-7675.

[228] Smith R C，Southwell-Keely J，Chesher D. Should serum pancreatic lipase replace serum amylase as a biomarker of acute pancreatitis?. ANZ Journal of Surgery，2005，75（6）：399-404.

[229] Treacy J，Williams A，Bais R，et al. Evaluation of amylase and lipase in the diagnosis of acute pancreatitis. ANZ Journal of Surgery，2001，71（10）：577-582.

[230] Steinberg W M，Goldstein S S，Davis N D，et al. Diagnostic assays in acute pancreatitis：a study of sensitivity and specificity. Annals of Internal Medicine，1985，102（5）：576-580.

[231] Sternby B，O'Brien J F，Zinsmeister A R，et al. What is the best biochemical test to diagnose acute pancreatitis? A prospective clinical study. Mayo Clinic Proceedings，1996，71（12）：1138-1144.

[232] （a）Vincent A，Herman J，Schulick R，et al. Pancreatic cancer. The Lancet，2011，378（9791）：13-19；（b）Ryan D P，Hong T S，Bardeesy N. Pancreatic adenocarcinoma. The New England Journal of Medicine，2014，371（11）：1039-1049.

[233] Shi J，Zhang S，Zheng M M，et al. A novel fluorometric turn-on assay for lipase activity based on an aggregation-induced emission（AIE）luminogen. Sensors and Actuators B：Chemical，2017，238：765-771.

[234] Shi J，Deng Q C，Wan C Y，et al. Fluorometric probing of the lipase level as acute pancreatitis biomarkers based on interfacially controlled aggregation-induced emission（AIE）. Chemical Science，2017，8（9）：6188-6195.

[235] Verma R P，Hansch C. Matrix metalloproteinases（MMPs）：chemical-biological functions and（Q）SARs. Bioorganic and Medicinal Chemistry，2007，15（6）：2223-2268.

[236] Savariar E N，Felsen C N，Nashi N，et al. Real-time *in vivo* molecular detection of primary tumors and metastases with ratiometric activatable cell-penetrating peptides. Cancer Research，2013，73（2）：855-894.

[237] Han K，Wang S B，Lei Q，et al. Ratiometric biosensor for aggregation-induced emission-guided precise photodynamic therapy. ACS Nano，2015，9（10）：10268-10277.

[238] Cheng Y，Huang F J，Min X H，et al. Protease-responsive prodrug with aggregation-induced emission probe for controlled drug delivery and drug release tracking in living cells. Analytical Chemistry，2016，88（17）：8913-8919.

[239] Eltzschig H K，Carmeliet P. Hypoxia and inflammation. The New England Journal of Medicine，2011，364（7）：656-665.

[240] Parks S K，Cormerais Y，Pouysségur J. Hypoxia and cellular metabolism in tumour pathophysiology. The Journal of Physiology，2017，595（8）：2439-2450.

[241] Wilson W R，Hay M P. Targeting hypoxia in cancer therapy. Nature Reviews Cancer，2011，11（6）：393-410.

[242] Xue T，Shen J，Shao K，et al. Strategies for tumor hypoxia imaging based on aggregation-induced emission fluorogens. Chemistry：A European Journal，2020，26（12）：2521-2528.

[243] Medina S H，Chevliakov M V，Tiruchinapally G，et al. Enzyme-activated nanoconjugates for tunable release of doxorubicin in hepatic cancer cells. Biomaterials，2013，34（19）：4655-4666.

[244] Xue T，Jia X，Wang J，et al. "Turn-on" activatable AIE dots for tumor hypoxia imaging. Chemistry：A European Journal，2019，25（41）：9634-9638.

[245] Yuan X J，Wang Z，Li L S，et al. Novel fluorescent amphiphilic copolymer probes containing azo-tetraphenylethylene bridges for azoreductase-triggered release. Materials Chemistry Frontiers，2019，3（6）：1097-1104.

[246] Hecht H J，Erdmann H，Park H J，et al. Crystal structure of NADH oxidase from thermus thermophilus. Nature Structural Biology，1995，2（12）：1109-1114.

[247] de Oliveira I M，Henriques J A P，Bonatto D. In silico identification of a new group of specific bacterial and fungal

nitroreductases-like proteins. Biochemical and Biophysical Research Communications，2007，355（4）：919-925.

[248] Komatsu H，Harada H，Tanabe K，et al. Indolequinone-rhodol conjugate as a fluorescent probe for hypoxic cells：enzymatic activation and fluorescence properties. MedChemMed，2010，1（1）：50-53.

[249] Kiyose K，Hanaoka K，Oushiki D，et al. Hypoxia-sensitive fluorescent probes for *in vivo* real-time fluorescence imaging of acute ischemia. Journal of the American Chemical Society，2010，132（45）：15846-15848.

[250] Urno T，Urano Y，Setsukina K，et al. Rational principles for modulating fluorescence properties of fluorescein. Journal of the American Chemical Society，2004，126（43）：14079-14085.

[251] You X，Li L H，Li X H，et al. A new tetraphenylethylene-derived fluorescent probe for nitroreductase detection and hypoxic-tumor-cell imaging. Chemistry：An Asian Journal，2016，11（20）：2918-2923.

[252] Lin Y，Sun L H，Zeng F，et al. An unsymmetrical squaraine-based activatable probe for imaging lymphatic metastasis by responding to tumor hypoxia with MOST and aggregation-enhanced fluorescent imaging. Chemistry：A European Journal，2019，25（72）：16740-16747.

[253] Ouyang J，Sun L，Zeng Z，et al. Nanoaggregate probe for breast cancer metastasis through multispectral optoacoustic tomography and aggregation-induced NIR-Ⅰ/Ⅱ fluorescence imaging. Angewandte Chemie International Edition，2020，59（25）：10111-10121.

[254] Cresteil T，Jaiswal A K. High levels of expression of the NAD（P）H：quinone oxidoreductase（NQO1）gene in tumor cells compared to normal cells of the same origin. Biochemical Pharmacology，1991，42（5）：1021-1027.

[255] Dinkova-Kostova A T，Talalay P. NAD（P）H：quinone acceptor oxidoreductase 1（NQO1），a multifunctional antioxidant enzyme and exceptionally versatile cytoprotector. Archives of Biochemistry and Biophysics，2010，501（1）：116-123.

[256] Danson S，Ward T H，Butler J，et al. DT-diaphorase：a target for new anticancer drugs. Cancer Treatment Reviews，2004，30（5）：437-449.

[257] Shin W S，Lee M G，Verwilst P，et al. Mitochondria-targeted aggregation induced emission theranostics：crucial importance of *in situ* activation. Chemical Science，2016，7（9）：6050-6059.

[258] Yu L J，Matis J，Scudiero D A，et al. P450 enzyme expression patterns in the NCI human tumor cell line panel. Drug Metabolism and Disposition，2001，29（3）：304-312.

[259] Xu C，Zou H，Zhao Z，et al. A new strategy toward "simple" water-soluble AIE probes for hypoxia detection. Advanced Functional Materials，2019，29（34）：1903278.

第2章

>>

细菌成像和杀菌

2.1 引言

    细菌几乎存在于地球的每一个角落。由于细菌体型微小，大多数处于 0.5～50 μm，人类无法用肉眼观察到，也没有意识到它们的存在。直到 1674 年，荷兰显微镜学家安东尼·列文虎克（Antoni van Leeuwenhoek，1632—1723）才利用自制的显微镜第一次发现细菌的存在。然而，之后约 200 年间，人类对细菌的研究仅仅停留在形貌描述和通过形貌分门别类阶段。19 世纪中期，路易·巴斯德（Louis Pasteur，1822—1895）和罗伯特·科赫（Robert Koch，1843—1910）等科学家才打破了这一局面，将细菌与生理学结合，从而相继发现了细菌的发酵能力和致病能力，奠定了微生物学的发展基础。如今，细菌研究的发展与人类的生活息息相关。一方面，人类利用细菌进行酸奶、抗生素等产品的制备，进行污渍清除、废水处理等工业应用；另一方面，人类每时每刻与细菌接触，细菌参与了人体内众多代谢活动，维持着人类身体健康。然而，细菌给人类最深刻的印象却是它们的致病性，细菌是诸多疾病的病原体，很容易导致瘟疫、肺结核、淋病等强烈感染性疾病，有的疾病可在短时间内导致数千万人死亡，给人类带来毁灭性的打击，远远超过世界性战争带来的危害，也深刻影响着人类的文明发展。

    人类卫生与健康发展史，很大一部分就是与致病性细菌抗争的发展史。约 1 万年前，人类进入农耕时代，开始群居生活，同时与驯养的动物住在一起，在缺乏良好卫生条件的情况下，细菌和病毒等引发的疾病在动物和人之间、人和人之间快速传播，形成传染病并逐步蔓延。其中，结核杆菌感染引起的结核病（即痨病）引起的危害最大，它的流行史也是人类的血泪史。18 世纪工业革命时期，欧洲人口密集、环境恶劣，约 25% 的欧洲人死于结核病；20 世纪 30 年代，中国数千万人感染结核病，每分钟就有超过两人死于此病，出现"十痨九死"之说。人类对抗细菌感染病的第一个里程碑是在 19 世纪中后期，路易·巴斯德提出了每一种传染病都是一种微菌在体内发展的说法，并在 1862 年发明巴氏消毒法，对啤酒、饮料和食物等进行灭菌处理,降低了感染病的患病率;1876 年,罗伯特·科赫通过公开实验证明了特定细菌引起特定疾病的伟大结论,并获得诺贝尔生理学或医学奖。巴斯德和科赫的发现揭开了细菌传染病的真面目,然而在消灭感染性细菌上,仍然举步维艰。人类最开始使用的灭菌药物,不仅灭菌效率低下,而且更容易对正常细胞造成伤害,引起诸多副反应。这一状况的改变起始于第一次世界大战期间,当时,医院内伤员的死亡数远高于战场,这是由伤口处一种葡萄球菌感染所致。1928 年,亚历山大·弗莱明(Alexander Fleming,1881—1955)在研究葡萄球菌的过程中,偶然发现青霉菌分泌的青霉素可以高效杀死感染性葡萄球菌且对机体没有副作用,这是人类对抗细菌感染病的又一个里程碑。1935 年,霍华德·沃尔特·弗洛里(Howard Walter Florey,1898—1968)和钱恩(Chain,1906—1979)确定了青霉素的结构性能,解决了青霉素的生产问题,让青霉素成了灭杀细菌、拯救世界的灵药,使人类的平均寿命显著提高。这一伟大贡献使得弗莱明、钱恩和弗洛里共同获得了 1945 年诺贝尔生理学或医学奖。继青霉素之后,人类又发现了另一抗生素——链霉素,可以有效治愈结核病。至此,人类与细菌的抗战取得阶段性胜利。

然而,好景不长,细菌并没有坐以待毙,细菌繁殖速度非常快,长期使用抗生素,虽然使得多数敏感性细菌被灭杀,然而少数耐药性细菌得以留存并繁殖,并不断提高其耐药性。短短几十年,越来越多的细菌在与人类抗战中重新占据优势,抗生素的滥用打破了抗生素自己的神话。细菌耐药性的产生大体分为两类机制:一类是少数细菌固有的特殊结构和化学组成,可以分解、抵制抗生素,具有固有耐药性;另一类是通过基因交叉感染、质粒基因突变引起自身代谢路径的变化,对抗抗生素,称为获得性耐药性。通过第二类耐药机制,细菌可以很容易获得多重利于自身的遗传物质,从而变身成为"多重耐药性细菌",被称为超级细菌(superbug),它们对大多数抗生素抵抗力强大,甚至能主动逃脱被消灭的危险,有可能再次引起大范围无法治愈传染病的传播。超级细菌的出现严重危害了人类的生命健康,也为人类敲响了警钟。而中国病患抗生素药物的使用率远高于国际水平,因此,抗生素的使用必须严格控制,同时,新型抵抗细菌的药物开发也迫在眉睫。细菌的益害,取决于多个方面,包括它们的种类、在人体内的分布和数量等。目前,体内细菌的实时成像示踪和原位选择性清除均处于实验室研究阶段,该领域的发展对细菌感染性疾病的治疗至关重要。

2.2　细菌成像

早在晋朝时期,中国的《口铭》一书中便记载有"病从口入"的俗语,意在告诫人们疾病多从不干净的食物传染。如今看来,这句俗语无疑具有相当高的科学性，"病从口入"的本质便是通过不干净的食物摄入了致病性的细菌等病原体。为了有效防止"病从口入"，对于饮水源和食物中细菌的精准、便捷检测手段显得尤为关键。目前，有众多方法可以对细菌进行检测，主要包括标本培养法、聚合酶链反应（polymerase chain reaction，PCR）法、目标特异性免疫分析法（target-specific immunoassays）、电化学分析法等[1-5]。然而，这些分析方法都有不够完美之处，它们有的需要长达好几天的培养时间等待菌落长成，有的需要生物化学专家利用细胞裂解、纯化和蛋白质提取等相当专业的处理方式进行分析。因此，人们开始探究更加快捷、简便和低成本的细菌探测方法。

为了避免耗时长、见效慢的生物化学准备阶段，人们开始利用探针对细菌进行检测。主要包括利用静电相互作用，抗体-抗原、配体-受体识别作用等机理，设计基于局域表面等离子体共振（localized surface plasmon resonance，LSPR）[6]、表面增强拉曼散射（surface enhanced Raman scattering，SERS）[7, 8]、诊断性磁共振（diagnostic magnetic resonance，DMR）[9, 10]、比色分析法（colorimetric analysis）[11]和荧光分光光度法（fluorospectrophotometry）[12, 13]等的检测手段。其中，荧光分光光度法不仅灵敏度高、耗时短，而且具有经济实惠、所需设备廉价、操作简单等优点。荧光检测法的关键之处在于荧光探针的设计，近年来，基于聚集诱导发光（aggregation-induced emission，AIE）的荧光探针得以蓬勃发展，它们具有合成简单、性质优良稳定等优点，最可取之处便是 AIE 分子通过简单地调节聚集和解聚集状态就可以轻易改变其荧光强度[14]。

蛋白质是细菌细胞膜和细胞壁的主要组成部分，因此，这些蛋白质决定着细菌的一些重要的表面性质。其中，细菌的细胞壁中含有一些可被识别的特殊序列及特殊的疏水结构，被用于开发细菌特异性荧光探针分子；此外，细菌表面的等电点也具有比较特殊的性质。等电点是指氨基酸、多肽等分子溶解在水中，在某一 pH 下它们解离成阴离子和阳离子的趋势相同，呈现电中性，该 pH 就是氨基酸、多肽等分子的等电点。通过测试可知，革兰氏阳性菌的等电点分布在 2～3，革兰氏阴性菌则是在 4～5[15]。一般细菌培养液的 pH 处于 7～7.5，远高于大多数细菌的等电点，细菌的表面很容易在培养液中解离成阴离子，表现为负电性[16]。因此，多数细菌探针设计成带有正电荷，通过静电相互作用对细菌进行成像检测[17, 18]。AIE 分子通过简单地调节聚集和解聚集状态就可以轻易改变其荧光强度，与细菌特异性识别作用和静电相互作用结合在一起，发展了一系列优良的细菌探针。

2.2.1　广谱细菌成像和识别

2014 年，蒋兴宇、张德清和王卓等充分利用 AIE 分子良好的可修饰性，制备

了 **A1**～**A5** 等 5 种不同亲疏水性和不同电荷的 AIE 探针［图 2-1（a）］，设计成探针阵列，利用流式细胞分析的方法，对多种不同类型的细菌进行了高效识别[19]。如图 2-1（b）所示，探针分子 **A1**、**A3** 具有红色的荧光和正电荷，但是 **A1** 具有两个正电荷；探针分子 **A2**、**A4** 和 **A5** 都有蓝绿色的荧光，但是 **A4** 带一个正电荷，**A2** 和 **A5** 分别带一个和两个负电荷，它们可以与不同类型的细菌发生不同程度的相互作用，表现出不同的荧光增强性质和发光颜色。录入不同细菌分别与 **A1**～**A5** 混合之后的荧光变化数据，可以建立一种标准荧光阵列，从而在被录入细菌类型的范围内对未知细菌进行分析和识别。周蕾和邢国文等使用的 AIE 探针分子更加简单，他们直接在四苯乙烯分子上引入不同的功能基团，包括醛基、羧基和季铵盐基等，然后利用这些基团与细菌不同的相互作用对细菌进行辨别[20]。在这些染色过程中，静电和疏水相互作用起着重要的作用。具有季铵基的带正电荷的探针由于静电吸引而与带负电荷的细菌表面结合；带有醛基的中性探针主要通过疏水相互作用与细菌结合。使用上述探针通过线性判别，所有测试的细菌都可以被高精度地归类，准确率几乎达到 100%。因此，通过 AIE 探针可以同时实现细菌的成像和鉴定。

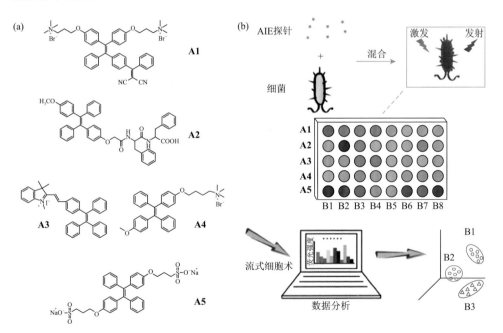

图 2-1　（a）具有不同化学结构和电荷属性 AIE 分子探针的化学结构；（b）基于不同化学结构 AIE 分子探针阵列所设计的细菌识别方法；**A1**～**A5** 代表 5 个 AIE 分子探针，**B1**～**B8** 代表 8 种不同类型的细菌

在大多数时候使用的 AIE 单元都是四苯乙烯，它具有合成简单、成本低、易

修饰等诸多优点。但是，四苯乙烯具有苯环和乙烯基等强疏水性基团，在水中容易聚集从而产生荧光背景信号。虽然有些水溶性不太好的 AIE 探针分子在与细菌等底物混合之后依然有荧光增强的现象，但是这种信号增强难以定量，AIE 探针分子的浓度、水溶液的盐度等对测试的结果都有比较大的影响。因此，在对广谱的细菌进行成像或者识别时，尽量改进 AIE 探针分子在起始状态的水溶性很有可能可以提高检测的准确性和灵敏度。如图 2-2 所示，唐本忠和王树等将具有亲水性的乙二醚和季铵盐修饰在四苯乙烯结构上，极大地改善了分子的水溶性，所得到的一系列 AIE 探针分子 TPE-ARs 在 PBS 溶液中具有很低的背景荧光。当它们的浓度超过 50×10^{-6} mol/L 时，在 PBS 溶液中的荧光才开始增强。这些 AIE 探针分子通过在季铵盐尾部修饰不同的烷基、苯环等基团来调节它们的疏水性，

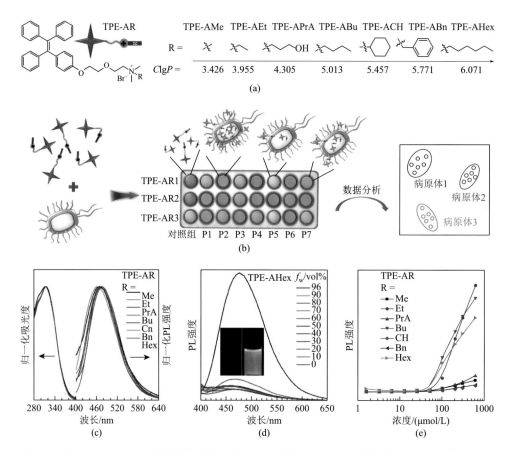

图 2-2　（a）TPE-ARs 的化学结构式和它们的疏水常数；（b）三个不同的 TPE-ARs 作为一个探针阵列对 P1～P7 等七种不同的病原菌进行识别的示意图；（c）TPE-ARs 的归一化紫外可见吸收光谱和荧光发射光谱；（d）TPE-AHex（200×10^{-6} mol/L）在不同比例的 DMSO-H$_2$O 混合溶剂中的荧光光谱，vol%表示体积分数；（e）不同浓度的 TPE-ARs 在 PBS 溶液中的荧光强度

从 TPE-AMe 到 TPE-AHex，疏水常数 $ClgP$（脂水分配系数）逐渐增大。利用疏水常数的变化能够调节 AIE 探针分子与不同细菌之间的相互作用，最终实现细菌的快速识别[21]。

为了进一步降低 AIE 探针分子的背景信号，唐本忠和秦安军等将 AIE 分子与氧化石墨烯（graphene oxide，GO）混合在一起，AIE 分子与 GO 通过疏水作用、π-π 相互作用等形成复合的体系之后，AIE 分子的荧光被猝灭，大大降低了检测体系的荧光背景[22]。同样地，他们将具有不同电荷性质、荧光颜色和荧光强度的 AIE 分子 **A6～A12** 与 GO 复合，最终形成了一个检测阵列，对细菌进行识别（图 2-3）。更有意思的是，他们不是直接对细菌进行识别，而是将待识别的细菌通过细菌裂解酶裂解之后对所得的裂解液进行检测得到结果。使用细菌裂解液进行检测具有三个优点：①细菌裂解液可以长期稳定保存，同时降低活体细菌所带来的感染等风险；②对细菌裂解液的检测可以提供细菌细胞膜内部的信息，从而可能识别同一族群里不同的菌株；③细菌裂解液与免疫反应关联度高，可能获取相关信息。

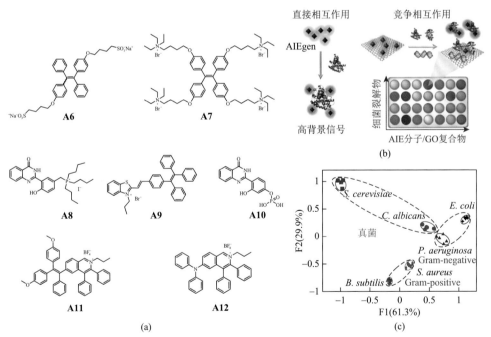

图 2-3　（a）AIE 探针分子 **A6～A12** 的化学结构式；（b）AIE 探针分子直接与生物分子相互作用和通过与 GO 竞争再产生相互作用从而对生物分子进行检测的示意图；（c）AIE 分子/GO 体系对六种细菌裂解液进行检测识别的结果

F1 表示主成分分析中第一主成分；F2 表示主成分分析中第二主成分；*S. cerevisiae* 表示酿酒酵母；*C. albicans* 表示白色念珠菌；Gram-negative 表示革兰氏阴性；*E. coli* 表示大肠杆菌；*P. aeruginosa* 表示铜绿假单胞菌；Gram-positive 表示革兰氏阳性；*S. aureus* 表示金黄色葡萄球菌；*B. subtilis* 表示枯草芽孢杆菌

　　以上多种方法对细菌的广谱检测主要是在水溶液中进行，实际测试时，不便于携带。另一种更加方便的方法是将 AIE 探针分子与试纸条结合在一起，利用试纸条对细菌进行检测[23]。如图 2-4 所示，李孝红等通过静电纺丝技术，将苯乙烯-顺丁烯二酸酐共聚物（polystyrene-*co*-maleic anhydride，PSMA）制备成空隙比较均一的纤维薄膜，然后在 PSMA 纤维薄膜表面分别修饰聚乙二醇（PEG）、己二胺（HDA）或者聚乙烯亚胺（PEI）等连接基团，之后再通过脱 HCl 反应将 AIE 探针分子 TPEC 与 PEG、HDA、PEI 等连接，修饰在 PSMA 纤维薄膜表面，这样就形成了含有 AIE 探针分子 TPEC 的 PSMA 纤维薄膜。为了进一步使这个薄膜具有细菌响应性，李孝红等继续通过脱 HCl 反应将具有 FimH 蛋白捕获能力的甘露糖（Man）修饰在 TPEC 探针分子上。当 *E. coli*（革兰氏阴性菌）细菌鞭毛与被捕获的 FimH 蛋白发生识别性相互反应时，就会通过 Man 限制 TPEC 分子内苯环的振动，使其荧光增强，实现利用含有 AIE 探针分子 TPEC 的 PSMA 纤维薄膜对 *E. coli* 的检测。

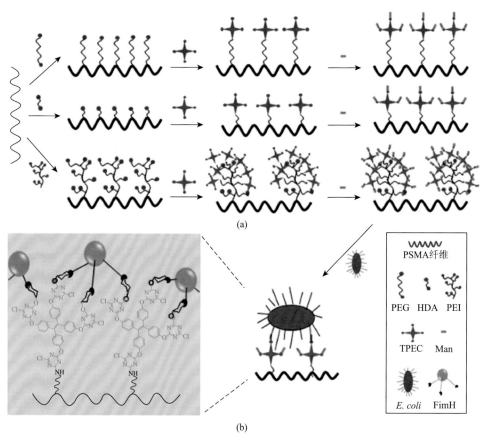

图 2-4 （a）在 PSMA 纤维上接枝 PEG、HDA 或 PEI，然后进行 TPEC 接合和甘露糖固定化；（b）FimH 蛋白与大肠杆菌特异结合后，PSMA 纤维上的 TPEC 发出绿色荧光

　　为了进一步提升这种方法对细菌检测的速率和灵敏度，李孝红等将这种含有 AIE 探针分子的薄膜制备成具有二面神结构的微米马达，通过"运动-捕获-发光"的模式提高细菌与 PSMA 表面的接触效率、降低位阻，使得 PSMA 表面的 AIE 探针的检测性能更好[24]。如图 2-5 所示，具有二面神结构的 PSMA 基底通过肩并肩的静电纺丝技术制备。具有二面神结构的 PSMA 基底的一端修饰过氧化氢酶（CAT），该酶可以通过降解溶液中的过氧化氢生成氧气从而产生动力，推动微米马达的运动；在 PSMA 基底的另一端逐步修饰 TPEC 作为荧光探针分子、Man 作为 FimH 蛋白捕获基团，最终形成了可以检测 *E. coli* 的微米马达。当溶液中过氧

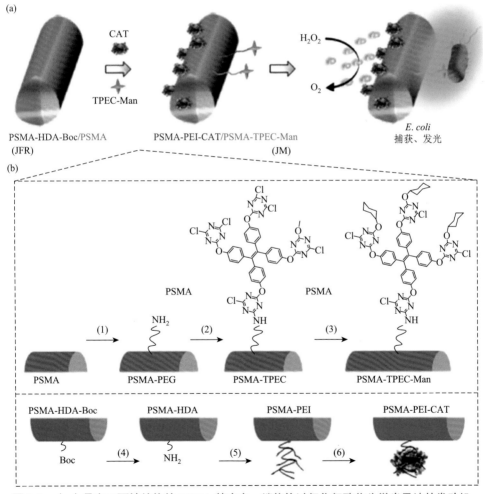

图 2-5　（a）具有二面神结构的 PSMA 基底在一端修饰过氧化氢酶作为微米马达的发动机，过氧化氢作为燃料，TPEC-Man 作为 *E. coli* 的识别单元和响应单元；（b）微米马达荧光探针通过（1）～（6）步骤制备合成

化氢浓度逐渐提升时，微米马达对 *E. coli* 的检测荧光信号也逐渐增强，表明了马达通过"运动-捕获-发光"的过程可以有效提高检测灵敏度。此方法对 *E. coli* 的检测限低至 45 CFU/mL。

通常大多数传统的由单光子激发的荧光探针具有自发荧光、光漂白和低透射率的缺点，因此限制了它们的应用。与单光子激发相比，双光子激发具有背景信号低、组织穿透更深、空间分辨率更高等优点，因此在生物成像中具有很大的潜力。2017 年，蒋兴宇和邵华武等设计了三种 D-π-A 构型的双光子激发探针，其中四苯乙烯单元被用作电子供体，以构建具有三个不同电子受体和 π 桥键的三个 AIEgens（TPE-Acr、TPE-Py、TPE-Quino）（图 2-6）[25]。如图 2-6 所示，AIE 活性探针不仅可以被单光子激发，而且还通过双光子激发成功地实现了哺乳动物细胞和广谱细菌成像。同时，吡啶盐、喹啉盐和吖啶盐的阳离子属性，使得 AIE 分子探针通过亲疏水自组装成有机纳米荧光点。这些纳米荧光点的表层带有正电荷，从而可以对哺乳细胞的线粒体和广谱细菌进行双光子荧光成像，且电子受体可调控 AIE 分子探针的发光颜色。然而，此类探针分子可同时标记哺乳细胞的线粒体和广谱细菌，也预示着它们比较弱的选择性。刘斌等采用配位化合物获取带有正电荷的 AIE 分子探针对细菌进行选择性荧光标记[26]。他们将二甲基吡啶胺作为配体连接在 AIE 分子两端，然后利用生物相容性较好的锌离子配位，形成了锌（II）二甲基吡啶胺基团。该基团的水溶性能够降低整个分子荧光背景。同时，正离子属性使得其可以靶向枯草杆菌和大肠杆菌等，而对哺乳动物细胞没有荧光信号响应。

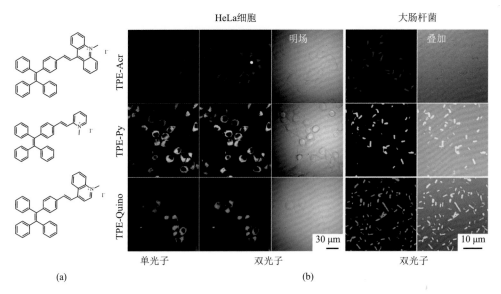

图 2-6 （a）具有三个不同电子受体和 π 桥键的三个 AIEgens（ TPE-Acr、TPE-Py、TPE-Quino ）的结构式；（b）它们对 HeLa 细胞和大肠杆菌的单光子/双光子激发的荧光成像图

2.2.2 　革兰氏阳性菌和阴性菌的区分

细菌种类繁多，可以分为两大类，包括革兰氏阴性菌和革兰氏阳性菌。膜和蛋白质是细菌外壳的两个基本组成部分，革兰氏阴性菌的外层由外膜和内膜组成；但是，革兰氏阳性菌的外膜只有一层脂质膜。因为革兰氏阴性菌的外被膜结构更加复杂，因此革兰氏阴性菌对抗菌剂的抵抗力要高于革兰氏阳性菌。革兰氏阴性菌和革兰氏阳性菌的包膜都是净负电荷，而革兰氏阳性菌带负电荷的外膜是阳离子抗菌化合物的第一接触点[27]。由于革兰氏阳性菌的成分不同于革兰氏阴性菌，通过合理设计和合成分子结构的 AIE 探针，可以特异性识别革兰氏阳性菌和革兰氏阴性菌[28, 29]。

利用革兰氏阳性菌和阴性菌表面负电荷分布的不同，最简单直接的方法便是将 AIE 分子改造成带有正电荷的探针。一方面可以增加 AIE 探针在水相溶液中的溶解度，降低背景荧光；另一方面可以通过静电相互作用，使得 AIE 探针聚集在细菌表面，由于静电作用力大小不同，聚集程度也不同，从而可以分辨革兰氏阳性菌和阴性菌。例如，唐本忠、李峰和顾星桂等设计制备了同时含有乙烯丙二腈和吡啶盐作为电子受体的阳离子型 AIE 探针分子 TPPCN。该分子不仅具有很强的稳定性，还具有哺乳细胞的线粒体靶向性以及革兰氏阳性菌和阴性菌的分辨能力[30]。如图 2-7 所示，当 TPPCN 分别与革兰氏阳性菌表皮葡萄球菌（*S. epidermidis*）和革兰氏阴性菌大肠杆菌（*E. coli*）一起孵育时，只有 *S. epidermidis* 表现出蓝绿色

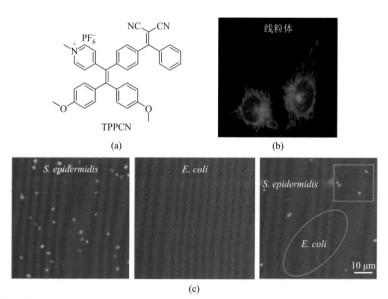

图 2-7 　（a）含有乙烯丙二腈和吡啶盐作为电子受体的阳离子型 AIE 探针分子 TPPCN；该探针对细胞器的靶向成像（b）、对革兰氏阳性菌 *S. epidermidis* 和革兰氏阴性菌 *E.coli* 的成像识别作用（c）

的荧光，*E. coli* 几乎没有荧光信号。不仅如此，当革兰氏阳性菌 *S. epidermidis* 和革兰氏阴性菌 *E. coli* 混合在一起时，TPPCN 也能成功将 *S. epidermidis* 辨别出来。这些结论都展示了 TPPCN 比较强大的革兰氏阳性菌和阴性菌的分辨能力，其主要原因便是革兰氏阳性菌具有相对比较简单的细胞壁结构，使得阳离子 AIE 探针更加容易与之产生比较强的静电相互作用。此外，唐本忠、王雷和王东等还设计制备了一系列具有给受体（D-A）结构的 AIE 分子探针，成功应用于小鼠体内革兰氏阳性菌和阴性菌的分辨[31]。如图 2-8 所示，一系列 D-A 分子中，主体的电子给体基团为三苯胺，主体的受体单元为乙烯吡啶盐，通过引入噻吩、甲氧基四苯乙烯等，逐渐调控分子内给电子能力和 D-A 趋势以及分子的疏水性能。TPy、TPPy、TTPy 和 MeOTTPy 均可以成功地识别革兰氏阳性菌，但是 TPE-TTPy 既不能靶向革兰氏阴性菌也不能靶向革兰氏阳性菌，主要是因为 TPE-TTPy 具有更强的疏水性，从而阻碍了它与细菌的静电相互作用。

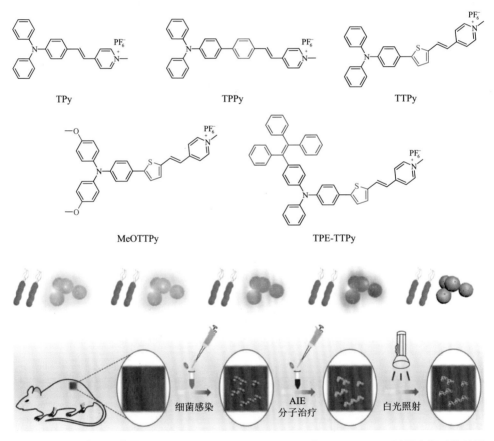

图 2-8　一系列 D-A 分子 TPy、TPPy、TTPy、MeOTTPy 和 TPE-TTPy，以及它们对革兰氏阳性菌和革兰氏阴性菌的分辨成像

　　但是，这些带有吡啶盐等正电荷的 AIE 分子大部分对细胞具有比较好的靶向能力，对细菌的选择性较弱。针对这一问题，卢晓林和吴富根等设计合成了含有二甲基氨基的 AIE 分子，实现了对革兰氏阳性菌的特异性标记，而对革兰氏阴性菌和细胞都没有荧光标记作用[32]。他们将 AIE 基元四苯乙烯或者三苯胺与萘二酰亚胺偶联在一起形成 AIE 探针的核心部分，然后在萘二酰亚胺头部修饰二甲基氨基，在微酸性条件下，二甲基氨基可以被革兰氏阳性菌表面的脂磷壁酸和糖醛酸磷壁酸质子化从而发生相互作用，由于革兰氏阴性菌和普通细胞都没有这些组分，从而可以实现对革兰氏阳性菌的选择性荧光成像。不仅如此，这一类 AIE 探针还可以实现对革兰氏阳性菌生物膜的选择性成像。

　　但是，也有一些带正电荷的 AIE 探针分子对革兰氏阴性菌具有很好的靶向作用，对革兰氏阳性菌反而没有靶向作用。例如，王建国等直接将吡啶盐和四苯乙烯（TPE）连接在一起，得到了带正电荷的 AIE 探针 TPEPyE，将其应用于尿液中细菌脂多糖（LPS）的检测和革兰氏阳性菌/阴性菌的分辨[33]。如图 2-9 所示，细菌的 LPS 含有多个负电荷基团磷酸根和羧酸根等，当 LPS 与阳离子型 TPEPyE 在水相中混合之后，它们通过静电作用结合在一起，使得 TPEPyE 的分子内运动受阻从而发出很强的荧光。同时，这种荧光增强的效果几乎不受离子强度的影响，在高浓度氯化钠水溶液和人体尿液中也能实现，使得 TPEPyE 可以应用于尿液中细菌 LPS 浓度的检测。更为奇妙的是，与其他阳离子型 AIE 分子不同，TPEPyE 在对革兰氏阳性菌和阴性菌进行成像时，仅仅只对外膜含有更多负电属性的革兰氏阴性菌 *E. coli* 有信号增强的成像图，对革兰氏阳性菌 *S. aureus* 却没有类似的效果，表明 TPEPyE 对革兰氏阴性菌有很好的辨别功能。TPEPyE 分子这种特殊的功能表现可能不仅与静电相互作用有关，与分子本身的拓扑结构、细菌表面的微结构等也有很深的关联。

　　大部分 AIE 探针分子都是通过合理设计和逐步地合成最终制备得到，这个过程通常比较复杂，需要比较高昂的合成成本。同时，有机合成的过程中还需要使用多种有机溶剂、催化剂等，所得到的 AIE 探针分子有时也不容易降解，对环境不太友好。因此，如果能够使用一种天然产物 AIE 探针分子对革兰氏阳性菌和阴性菌进行区分，将会在一定程度上缓解此类问题。唐本忠等发现一种从草本植物中提取的异喹啉生物碱、盐酸小檗碱（berberine chloride，BBR）具有良好的 AIE 性质，且带有正电荷，有望能够应用于细菌识别。BBR 的分子结构如图 2-10 所示，虽然它不像传统 AIE 分子具有可以转动的"转子"，但是通过晶体结构和光学性质可知，BBR 主要是通过分子内振动受限和扭曲分子内电荷转移（TICT）的机制拥有了 AIE 性质。它在溶解状态时，分子内振动比较活跃，而且 TICT 较强，荧光信号弱，但是在聚集状态时，分子内振动和 TICT 都被抑制，从而增强了荧光[34]。此外，唐本忠和王东等还发现，BBR 对革兰氏阳性菌 *S. aureus* 也有特异性的识别作用，对 *E. coli* 等革兰氏阴性菌只有比较微弱的相互作用[35]。这种利用天然提取物作为探针分子对细菌进行识别的方法，成本低廉、环保卫生，利于实验室研究成果向产业化转化的迅速转变。

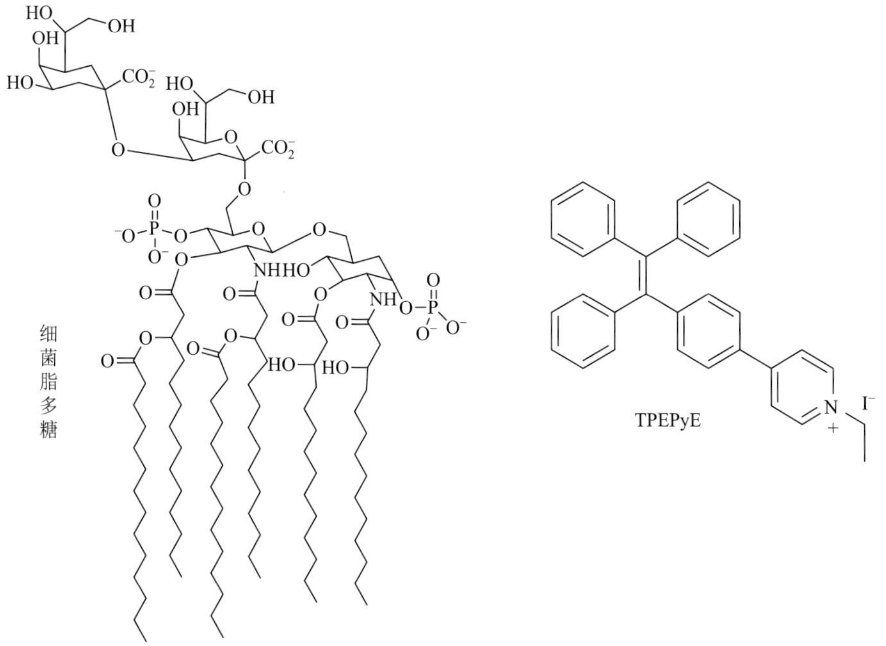

(a)

革兰氏阳性菌*S. aureus*   革兰氏阴性菌*E. coil*

(b)

图 2-9　（a）细菌脂多糖和 AIE 探针 TPEPyE 的化学结构式；（b）TPEPyE 对革兰氏阳性菌 *S. aureus* 和革兰氏阴性菌 *E. coli* 的共聚焦成像图

　　除了上述通过使用带正电荷的 AIE 探针分辨革兰氏阳性菌和阴性菌的方法外，带负电荷的 AIE 探针也可用于革兰氏阳性菌和阴性菌的分辨。Chatterjee 和 Banerjee 等报道了两个带负电荷的磺酸盐官能化的 AIE 探针 1 和 2（图 2-11）[36]。革兰氏阳性菌的外壁由在主链上带有 NH_3^+ 基团的脂磷壁酸（LTA）组成，LTA 可

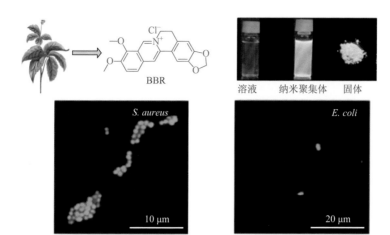

图 2-10 BBR 是一种从草本植物中提取的荧光材料，BBR 在溶解状态时几乎没有荧光，但是在纳米聚集状态或者固体状态时发出很强的黄色荧光，表现出典型的 AIE 性质；同时，它的正电属性使得它可以与革兰氏阳性菌（*S. aureus*）发生静电作用而进行成像，对于革兰氏阴性菌（*E. coli*）作用力较弱，可以用作细菌识别

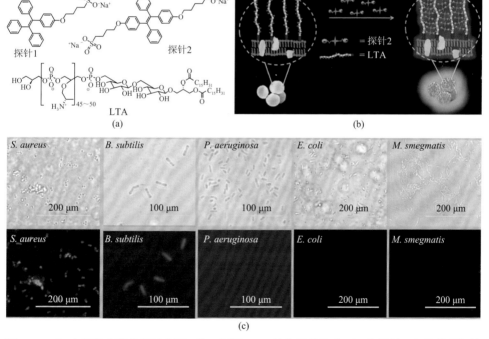

图 2-11 （a）带负电荷的探针分子 1 和 2 以及 LTA 的化学结构式；（b）探针 2 与革兰氏阳性菌发生相互作用并对其进行检测的机理示意图；（c）探针 2 对革兰氏阳性菌（*S. aureus*、*B. subtilis*）和革兰氏阴性菌（*P. aeruginosa*、*E. coli*、*M. smegmatis*）的共聚焦成像图；*M. smegmatis* 表示耻垢分枝杆菌

通过静电相互作用与带负电荷的探针 1 和 2 相互作用。与探针 1 相比，具有两个磺酸盐基团的探针 2 具有较高的水溶性，因此灵敏度更高。其已成功用于具有蓝色荧光的革兰氏阳性菌的成像，而革兰氏阴性菌在细胞上未显示任何荧光。此外，探针 2 具有免洗细菌成像的巨大潜力，这不仅可以简化成像过程，而且可以减少细菌在清洗过程中的流失并提高检测的准确性。

由于纳米粒子具有特殊物理化学特性，如大比表面积、通用的表面化学、不太可能引起耐药性等，因此它也有可能被用作细菌成像的荧光探针。曾文彬等报道了一种新的 AIE 探针分子，它具有较高的光稳定性、良好的生物相容性和较高的水溶性。同时，它也可以在水溶液中自组装为纳米粒子，无须清洗即可识别革兰氏阳性菌[37]。壳聚糖是自然界中存在的生物大分子，具有良好的水溶性和生物降解性。此外，由于壳聚糖骨架上的质子化铵，它也具有细菌识别性能。最近，王彩旗和李岩等发现壳聚糖本身作为天然物质居然拥有 AIE 的荧光性质，由于壳聚糖在革兰氏阴性菌大肠杆菌表面上的聚集，因此可以通过 AIE 效应检测大肠杆菌。据报道，壳聚糖显示出明显地依赖于激发波长的荧光，并且在不同激发波长下显示出从蓝色到红色的多种颜色，有望实现对抗菌过程的实时多通道监控[38]。

2.2.3　细菌的长期追踪

细菌，特别是革兰氏阳性菌，在过去的几十年中已经引起了许多严重的感染性疾病。长期跟踪细菌对于病理学研究和药物开发都具有重要意义。然而，传统的革兰氏染色方法在操作上相当复杂，并且探针分子的光漂白限制了活细菌的原位检测。AIE 探针在聚集状态或者高浓度的情况下具有更强的荧光，使得它们可以在较高浓度条件下工作，对于光漂白具有较强的抵抗性。由于 AIE 探针的独特优势，AIE 探针是细菌标记的理想候选者，以可视化不同细菌相关生物过程中的环境变化。

2018 年，唐本忠、秦安军和王志明等设计合成了 AIE 探针分子 M1-DPAN，实现了革兰氏阳性菌的特异性成像和长期示踪并完成了对细菌侵蚀细胞过程的监测[39]。如图 2-12 所示，M1-DPAN 的核心结构 DPAN 通过激发态分子内质子转移（excited-state intramolecular proton transfer，ESIPT）机制拥有 AIE 性质。该分子在激光共聚焦显微镜下被 405 nm 的激光连续扫描 30 次之后，仍然保持 80% 左右的荧光信号，展现出了比较好的抗光漂白性质。革兰氏阳性菌表面的细胞壁具有微酸性的大分子，如脂磷壁酸等，M1-DPAN 分子上修饰的两个吗啉结构使得它容易靶向具有弱酸性质的物质。因此，该分子具有革兰氏阳性菌（*S. aureus* 等）靶向的功能。然而，该 AIE 探针分子对外表面结构明显不同的革兰氏阴性菌或者真菌等都不具有靶向作用，同时对哺乳动物细胞也没有靶向作用，表现出对革兰氏阳性菌的选择性靶向作用。当 M1-DPAN 对革兰氏阳性菌（*S. aureus* 等）进行荧光标记时，由于 M1-DPAN 的抗光漂白性和高荧光量子效率，荧光信号可以持续很长时间。*S. aureus* 的传代时间为每代 20 min，在 24 h 后，M1-DPAN 对 *S. aureus* 仍然具有良好的标记作用，表现出长期标记的优势。不仅如此，M1-DPAN 还可以通过荧光信号实时监控 *S. aureus* 对细胞的侵蚀过程，这个过程可以持续 8 h 以上。

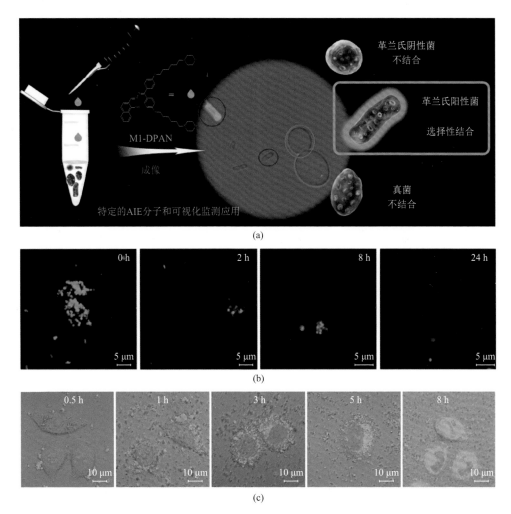

图 2-12　（a）探针分子 M1-DPAN 通过 ESIPT 具有 AIE 性质，通过吗啡啉结构实现对革兰氏阳性菌的选择性靶向成像，该成像可以在混合的微生物中完成；（b）M1-DPAN 对 *S. aureus* 进行成像时，在其传代 24 h 之后仍然具有较强的荧光信号；（c）M1-DPAN 在对 *S. aureus* 进行荧光标记之后，可以在 8 h 内实时示踪其对 HeLa 细胞的侵蚀过程

　　唐本忠、任力和高蒙等还发现，另外一个 AIE 探针分子 AIE-Mito-TPP 能够在靶向肿瘤细胞线粒体的同时，长时间地广谱靶向各种细菌（图 2-13）。AIE-Mito-TPP 的 AIE 性质也是通过 ESIPT 的过程获得，在 AIE 基元的两端修饰有两个三苯基膦盐的结构。三苯基膦盐通常具有细胞内线粒体靶向性的功能，而且它的正电荷属性也赋予了 AIE-Mito-TPP 细菌靶向能力。因此，该探针分子可以同时靶向肿瘤细胞线粒体和感染性细菌。此外，AIE-Mito-TPP 分子能够破坏肿瘤细胞线粒体的膜电位和细菌的外膜结构，具有杀伤它们的作用。基于 AIE-Mito-TPP 分子的强荧光和抗光漂白性质，它能够在 4 h 内有效地实时监控这一破坏杀伤过程。

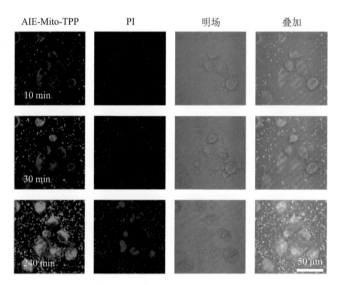

图 2-13　探针分子 AIE-Mito-TPP 和荧光染料碘化丙啶（PI）对共培养的 *S. aureus* 和肺癌细胞 A549 凋亡过程的实时成像

2.2.4　活死细菌染色

　　通常一些阳离子荧光探针通过静电吸附与细菌结合，达到标记细菌的目的。但是，这种策略无法区分活细菌和死细菌。因此，有必要开发基于化学特异机理的检测活细菌的方法。细菌细胞壁中的肽聚糖具有多种构型的多个羟基，是细菌细胞壁的主要成分，因此，肽聚糖上的多糖结构可用作荧光活性试剂的结合位点。硼酸基团可以与糖结构上的两个邻位羟基发生缩水反应连接在一起，四苯乙烯硼酸可以实现对葡萄糖的特异性检测[40]。基于此，唐本忠和孙景志等通过使用荧光 AIEgens 的苯基硼酸作为特异性结合位点，与细菌表面的羟基络合，开发了一种检测活细菌的新方法。他们合成了两个苯硼酸官能化的 AIE 探针 TriPE-3BA 和 TPE-4BA（图 2-14）[41]。通过与 PI 染色死细菌共染可知，这两个 AIEgens 既可以染色活细菌，也可以使死细菌成像。对于活细菌标记，由于细菌表面上的硼酸和羟基基团的结合而限制了苯环，因此观察到蓝色荧光发射。

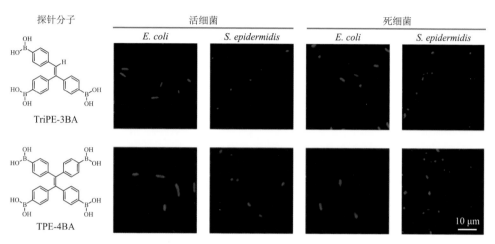

图 2-14　探针分子 TriPE-3BA 和 TPE-4BA 的分子结构以及它们对活死 *E. coli* 和 *S. epidermidis* 的共聚焦成像图

TriPE-3BA 和 TPE-4BA 可能由于分子中含有的硼酸基团较多，无法通过缩水反应区分细菌的死活。因此，唐本忠等还合成了两个硼酸官能化的四苯乙烯探针分子 TPE-2BA，应用于活死细菌成像[42]。由于两个未官能化的苯环的旋转，它对活细菌的成像效果非常弱。然而，探针 TPE-2BA 可以穿透死亡细菌的受损细胞膜并与细菌内部原生质中的 DNA 相互作用，从而可以选择性地检测死亡细菌。与用于死细菌的传统 PI 染料相比，该分子具有毒性低、荧光亮度高、光稳定性好等优点，能够长时间追踪细菌的生存能力，对死亡细菌的标记时间可以超过 3 d。同时，证明了 TPE-2BA 也可以通过对死亡细菌的标记用作筛选杀真菌剂（图 2-15）。

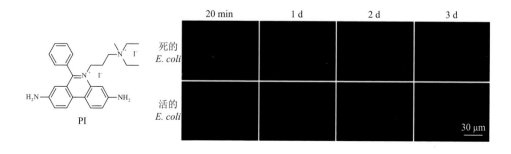

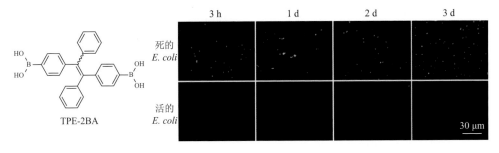

图 2-15 探针分子 PI 染料和 TPE-2BA 的化学结构式及它们对活死细菌 *E. coli* 的共聚焦成像图

2.3　AIE 表面活性剂杀菌

大量细菌具有很强的传染性，还可能导致致命的疾病。因此，细菌的辨别和消除是当务之急，吸引了研究人员制定病原体预防和感染治疗的有效策略。众所周知，青霉素等抗生素是区分细菌的有效材料，但会导致紧急的细菌耐药性，因此有必要寻找新的方法来快速识别和杀死细菌。

2014 年，刘世勇和张国颖等率先利用 AIE 分子，设计合成了离子型纳米探针对多种细菌进行检测和杀伤（图 2-16）[43]。他们首先合成了带有正电荷的聚甲基丙烯酸季铵盐酯和聚乙二醇嵌段共聚物 PEO-*b*-PQDMA，分别带有两个和四个负电性磺酸根的 AIE 小分子 BSTPE 和 TSTPE。由于磺酸根具有很强的亲水性，BSTPE 和 TSTPE 在水溶液中处于良好的溶解状态，四苯乙烯（TPE）部分的苯环可以比较自由地转动，消耗激发态能量，导致其水溶液荧光微弱[44]。当负电性的 BSTPE 或者 TSTPE 与正电性的 PEO-*b*-PQDMA 按照一定比例和浓度在水中混合时，可以通过静电作用形成聚离子复合胶束［polyion complex（PIC）micelle］，胶束粒径可通过改变 PEO-*b*-PQDMA 的比例调节。在纳米胶束中，TPE 的分子内运动受限，减少了非辐射跃迁的发生，导致其荧光大大增强。当加入表面呈负电性的细菌时，细菌和纳米胶束中正电性的 PEO-*b*-PQDMA 产生静电相互作用，与负电性的 BSTPE 或者 TSTPE 产生竞争关系，将它们从纳米胶束中解离出来，在水中溶解呈现分子分散状态。此时，BSTPE 或者 TSTPE 的分子内运动恢复，荧光减弱，加入的细菌数量越多，荧光减弱的程度越大，从而对细菌进行检测。其中，TSTPE 拥有更多的负电荷，与 PEO-*b*-PQDMA 形成的 TSTPE/PEO-*b*-PQDMA 聚离子复合胶束更加稳定。在 1.0 mol/L 的氯化钠溶液中，TSTPE/PEO-*b*-PQDMA 聚离子复合胶束的荧光强度仅仅降低了 7.4%。向 TSTPE/PEO-*b*-PQDMA 聚离子复合胶束中加入 100×10^5 CFU/mL 大肠杆菌细胞时，体系的荧光强度将会降低约 92%，TSTPE/PEO-*b*-PQDMA 纳米探针对大肠杆菌细胞的检测限是 7.6×10^4 CFU/mL。一个 BSTPE 分子只有两个负电荷，因此，与 PEO-*b*-PQDMA 的结合力较弱，得到的 BSTPE/PEO-*b*-PQDMA 聚离子复合胶束稳定性较差。在 1.0 mol/L 的氯化钠溶液中，该纳米胶束的荧光强度降低了 33%左右。但正因为如此，BSTPE/PEO-*b*-PQDMA 探针对细菌更灵敏，对大肠杆菌的检测限低至 5.5×10⁴ CFU/mL。

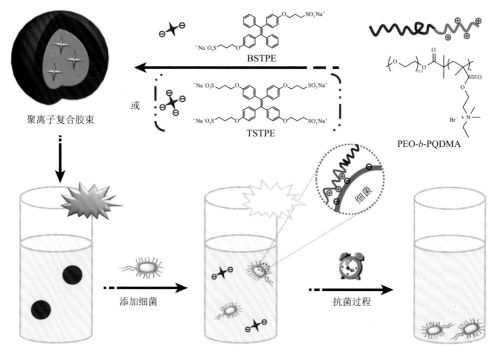

图 2-16　带正电荷的聚甲基丙烯酸季铵盐酯和聚乙二醇嵌段共聚物 PEO-*b*-PQDMA 与带负电荷的四苯乙烯磺酸盐衍生物（TSTPE 或者 BSTPE）结合制备聚离子纳米复合胶束的示意图

四苯乙烯磺酸盐衍生物的 AIE 性质，使得聚离子复合胶束荧光很强，与细菌相互作用之后，TSTPE 或者 BSTPE 释放，荧光减弱，通过荧光信号可以定量检测水溶液中细菌含量；同时，释放 TSTPE 或者 BSTPE 之后的 PEO-*b*-PQDMA 可以通过阳离子活性剂的方式抑制细菌生长

由于细菌本身的负电性，阳离子表面活性剂对它们有比较强的抑制性。这是因为阳离子表面活性剂的亲水性阳离子基团可以通过静电作用聚集在细菌表面，从而使细菌的生长长期受到抑制而死亡。同时，表面活性剂的疏水基团容易插入细菌的细胞膜，破坏膜结构，引起细菌的溶解和死亡[45]。在 TSTPE/PEO-*b*-PQDMA 和 BSTPE/PEO-*b*-PQDMA 聚离子复合胶束体系中，TSTPE 或者 BSTPE 被竞争解离，阳离子型 PEO-*b*-PQDMA 与细菌发生相互作用，此时，PEO-*b*-PQDMA 对细菌的生长产生抑制作用。通过测试可知，PEO-*b*-PQDMA 本身对大肠杆菌的最低抑制浓度（minimum inhibitory concentration，MIC）为 12.0 μg/mL，而 TSTPE/PEO-*b*-

PQDMA 体系对细菌没有明显的抑制作用。当 TSTPE/PEO-*b*-PQDMA 的浓度高达 100 μg/mL 时，大肠杆菌的存活率依然超过 90%。这是因为 TSTPE 含有四个负电性磺酸根，与 PEO-*b*-PQDMA 的结合力太强，与细菌混合之后，TSTPE 的解离比例较低，影响了 PEO-*b*-PQDMA 的杀菌能力。然而 BSTPE/PEO-*b*-PQDMA 聚离子复合胶束体系中，BSTPE 与 PEO-*b*-PQDMA 的结合力较弱，BSTPE 很容易被释放出来，从而激活 PEO-*b*-PQDMA 的杀菌能力。BSTPE/PEO-*b*-PQDMA 体系对大肠杆菌的最低抑制浓度为 19.7 μg/mL。BSTPE/PEO-*b*-PQDMA 聚离子复合胶束体系对革兰氏阳性菌同样有检测和抑制的作用，它对金黄色葡萄球菌的检测限为 1.5×10^5 CFU/mL，10 μg/mL 的 BSTPE/PEO-*b*-PQDMA 也能对金黄色葡萄球菌有效抑制。

以上 TSTPE/PEO-*b*-PQDMA 或者 BSTPE/PEO-*b*-PQDMA 聚离子复合胶束体系对细菌的检测主要是依赖荧光信号的减弱，受到背景信号的干扰很大，不利于检测准确。2015 年，刘世勇等对此进行了改进，设计合成了基于 TPE 的阳离子星形聚合物，实现了在水溶液中对细菌的荧光"打开"和磁共振成像（magnetic resonance imaging，MRI）双模式检测，以及对细菌生长的抑制[46]。如图 2-17 所示，阳离子星形聚合物以 TPE 为核心，在四个苯环对位连接了功能性嵌段聚合物，形成了阳离子星形聚合物 TPE-*star*-P（DMA-*co*-BMA-*co*-Gd）和 TPE-*star*-P（QDMA-*co*-BMA-*co*-Gd）。其中嵌段聚合物 P（DMA-*co*-BMA-*co*-Gd）主要以原子转移自由基聚合（atom transfer radical polymerization，ATRP）反应合成[47]，DMA 来自单体甲基丙烯酸二甲氨基乙酯，二甲氨基在酸性条件（pH<6）下很容易被质子化，从而赋予聚合物正电属性和水溶性，正电性增加了聚合物探针与细菌的结合能力，水溶性消除了 TPE 在水溶液中的荧光背景[48]。BMA 来自单体甲基丙烯酸丁酯，通过不同的 BMA 比例可以调控聚合物的两亲性和细菌细胞膜穿透性。"Gd"部分是 1，4，7，10-四氮杂环十二烷-1，4，7，10-四羧酸（1，4，7，10-tetraazacyclododecane-*N*，*N*'，*N*，*N*'-tetraacetic acid，DOTA）与 Gd^{3+} 螯合生成的 DOTA-Gd 磁共振成像纵向弛豫造影剂（T1 制剂），可以缩短共振时间，增强磁共振成像的对比度和清晰度[49]。TPE-*star*-P（DMA-*co*-BMA-*co*-Gd）中 BMA 的摩尔比例分别调节成 0%、7% 和 15%，命名为 S-1、S-2 和 S-3。这三个聚合物的酸度系数 pK_a 分别为 7.0、6.8 和 6.7，在起始 pH 为 6.0 的溶液中，它们的 DMA 均可以被质子化并溶解在水中，使得 TPE 几乎没有荧光。随着细菌的加入，细菌与聚合物发生静电作用，TPE 分子内运动受阻，荧光逐渐增强。在大肠杆菌的浓度为 $0 \sim 4.5 \times 10^7$ CFU/mL 时，S-3 的荧光强度与细菌浓度呈线性关系，对大肠杆菌的检测限为 8×10^5 CFU/mL。S-1 和 S-2 的检测限分别为 2.8×10^7 CFU/mL 和 1.6×10^6 CFU/mL，灵敏度远低于 S-3，可能与 BMA 的疏水作用有关。同时，S-3 与细菌之间是一种广谱的相互作用，不能区分细菌的种类，对绿脓杆菌（革兰氏阴性菌）和金黄色葡萄球菌（革兰氏阳

性菌）分别有 4.9×10^6 CFU/mL 和 8.6×10^5 CFU/mL 的检测限。由于 S-3 对细菌有高灵敏度的荧光增强信号检测作用，它也被成功应用于细菌的荧光共聚焦成像。

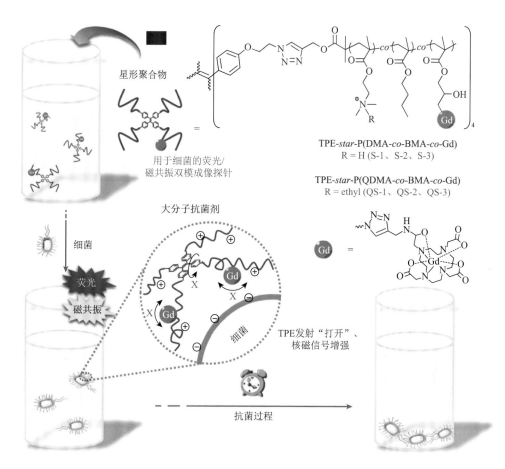

图 2-17　阳离子星形聚合物 TPE-*star*-P（DMA-*co*-BMA-*co*-Gd）和 TPE-*star*-P（QDMA-*co*-BMA-*co*-Gd）的化学结构式以及它们对细菌的检测和杀伤示意图

阳离子星形聚合物在水溶液中呈现溶解状态，由于其核心结构四苯乙烯的聚集诱导发光性质，聚合物的荧光很弱；与细菌发生静电等相互作用时，聚合物富集在细菌表面，使得它们的分子内运动受阻，聚集诱导发光性质被激活，荧光增强，同时 DOTA-Gd 的核磁信号也增强，表现出对细菌荧光"打开"和 MRI 双模式检测能力；聚合物的阳离子属性和细胞膜穿透性也使得它成为一种细菌抑制剂，可有效抑制细菌生长

磁共振成像通过对静磁场中的检测对象施加某种特定频率的射频脉冲，使水中的氢质子受到激发而发生磁共振现象。停止脉冲后，质子在弛豫过程中产生 MR 信号[50]。通过对 MR 信号的接收、空间编码和图像重建等处理过程，产生共振成像图。T1 磁共振成像的清晰度和成像所需要的时间与检测对象中水质子的

弛豫有很大的关系，通过加入磁共振成像造影剂，如 DOTA-Gd[51]，可以提高水中质子的纵向弛豫速率，得到更加清晰的 MRI 成像图。S-3 通过静电相互作用，富集在细菌表面，增加了 DOTA-Gd 在细菌周围的浓度，使得细菌表达的 MRI 信号远强于背景环境。测试可知，大肠杆菌的浓度在 $10^5 \sim 10^7$ CFU/mL 范围内时，S-3 所表达的 T1 核磁信号迅速增强，通过磁共振成像对细菌进行检测时，检测限低至 5×10^3 CFU/mL，这种高灵敏度的检测得益于磁共振成像自身信号放大的特性。通过磁共振成像和荧光成像，有可能实现在活体内对感染性细菌的高精度、高灵敏度检测。

星形聚合物 TPE-*star*-P（DMA-*co*-BMA-*co*-Gd）在 pH 为 6.0 的水溶液中，二甲基胺基团被质子化，使得聚合物表现出阳离子的性质。聚合物的星状结构、细菌靶向能力和细胞膜穿透性使得它很有潜力成为一种抗细菌药物。通过与大肠杆菌共孵育可知，相比于 S-1 和 S-2，S-3 具有更好的抑菌效果和溶血细胞能力。为了进一步探究 S-3 具有良好的细菌抑制能力的原因，刘世勇等还对大肠杆菌的细胞膜破损程度进行了测试。在 S-3 的作用下，大肠杆菌溶液中 β-半乳糖苷酶（β-galactosidase）的活性随着时间的推移逐渐增强，意味着 S-3 可以破坏细菌的细胞膜，使得细胞内部的活性酶流失出来。此外，PI 可以选择性标记细胞膜破损的细胞，在与 S-3 共同孵育 30 min 或者 60 min 之后，PI 分别可以染色 27% 和 50% 的细菌，而没有处理过的细菌只有 9% 被 PI 染色。这些结果都论证了 S-3 聚阳离子对细菌细胞膜的破坏作用。然而，研究发现，TPE-*star*-P（DMA-*co*-BMA-*co*-Gd）聚合物对人体红细胞也有很大的毒副作用，阻碍了它成为抗菌药物的潜力。为了解决这一问题，聚合物被进一步季铵盐化，得到了阳离子星形聚合物 TPE-*star*-P（QDMA-*co*-BMA-*co*-Gd），BMA 的摩尔比例调节成 0%、7% 和 15%，分别为 QS-1、QS-2 和 QS-3，它们对红细胞的伤害大大降低，同时保留了对细菌的检测能力和杀伤能力。

通过上面两个例子可知，阳离子型聚合物能够有效抑制细菌的生长，尤其是具有适当比例的疏水基团的聚合物，抑菌能力更强。综上所述，可以发现，它们的结构与抗菌型阳离子表面活性剂的组成有些类似。吕超和管伟江等为了研究阳离子表面活性剂的抗菌机制，将四苯乙烯制备成阴/阳离子表面活性剂（TPE-SDS 和 TPE-DTAB），对细菌进行相互作用成像和抑菌的表征[52]。如图 2-18 所示，TPE-SDS 是在典型的阴离子表面活性剂十二烷基磺酸钠（sodium dodecyl sulfate，SDS）中间插入了四苯乙烯基团；而 TPE-DTAB 是在阳离子表面活性剂十二烷基三甲基溴化铵（dodecyl trimethyl ammonium bromide，DTAB）中间插入了四苯乙烯基团。当 10^8 CFU/mL 大肠杆菌分别在 TPE-SDS 和 TPE-DTAB 溶液中培养时，TPE-SDS 的荧光强度变化可以忽略不计，而 TPE-DTAB 的荧光显著增强。TPE-SDS 和 TPE-DTAB 的化学结构除了负电性磺酸根和正电性季铵盐不同，其余皆是一致，二者互相对比可知，表面活性剂与细菌的相互作用主要来源于正电性离子与细菌表面的静电相互作用，负电性表面活性剂与细菌的相互作用相对很弱。通过与 PI 对细菌进行共染色可知，TPE-DTAB 在细菌表面富集之后，可以破坏细菌的细胞膜，从而抑制细菌的生长。由 Luria-Bertani 琼脂铺板（LB agar plates）实验可知，0.5 h 内，TPE-DTAB 可以杀死 78.6% 的大肠杆菌，而 TPE-SDS 只能杀死 3.8% 的大肠杆菌。让人惊奇的是，TPE-SDS 和 TPE-DTAB 之间有一种协同效应，它们的混合溶液可以更加高效地杀伤大肠杆菌细胞，二者的摩尔比例为 1∶5 时，99.4% 的细菌被杀死。这样的结果与离子型表面活性剂的抗菌效果类似：当阴离子和阳离子抗菌表面活性剂混合使用时，它们表现出来的抗菌能力往往远高于彼此单独使用时的抗菌能力[53, 54]。通过激光扫描共聚焦显微镜（CLSM）观察可知，TPE-SDS 和 TPE-DTAB 的混合溶液可以使得大肠杆菌细胞团聚在一起，二者的摩尔比例为 1∶5 时，细胞的团聚现象最为严重。造成水相中分散的微米团聚的一个主要原因便是表面电位的降低。大肠杆菌本身在水中的表面电位表现为负电性，约 -42 mV，而当大肠杆菌与 TPE-SDS 和 TPE-DTAB 的 1∶5 混合溶液孵育时，它的表面电位降到最低，使得大肠杆菌的细胞结构变得不稳定。此时，原本与细菌互相排斥的 TPE-SDS 可以轻易地进入细菌的细胞膜而对细菌进行强力杀伤。

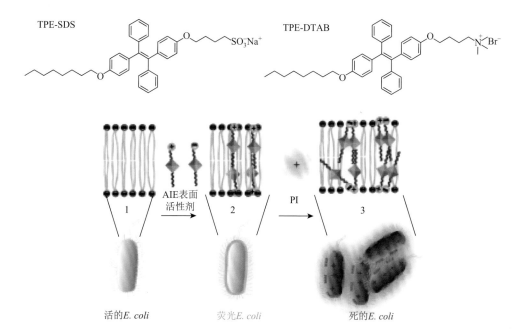

图 2-18　TPE-SDS 和 TPE-DTAB 的化学结构式以及它们的混合溶液对细菌的成像作用和对细菌细胞膜的破坏作用示意图

2.4　AIE 光敏剂光动力杀菌

2.4.1　AIE 光敏剂

光动力疗法（photodynamic therapy，PDT）是一种新兴的无创治疗方法，涉及使用光敏剂（photosensitizer，PS），光和内源性分子氧杀死癌细胞或细菌微生物。每种成分都是无毒的，但是当用光照射光敏剂时，光化学反应会导致形成高反应性单线态氧，从而导致细胞毒性和细胞死亡。对癌细胞或微生物的选择性细胞毒性也可以通过控制光照射区域来精确调节，能够最大程度地减少对健康组织或器官的副作用[55]。此外，PDT 的杀菌和抑制肿瘤的作用方式与传统的药物完全不同，除了 DNA 等遗传物质，它还能通过损伤功能蛋白、改变微环境等方式达到治疗目的，使得治疗对象难以产生抗性。由于 PDT 具有潜在的无创性和难以产生耐药性，因此科学家极有动力将 PDT 用作疾病治疗的治疗手段。尤其是针对细菌感染的疾病，抗生素的过量使用导致多种多样耐药菌的产生，使得人类的健康受到很大的威胁，抗生素以外的难以产生抗性的 PDT 等治疗方式备受期待[56]。

　　PDT 介导的对靶细胞的细胞毒性基于 PS 分子与细胞底物或分子氧的激发态之间的光化学反应。对于 PS，在吸收光子之后，电子从单重态基态（S_0）激发到更高能量的轨道。最低激发单重态（S_1）通常与随后的光物理过程有关（Kasha规则）[57]。如图 2-19（a）所示，受激 PS 通过内部转换（IC）或辐射光能作为荧光（FL）释放非辐射衰减（NR）热能，从而经历 $S_1 \rightarrow S_0$，这经常用于指导 PDT

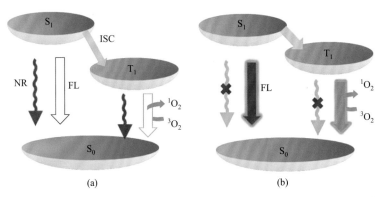

(a)　　　　　　　　　　　　　　　(b)

图 2-19　（a）简化的 Jablonski 图，描述了光激发时 PS 的电子跃迁，以及从 T_1 到氧气的能量转移，产生了细胞毒性单线态氧；（b）具有 AIE 特征的 PS 的简化 Jablonski 图，当 AIE PS 的非辐射衰减最小时，激发态保存为荧光和 ISC，通过减少 AIE PS 的单重态-三重态间隙，ISC速率进一步提高，可以更有效地产生单重态氧；NR 表示非辐射衰减，FL 表示荧光，$^1O_2$ 表示单线态氧，$^3O_2$ 表示三重态氧（正常氧）

过程。当 S_1 和激发三重态（T_1）之间的能量差足够小时 ［图 2-19（b）］，会发生 $S_1 \rightarrow T_1$ 系间窜越（ISC）。T_1 状态的电子可以通过磷光或非辐射过程退回到 S_0 状态。由于从自旋上禁止 $T_1 \rightarrow S_0$ 过程，因此 T_1 通常具有微秒到几秒的长寿命。较长的寿命足以使处于 T_1 状态的 PS 将其能量转移到相邻的正常氧气，生成高反应性单线态氧（Ⅱ型反应）。单线态氧具有毒性，因为它会与生物分子如不饱和脂质、蛋白质、氨基酸等细胞和核膜的主要成分反应。T_1 状态的 PS 还可以通过将电子转移到细胞基质（Ⅰ型反应）并最终形成有毒自由基和活性氧（ROS）来破坏生物分子。因此，PDT 可能在两种类型的光化学反应中导致细胞死亡[58]。

到目前为止，PS 作为 PDT 的关键要素之一，已经经历了几十年的发展。对于有效的 PS，需要几个基本特性，包括在黑暗条件下的良好生物相容性、光照射后的强光敏性、长波长下的高吸收系数及良好的抗光漂白性。一些 PS 已在临床环境中用作抗癌 PDT 药物。例如，Porfimer 钠是最早批准用于浅表肿瘤治疗的 PS 之一。5-氨基乙酰丙酸（ALA）是在生物体中合成 PS（原卟啉Ⅸ）的前体。除临床认可的四吡咯结构外[59]，一些天然产物，如金丝桃素、核黄素和姜黄素，以及其他合成染料类，如吩噻嗪镓、方酸、BODIPY 和过渡金属络合物也被开发为潜在的抗癌抗菌光敏剂。然而，因为这些传统光敏剂通常具有盘状或者平面的结构，它们在水溶液中容易形成 π-π 堆积聚集体，从而导致激发态猝灭，影响其光物理行为，通过自猝灭使正常活性的光敏剂失活。这些传统光敏剂的聚集问题可以通过使用外围取代基提高它们的水溶性或者形成三维多孔结构来解决。然而，这种改造工程需要专业的化学合成知识和比较复杂的制备方法。

前面多次提到，AIE 分子具有与 ACQ 分子相反的发光性质，它们在聚集状态或者高浓度状态具有更强的荧光信号。这是由于 AIE 分子具有扭曲的共轭结构，它们在聚集的时候无法产生 π-π 堆积聚集体，反而会限制分子内运动从而保护了自己的激发态，提高了发光效率。由于 AIE 分子可以保护激发态免受非辐射衰变，科学家们试图制造具有 AIE 特性的 AIE 光敏剂，看看它们是否可以解决聚集态下单线态氧的产生能力大幅减弱的问题。TPE 单元通常用于将 ACQ 发色团转换为 AIE 发色团，设计 AIE 光敏剂的最简单策略是用 TPE 单元修饰传统的光敏剂，遵循"源自传统光敏剂核心结构"的策略。然而，AIE 单元的引入很难抑制具有盘状平面结构光敏剂的 π-π 堆积。例如，在卟啉的四个对称位点引入了四个噻吩四苯乙烯单元之后，所得到的 TPE-Por 仍然可以通过广泛的 π-π 相互作用自组装成纳米球。

如图 2-20 所示，TPE-red[60]和 TTD[61]是两个早期被成功设计制备出来的 AIE 光敏剂，它们主要是通过在 AIE 骨架上修饰电子给体和电子受体基团实现光敏功能。据报道，在 TPE 中引入电子给体烷氧基和电子受体双氰基乙烯基会使发射红移，并且还赋予 TPE-red 光敏能力以产生单线态氧，而不会影响 TPE-red 的 AIE 特性，TTD 也观察到类似现象。由于它们的 AIE 特性，TPE-red 和 TTD 的激发态不会被非辐射衰变消耗，在聚集状态，它们不仅表现出增强的荧光，而且保留了单线态氧产生能力，例如，在水相中沉淀组装成聚集体或者封装成纳米颗粒（图 2-21）。实际上，在 TPE 骨架中引入给电子和受电子基团是一种降低 TPE 的 S_1 能级和 T_1 能级的能极差（ΔE_{ST}）的方法，导致 ISC 速率增加和光敏能力提高。同时，向 AIE 分子中添加重原子也能够将它们转变成 AIE 光敏剂。如图 2-20 所示，TPE-A-Py$^+$ 的对阴离子调换成重原子碘之后，显著增强了其单线态氧生产能力[62]。然而，碘负离子等重原子同时会严重降低 AIE 光敏剂的荧光强度，这会阻碍光敏剂的荧光成像功能。

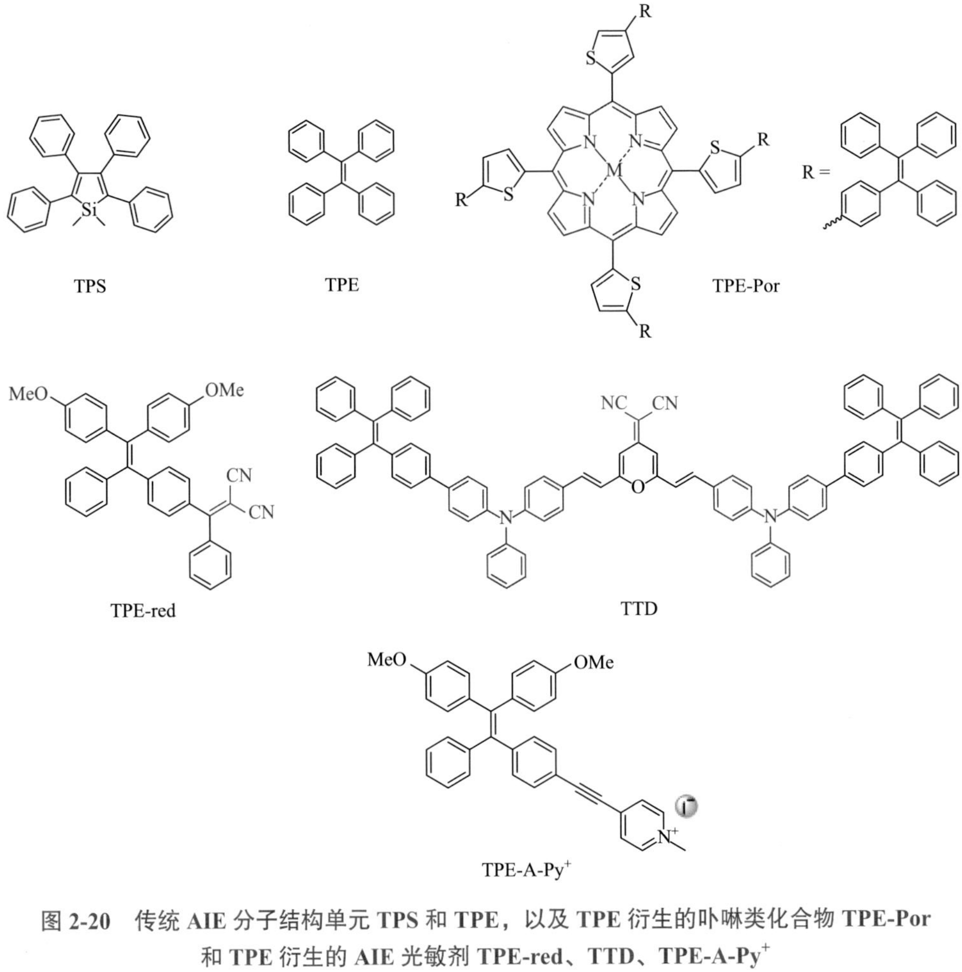

图 2-20　传统 AIE 分子结构单元 TPS 和 TPE，以及 TPE 衍生的卟啉类化合物 TPE-Por 和 TPE 衍生的 AIE 光敏剂 TPE-red、TTD、TPE-A-Py$^+$

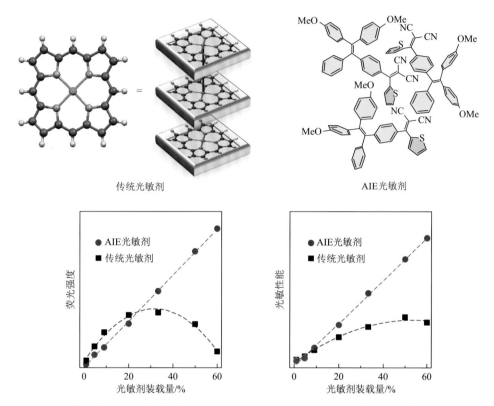

传统光敏剂　　　　　　　　　　　AIE光敏剂

图 2-21　传统光敏剂具有平面结构，在水相中浓度较大时，发生平面堆积，其荧光性质和光敏性能都会有所降低；AIE 光敏剂具有三维结构，在高浓度时，无平面堆积，保护了其激发态，使得其荧光强度和光敏性能随装载量提高而线性增强

　　虽然 TPE-red 和 TTD 在聚集状态仍然具有不弱于溶解状态的光敏化产单线态氧的能力，但它们的效率仍然很低[63]。为了建立 AIE 光敏剂的设计原则，刘斌等合成了一系列基于 TPE 的 AIE 光敏剂。他们发现减少 AIE 分子的 ΔE_{ST} 是产生高效光敏剂的有效方法，ΔE_{ST} 可以通过精确调控分子的 HOMO 和 LUMO 进行调整[64]。图 2-22 显示了基于 TPE 骨架使用不同策略实现 HOMO-LUMO 分离的化学结构。第一种策略是在分子骨架的不同侧加入给电子和吸电子部分。在将烷氧基和双氰基乙烯基直接引入 TPE 单元后，与 TPE 相比，TP2 显示出显著降低的 ΔE_{ST}（0.60 eV）。通过用甲基（TP4）取代 TP2 拉电子端的氢原子，TPE 和受体单元（双氰乙烯基平面）之间的扭转角由于空间位阻而增加。由于更好的 HOMO-LUMO 分离，TP4 的 ΔE_{ST} 相对于 TP2 降低了 0.11 eV。更令人印象深刻的是，当使用噻吩环代替甲基（TP7）时，ΔE_{ST} 从 0.49 eV 进一步降低到 0.29 eV。离散傅里叶变换（DFT）计算表明，TP7 的 LUMO 电子云更集中在噻吩环所在的受体部分。一种可能的解释是，接枝到受体部分的噻吩有助于定位 LUMO 分布，从而最大限度地减少

HOMO 和 LUMO 之间的重叠。测试表明，TP2、TP4 和 TP7 在相同条件下产生单线态氧的能力逐渐增强。在此，TP2、TP4 和 TP7 的 ΔE_{ST} 数值逐渐降低说明了如何通过光敏剂的 LUMO 调节来提高 AIE 光敏剂的光敏能力[65]。

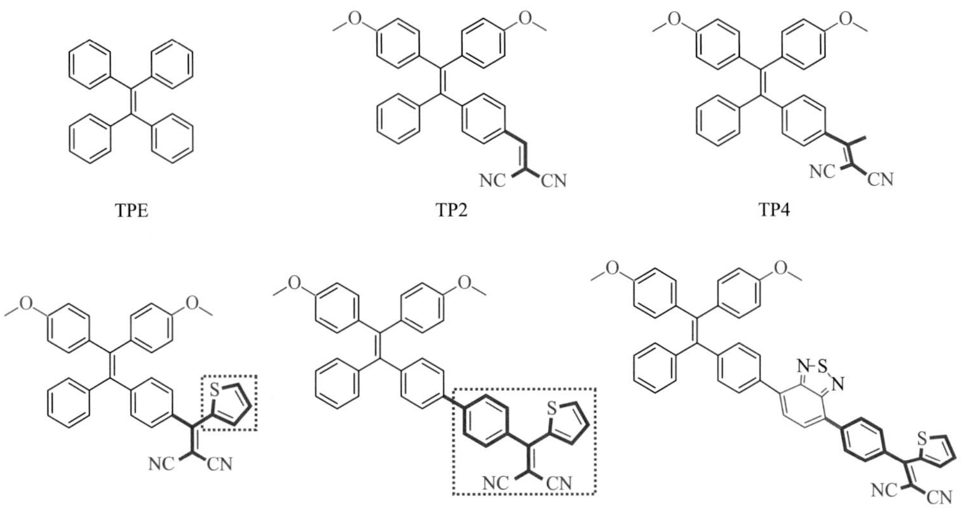

TPE TP2 TP4

TP7 TP8 AP4

图 2-22 TPE 及其衍生出的 AIE 光敏剂化学结构式

降低 ΔE_{ST} 的第二个有效策略是延长 HOMO-LUMO 距离。苯环是一种广泛使用的 π 桥，可用于延长分子内空间距离，当苯环作为 π 桥结合到 AIE 光敏剂中时，由于电子给体和电子受体部分之间的距离延长，AIE 光敏剂的 ΔE_{ST} 可以降低。基于上述策略，在 TP7 分子的四苯乙烯和噻吩基团之间引入苯环得到分子 TP8，TP8 的 ΔE_{ST} 数值进一步降低至 0.13 eV。为了获得吸收波长更长、吸光度更高的 AIE 光敏剂，还可以在给体和受体之间引入含有杂原子且有更好共轭性的苯并噻二唑（BT）作为辅助受体，形成 D-π-A′-A 结构的 AP4[63]。辅助受体苯并噻二唑不仅可以增加给体和受体之间的二面角和距离，造成 HOMO-LUMO 的分离，还能够使得分子的吸收波长延长至 600 nm。AP4 的有效光敏能力达到了 TP8 的 3 倍以上。通过引入强吸电子单元，如四氰基蒽-对醌二甲烷（TCAQ），AIE 光敏剂的发射光谱也可以有效地红移，其荧光光谱的峰值能够到达近红外一区的 820 nm[66]。

总之，设计具有改进光敏能力的 AIE 光敏剂大致需要遵循三个连续的步骤。第一，在 AIE 骨架中引入适当的电子给体和受体基团以降低 ΔE_{ST}；第二，通过引入位阻基团或者共轭桥使得 HOMO-LUMO 分离，以进一步低 ΔE_{ST}，提高光敏能力；第三，可以促进吸收光谱红移和提高摩尔吸收系数的因素也有利于 AIE 光敏剂光敏能力的提高。明确了 AIE 光敏剂的诸多优势，以及它们的设计原理，接下来看看 AIE 光敏剂怎样应用于光动力杀菌。

2.4.2 阳离子 AIE 光敏剂光动力杀菌

由于细菌表面含有大量的带负电荷的脂多糖和蛋白质等，带正电的分子与革兰氏阳性菌和阴性菌都具有强静电相互作用。因此，带正电的 AIE 光敏剂当然可以针对不同种类的细菌进行光动力杀菌。吡啶是一种带正电荷的基团，同时可以作为电子给体基团。吡啶与 AIEgens 结合构建带正电荷的 AIE 光敏剂很方便，从而实现细菌靶向成像和光动力消融。此外，具有正电荷的阳离子 AIE 光敏剂本身也可以破坏细菌的细胞壁，具有一定的抗菌作用。因此，阳离子 AIE 光敏剂普遍具有光动力杀菌和阳离子抗菌的双重功效。例如，唐本忠等报道了一种基于乙烯基吡啶的 AIE 光敏剂，用于细菌成像和消融[67]。AIE 光敏剂的结构类似于 TPE-DTAB。TPE 一侧的两个供电子脂溶性十六烷基烷氧基插入细菌膜，TPE 另一侧的乙烯基吡啶用于构建 AIE 光敏剂并实现细菌靶向。末端的氨基是为了进一步提高 TPE-Bac 的水溶性，降低成像背景。一旦与细菌一起孵育，TPE-Bac 的荧光就会被打开，并且在荧光显微镜下可以清楚地显示处理过的细菌的形态。TPE-Bac 具有类似阳离子表面活性剂的结构，对 E. coli、S. epidermidis 等表现出暗毒性。进一步的室内光照射可以大大提高 TPE-Bac 对这些处理过的细菌的杀灭效率，因为会产生单线态氧。处理过的 E. coli 和 S. epidermidis 的存活率在室内光照 1 h 后降至 1%以下。与此同时，张德清和张关心等还开发了一种基于吡啶鎓的高效 AIE 光敏剂（TPE-A-Py+）细菌消融[62]。TPE-A-Py+ 不是一种类似表面活性剂的分子。然而，TPE-A-Py+ 的光敏能力有效地保证了治疗效率。TPE-A-Py+ 中的 TPE 和吡啶部分由炔基隔开。因此，TPE-A-Py+ 的激发单线态和激发三线态之间的差距低至 0.11 eV，有助于促进 ISC 过程。此外，对阴离子 I− 也可以促进 ISC 过程。这两个因素使 TPE-A-Py+ 成为一种有效的光敏剂。在白光照射下，E.coli 在 10 μmol/L 的 TPE-A-Py+ 处理后被完全消融。此外，TPE-A-Py+ 在黑暗条件下也可以抑制细菌的生长，与光动力杀菌效果相叠加，提高了 TPE-A- Py+ 分子的除菌效果（图 2-23）。

与 TPE-Bac 的结构相似，唐本忠和王东等设计合成了末端含有季铵盐的吡啶盐 AIE 光敏剂，实现革兰氏阳性菌的快速选择性标记和高效光动力杀伤[68]。该光敏剂将苯基取代的四苯乙烯基团换成给电子能力更强的噻吩-三苯胺基团，所制备的 TTVP 吸收波长和发光波长均得到大幅红移，吸收峰值为 480 nm，荧光发射峰值为 704 nm。同时，该分子也具有很强的光敏化效率，远远超过 Ce6 和玫瑰红等常用光敏剂。更为神奇的是，该光敏剂分子能够在 3 s 内就对 *S. epidermidis*、*S. aureus* 等革兰氏阳性菌进行标记，而对 *E. coli* 等革兰氏阴性菌没有明显标记效果，可以实现对革兰氏阳性菌的快速区分（图 2-24）。基于 TTVP 高效产生单线态氧的性质，很低浓度的 TTVP 就可以实现对 *S. epidermidis* 细菌的光动力杀伤。当其浓度为 0.5 μmol/L 时，就可以有效抑制细菌的生长。除了 TTVP 之外，还有另外一些 AIE 光敏剂也能够实现对革兰氏阳性菌的选择性标记和光动力杀伤。例如，唐本忠、李峰和顾星桂等设计合成了含有吡啶盐和乙烯双氰的 AIE 光敏剂 TPPCN，该分子可以同时选择性标记革兰氏阳性菌和肿瘤细胞的线粒体，进而可以实现对革兰氏阳性菌和肿瘤细胞的光动力杀伤[30]。同时，具有革兰氏阳性/阴性菌识别作用的 TPy、TPPy、TTPy、MeOTTPy 和 TPE-TTPy 等分子，也可以实现革兰氏阳性菌的选择性识别和光动力杀伤。

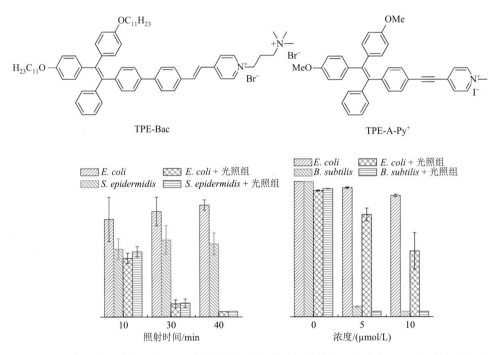

图 2-23　含有吡啶鎓盐粒子的 AIE 光敏剂的化学结构式以及对大肠杆菌（*E.coli*）、表皮葡萄球菌（*S. epidermidis*）、枯草芽孢杆菌（*B. subtilis*）等细菌的暗毒性和光动力杀伤效果

静电相互作用普遍存在于具有相反电荷的物质之间，在生命系统中，很多组织、细胞、细胞器和生物大分子等，都在一定程度上带有电荷。例如，线粒体由于产生 ATP 的过程而使其膜结构带有电势差，外层带有负电；核酸作为遗传物质也带有高密度的负电荷。因此，单纯利用带正电荷的 AIE 光敏剂，有可能对带有

负电荷的生物分子有静电相互作用，然后对这些生物分子产生光动力损伤的作用。为了提高 AIE 光敏剂对细菌的选择性，降低副作用，就必须使得 AIE 光敏剂具有特殊的结构。

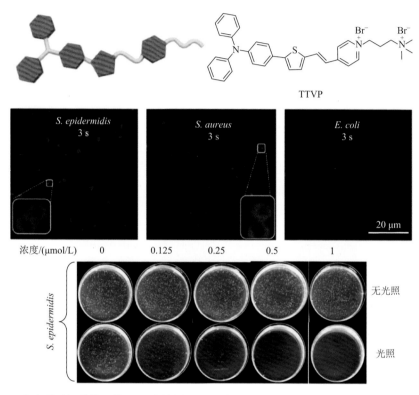

图 2-24　含有吡啶鎓盐粒子的 AIE 光敏剂 TTVP 的化学结构式以及对 *S. epidermidis*、*S. aureus* 和 *E. coli* 等细菌的快速荧光成像和光动力杀伤效果

　　刘斌等利用锌离子与二甲基吡啶胺络合形成的阳离子结构（ZnDPA）实现了对细菌的特异性标记和光动力杀伤[26]。他们利用激发态分子内质子转移（ESIPT）原理设计合成了 AIE 光敏剂，然后在两头修饰了 ZnDPA 结构得到探针分子 AIE-ZnDPA。当 *B. subtilis* 和 *E. coli* 等细菌与哺乳动物细胞混合培养时，AIE-ZnDPA 探针分子可以通过荧光成像清晰地识别出 *B. subtilis* 和 *E. coli* 细胞。进一步进行白光照射处理之后，细菌可以被光动力杀伤。但是，此类基于 ESIPT 的 AIE 光敏剂的吸光波长范围不在白光区域、光敏效率也较低，需要白光功率达到 100 mW/cm^2、探针浓度达到 100 μmol/L，才能对 *E. coli* 等进行有效杀伤。

　　前面讲到具有 D-π-A′-A 结构的光敏剂不仅拥有更高的吸光系数，还具有更高的光敏化效率。因此，利用此类结构设计制备 AIE 光敏剂进行细菌的选择性光动力杀伤具有更好的效果。如图 2-25 所示，唐本忠、Kwok 和李莹等以三苯胺作为电子给体单元（D）、以苯并噻二唑作为辅助受体单元（A'）、吡啶盐作为受体单元（A），通过单键将它们共轭偶联，形成 D-π-A'-A 结构的光敏剂，具有相当高的单线态氧产生效率，只需要使用 4.2 mW/cm^2 的白光照射 10 min，就可以达到很好的杀菌效果[69]。此类 AIE 光敏剂分子利用吡啶盐的阳离子属性与细菌发生静电相互作用，既可以对革兰氏阳性菌染色，也可以对革兰氏阴性菌染色。更为难得的是，当 AIE 光敏剂分子的浓度为 10 μmol/L 时，对成纤维细胞（COS-7 细胞）等哺乳动物细胞却没有明显的靶向行为，表现出了对多种细菌的选择性成像功能。通过光动力治疗实验发现，该分子对革兰氏阳性菌有很好的光动力杀伤作用，但是对革兰氏阴性菌几乎没有杀伤作用，这种差异性很可能是因为革兰氏阴性菌具有一层比较厚实的外膜保护。然而，光敏剂分子的浓度提升至 15 μmol/L，对哺乳动物细胞产生了明显的光毒性。因此，此光敏剂分子存在对革兰氏阴性菌杀伤力较弱，高浓度时对哺乳动物细胞具有光毒性等缺陷。为了改进这一光敏剂，他们在吡啶盐的尾端增加了一个带正电荷的季铵盐基团，增加光敏剂的正电属性，提

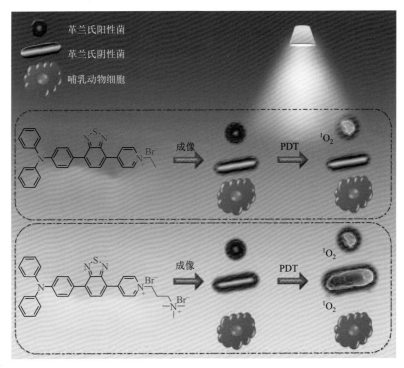

图 2-25　基于 D-π-A'-A 结构的 AIE 光敏剂利用静电相互作用和疏水作用，实现对细菌的选择性标记和高效杀伤，末端季铵盐修饰可以提升光敏剂对革兰氏阳性菌和阴性菌的光动力杀伤，降低对哺乳动物细胞的毒性作用

升光敏剂的水溶解性。改进的光敏剂选择性和功能都得到了很大的提升：在高浓度时，对哺乳动物细胞没有明显的光毒性，但是在很低的浓度（8 μmol/L）时，就表现出同时对革兰氏阳性菌和阴性菌强大的光毒性。这种通过改变电荷数量从而调控高效光敏剂分子对细菌和哺乳动物细胞的选择性具有比较重要的意义，有可能按照这个设计方案，制备出与抗生素具有类似功能的光敏剂分子，对细菌具有选择性杀伤，但是对细胞没有作用的功能分子。同时，光动力细菌杀伤也不容易产生抗性，可以有效降低耐药菌产生的概率。

2.4.3　万古霉素-细菌靶向光动力杀菌

虽然带正电荷的 AIE 光敏剂能够通过非特异性静电相互作用靶向细菌，但它们也与哺乳动物细胞发生相互作用，从而具有产生副作用的风险。通过一些特殊的设计，如增加电荷的数量等，可以降低正电荷 AIE 光敏剂对细胞的作用，但是这种设计存在比较多的偶然性，没有比较清晰的分子设计原理。因此，需要更具体的 AIE 光敏剂探针的设计方案以针对细菌的特异性靶向，从而降低风险。一些抗生素如万古霉素（vancomycin，Van）可以特异性靶向革兰氏阳性菌细胞壁中的肽序列，从而产生抗菌作用。利用万古霉素对革兰氏阳性菌的亲水性，将之与 AIE 光敏剂结合可以制备性能比较优异的 AIE 光敏剂探针，实现革兰氏阳性菌的荧光增强成像和靶向光动力杀伤。

通过这种模式，刘斌和张德清等首先报道了一种基于 AIE 光敏剂的探针，通过叠氮与炔基的点击反应将万古霉素直接与 AIE 光敏剂分子相连得到探针分子 AIE-2Van（图 2-26）[70]。得益于万古霉素比较好的亲水性，当浓度在 0.5 μmol/L 时，所制备的 AIE-2Van 在 PBS 缓冲液中几乎不发光，表明此 AIE 光敏剂分子在水相中具有比较弱的荧光背景，很适合应用于细菌的荧光增强成像。但是，当浓度为 20 μmol/L 时，AIE-2Van 开始形成聚集体，具有一定程度的红色荧光背景。为了进一步降低 AIE-2Van 在水相中的背景信号，获得高质量的荧光成像图，研究者添加了少量氧化石墨烯（1.6 mg/mL，10 μL）。石墨烯与 AIE-2Van 通过疏水作用贴合在一起，从而将 AIE-2Van 的背景荧光猝灭。当混合液与革兰氏阳性菌（如 B. subtilis）一起孵育之后，万古霉素与细菌细胞壁的短肽发生识别作用，将 AIE-2Van 从石墨烯上解离，同时光敏剂的分子内运动受限，使得其荧光大大增强。如图 2-26 所示，AIE-2Van 与 B. subtilis 相互作用之后，其荧光可以用肉眼观察。在白光照射下（100 mW/cm², 6 min），由于抗菌万古霉素和单线态氧的产生，处理过的革兰氏阳性菌（如 B. subtilis）的生存力急剧下降。10 μmol/L 的 AIE-2Van 在没有光照射的情况下可以杀死几乎所有的 B. subtilis。在白光的辅助下，2 μmol/L 足以杀死板中的所有 B. subtilis。当 AIE-2Van 与革兰氏阴性菌（如 E. coli）一起孵育时，未观察到荧光信号。这进一步表明革兰氏阳性菌的成像是由于万古霉素-细菌的相互作用和分子内运动的抑制。

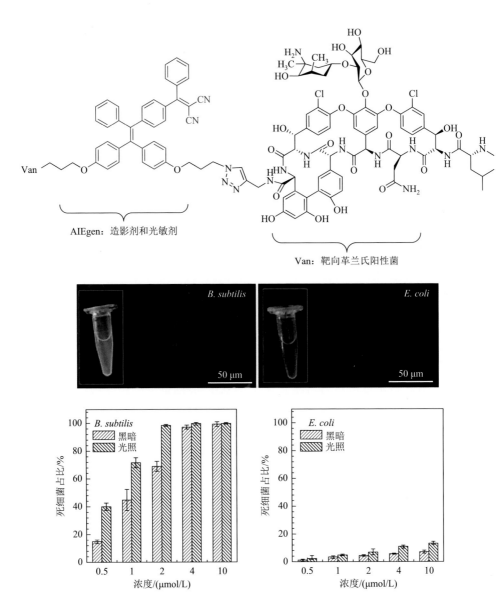

图 2-26　万古霉素与光敏剂结合在一起形成 AIE 光敏剂探针分子 AIE-2Van，对革兰氏阳性菌具有较好的靶向作用；AIE-2Van 与革兰氏阳性菌（*B. subtilis*）孵育后具有红色的荧光成像信号，且荧光信号裸眼可见，与革兰氏阴性菌孵育后没有红色荧光信号；白光照射之后，AIE-2Van 对 *B. subtilis* 有选择性杀伤作用

　　体内系统比体外系统复杂，万古霉素和 AIE 光敏剂的直接连接可能无法完成体内细菌的选择性成像和光动力消融。为了改善这种情况，刘鉴峰和刘斌等进一步将自组装功能引入万古霉素-AIE 光敏剂探针分子，尝试实现动物体内感染细菌的荧光成像和光动力消融（图 2-27）[71]。苯丙氨酸（Phe，F）是一种具有疏水苯环残基的氨基酸，两个 Phe（FF）的序列具有很好的组装能力。在一定的条件下，

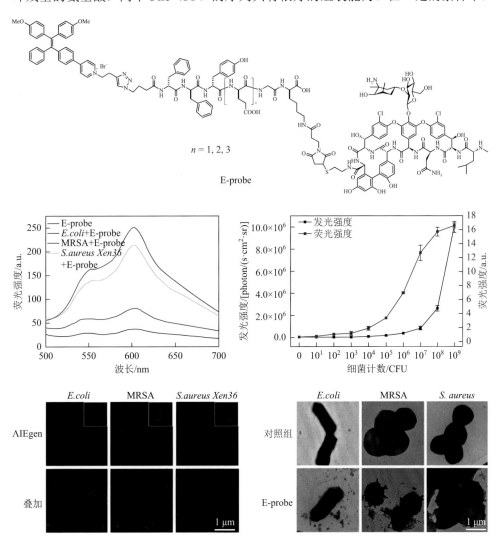

图 2-27　在 AIE 光敏剂和万古霉素之间引入具有自组装性质的多肽序列，使得探针分子 **E-probe** 可以通过万古霉素-革兰氏阳性菌识别作用富集并自组装，提高荧光强度和光动力杀菌作用；**E-probe** 与 MRSA 作用之后，在荧光光谱仪和共聚焦显微镜下都可以观察到荧光增强的信号，而且可以通过 TEM 在细菌周围观察到富集之后形成的纳米组装体，与革兰氏阴性菌 *E. coli* 混合之后没有荧光信号增强和自组装体的出现

它们通常可以利用亲疏水作用、π-π 相互作用在水相中形成纤维状纳米组装体，甚至能够形成水凝胶[72]。刘鉴峰和刘斌等在 AIE 光敏剂和万古霉素中间增加了苯丙氨酸-苯丙氨酸-酪氨酸序列，使得探针分子具有很强的自组装能力，同时在中间增加了不同数量的天冬氨酸序列调控探针的水溶性。他们发现，当天冬氨酸的数量为 3 时，探针分子的组装能力最为合适。与特定的多肽混合组装之后，探针分子 E-probe 的荧光和光敏能力都表现出增强的信号。当获得的 E-probe 与革兰氏阴性菌如大肠杆菌一起孵育时，在共聚焦显微镜下没有观察到荧光信号，在 SEM 下没有观察到细菌细胞周围的聚集体。与耐甲氧西林金黄色葡萄球菌（MRSA）等革兰氏阳性菌孵育产生强烈的红色荧光信号，通过自组装形成的细菌细胞周围的聚集在 SEM 下清晰可见。这是因为 E-probe 首先通过万古霉素-细菌相互作用在 MRSA 表面积累，然后在细菌细胞壁上积累到高浓度后发生了自组装现象。同时，自组装可以增加 E-probe 的光敏能力，提高细菌消融效率。在 MRSA 感染的小鼠模型中，E-probe 也可以通过万古霉素-细菌相互作用和原位自组装在感染的皮肤上积聚。在白光照射下，E-probe 可以在 4 d 内治愈 MRSA 感染的皮肤。

2.4.4 代谢标记靶向的光动力杀菌

通过万古霉素识别革兰氏阳性菌细胞壁多肽的方案是一个比较可行的方法，但是万古霉素作为一种抗生素，比较容易引起细菌对抗生素的耐药性，从而有可能使得探针分子失去识别作用，甚至可能引起比较严重的耐药反应。因此，有必要发展不同的方法对细菌进行选择性荧光成像和光动力杀伤。细菌细胞与哺乳动物细胞的最大区别之一是细菌具有细胞壁。细菌细胞壁的主要部分是肽聚糖，肽聚糖主要由 N-乙酰氨基葡萄糖、N-乙酰胞壁酸聚合物组成，聚合物之间通过短肽序列交叉连接在一起。在短肽中，一些氨基酸是具有 D-构型的非天然氨基酸，而这些非天然氨基酸在一般情况下无法被哺乳动物细胞代谢。这种 D-氨基酸可以选择性被细菌代谢的性质为细菌的特异性代谢标记提供了很好的机会。

近年来，生物正交反应逐渐发展成为一种新的靶向技术应用于特异性成像和靶向药物递送。生物正交反应是那些在活体细胞或组织中能够在不干扰生物自身生化反应条件下可以进行的化学反应[73]。主要通过两步操作完成，如图 2-28 所示，第一步是通过细胞代谢工程将含有活性反应基团的代谢前体植入目标细胞，从而在目标细胞表达生物正交活性基团，该基团尺寸较小，对代谢过程几乎没有影响，同时也不参与细胞内任何生化反应，相当于在细胞表面引入"人工受体"单元；第二步是加入探针进行生物正交标记，探针上面含有能与"人工受体"单元进行生物正交反应的活性基团，相当于"配体"单元，最终实现对目标细胞的选择性标记[74]。如果将探针置换成具有治疗功能的体系，可以实现对目标细胞的生物正交靶向药物递送[75-77]。相比较于传统的主动靶向和被动靶向标记方法，生物正交反应可以在目标细胞的细胞膜引入"人工受体"基团，无须繁杂的"受体-配体"筛选工作，而且诊疗试剂与"人工受体"基团发生生物正交反应的选择性高，是特异性成像和靶向药物递送的重要工具[78]。常用的生物正交反应有 Bertozzi 等改造的 Staudinger-Bertozzi 反应、四嗪（tetrazine）与环张力烯烃或者炔烃的第尔斯-阿尔德（Diels-Alder）环加成反应及炔基与叠氮的点击反应等。

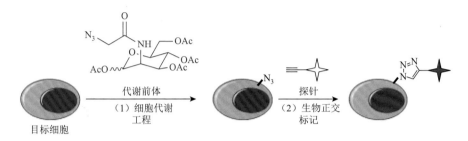

图 2-28　两步法对目标细胞的生物正交标记的示意图

（1）带有活性反应基团的代谢前体被目标细胞代谢，使得目标细胞表达活性反应基团；（2）加入探针进行生物正交标记，从而实现对目标细胞的选择性标记

　　将非天然氨基酸被细菌选择性代谢的性质和生物正交化学相结合，可以很有效地将 AIE 光敏剂标记在目标细菌表面，实现选择性荧光标记和光动力杀伤。细菌细胞壁中所含有的非天然氨基酸多为 D-丙氨酸（D-alanine，D-Ala），在 D-Ala 的甲基残基上面修饰分子量比较小的功能基团，并不影响氨基酸的代谢。基于这一现象，可以很方便地设计针对细菌的生物正交代谢标记。刘斌和孔德领等在 D-Ala 修饰了可以与炔基发生正交反应的叠氮（D-AzAla），实现了对动物体内耐药菌 MRSA 的标记和光动力杀伤，并对细菌感染伤口的治疗有很好的积极作用（图 2-29）[79]。D-AzAla 作为一种分子量不超过 100 的小分子，而且具有良好的水溶性，很容易在到达细菌感染创口之前就被分解，达不到良好的代谢标记作用，因此，刘斌等引入了多孔载体 MIL-100(Fe)。该载体利用纳米多孔结构的吸附作用和金属中心与 D-AzAla 的静电作用装载 D-AzAla，在到达感染部位时，MIL-100(Fe)被创口分泌的过量过氧化氢分解，从而释放装载的 D-AzAla。D-AzAla 进一步被创口部位 MRSA 的肽聚糖代谢捕获，使得 MRSA 的表面被叠氮基团标记。二苯并环辛炔（DBCO）是一种可以与叠氮化物基团特异性连接的反应基团，进一步静脉注射用 DBCO 修饰的 AIE 光敏剂纳米粒子，经过无铜点击反应后，AIE 光敏剂选择性地连接到 MRSA 细胞上，实现了对小鼠体内感染性细菌的选择性代谢标记和光动力杀伤。如图 2-29 所示，感染区的细菌在被标记后呈现出显著的红色荧光信号，进行光动力治疗之后，感染创口在 7 d 后痊愈，而对照组创口改善情况有限。

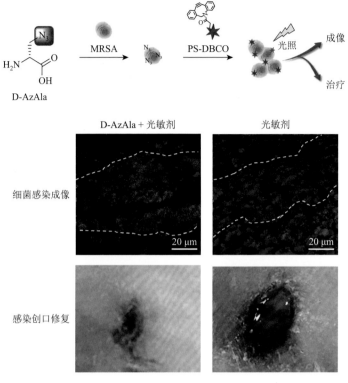

图 2-29　细菌选择性代谢前体分子 **D-AzAla** 通过载体运输和释放，选择性被 **MRSA** 细胞代谢，在细胞壁上长出带有叠氮基团的肽聚糖，然后通过 **DBCO** 与叠氮的连接反应，使得 **AIE** 光敏剂标记在细菌表面；此方法可以实现小鼠体内感染菌的荧光标记和光动力杀伤，促进感染伤口的修复

　　MRSA 属于革兰氏阳性菌，它的肽聚糖结构在细胞的最外层，因此利用 D-氨基酸代谢的方法可以很好地对其进行标记。但是，革兰氏阴性菌的肽聚糖结构外还有一层包含脂多糖的外层膜，且肽聚糖结构比革兰氏阳性菌要薄得多，所以利用 D-氨基酸代谢的方法对革兰氏阴性菌的标记效率要低很多。如果分别用 D-氨基酸代谢的方法标记革兰氏阳性菌、利用可被代谢的脂质体单体标记革兰氏阴性菌，即可实现对它们的区分。刘斌等对此进行了研究，他们首先合成了具有水溶性和炔基的 AIE 光敏剂分子，然后利用 D-AzAla 和叠氮修饰的 L-阿洛酮糖（KDO-N$_3$）对革兰氏阳性菌和阴性菌进行生物正交代谢标记[80]。如图 2-30 所示，D-AzAla 与含有 *E. coli* 和 *S. aureus* 的混合细菌一起培养一段时间之后，可以选择性在 *S. aureus* 表面生长叠氮基团，再与水溶性 AIE 探针分子发生生物正交反应，即可实现对 *S. aureus* 的荧光增强成像和光动力杀伤；相反地，L-阿洛酮糖作为脂多糖的代谢前体，KDO-N$_3$ 处理的混合菌可以实现对革兰氏阴性菌 *E. coli* 的生物正交荧光增强成像和光动力杀伤。

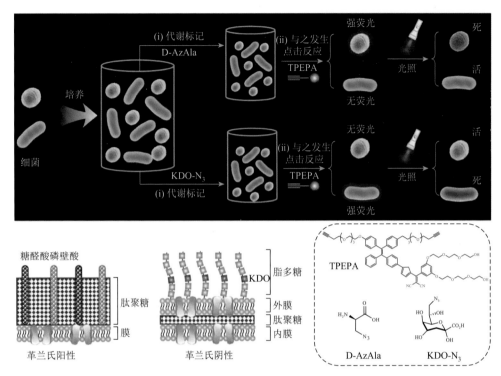

图 2-30　革兰氏阳性菌的细胞壁的肽聚糖分布在最外层，利于 **D-AzAla** 的摄取，革兰氏阴性菌的肽聚糖较薄，且还有一层脂多糖外膜，不利于 **D-AzAla** 的摄取；分别利用肽聚糖代谢前体 **D-AzAla** 对革兰氏阳性菌、脂多糖代谢前体 **KDO-N$_3$** 对革兰氏阴性菌进行生物正交标记，可以实现对它们的选择性荧光成像和光动力杀伤

　　将 D-氨基酸的细菌代谢和生物正交连接反应结合在一起，可以很好地实现革兰氏阳性菌的靶向标记和光动力杀伤。这个方法主要分两步：第一步利用 D-氨基酸代谢将反应基团标记在细菌表面；第二步利用生物正交连接反应将 AIE 光敏剂连接在细菌表面，然后进行示踪和光动力治疗。但是，这个方法有不便之处，需要两步才能完成标记，不仅提高了操作难度，还有可能降低标记的效率。VanNieuwenhze 和 Brun 等发现，在 D-氨基酸残基上直接连接香豆素、荧光素等小分子量的荧光基团形成探针分子，这些探针可以直接实现对细菌的靶向荧光标记[81]。刘斌等由此受到启发，将 AIE 光敏剂修饰在 D-氨基酸残基上，实现了一步法对细菌的荧光点亮标记和光动力杀伤（图 2-31）[82]。他们通过点击反应将含有炔基的 AIE 光敏剂分子与 D-AzAla 连接在一起，虽然所使用 AIE 光敏剂的分子量比较小，但是所获得的探针分子 TPEPy-D-Ala 的分子量达到了 652.3，在对细菌进行代谢标记时可能存在较大的位阻。通过在培养液中加入不同浓度的 D-Ala 进行竞争实验和对 TPEPy-D-Ala 标记后的细菌碎片进行质谱分

析，证明 TPEPy-D-Ala 是通过代谢的方式以共价键键合在细菌的肽聚糖上面。TPEPy-D-Ala 作为具有水溶性的 AIE 分子，在进行标记之前没有荧光背景，但是在向细菌培养液中加入 TPEPy-D-Ala 探针之后，探针逐渐生长在细菌的肽聚糖之上。肽聚糖结构具有致密性，限制了探针分子内基团的运动，激发了其 AIE

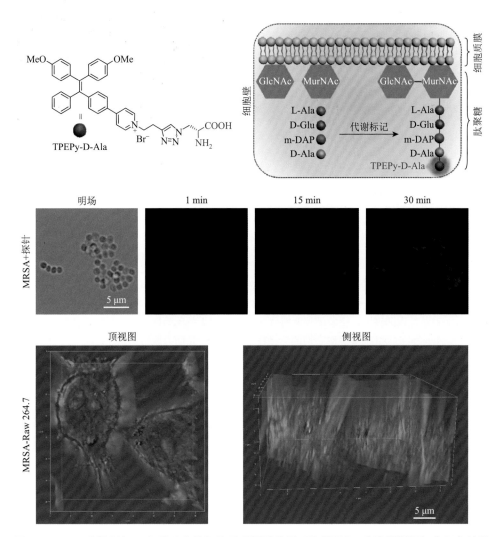

图 2-31　AIE 光敏剂与 D-氨基酸直接相连形成探针分子，可以通过一步法代谢标记在细菌的肽聚糖中，实现选择性荧光成像和光动力治疗；得益于探针分子的 AIE 性质，MRSA 等细菌与探针共孵育之后，可以实现"免清洗"的荧光增强成像；进一步可以实现对细胞（Raw264.7）内潜伏细菌的荧光示踪和光动力杀伤

GlcNAc 表示 N-乙酰氨基葡萄糖；MurNAc 表示 N-乙酰基胞壁酸；L-Ala 表示 L-丙氨酸；D-Glu 表示 D-谷氨酸；m-DAP 表示二氨基庚二酸；D-Ala 表示 D-丙氨酸；Raw 264.7 表示小鼠单核巨噬细胞白血病细胞

性质，荧光逐渐增强，从而实现对细菌的免清洗荧光增强成像。这种成像对革兰氏阳性菌和阴性菌都有效果，由于革兰氏阴性菌的肽聚糖结构单薄且拥有脂多糖外层，其成像效果稍差。细胞内潜伏的细菌经常容易导致潜伏性疾病的发生，不容易被诊断，得益于 TPEPy-D-Ala 探针免清洗荧光增强成像的效果，其可以实现对潜伏在细胞内细菌的精准荧光成像。普通的荧光分子进行此类成像时，在进入细胞之后无法被清洗，造成细胞内很强的荧光背景。而 TPEPy-D-Ala 只有在被细菌代谢之后才会发光，背景弱，能够完成细胞内潜伏细菌的清晰成像，进而对标记的细菌进行光照处理。同时还可以实现对潜伏细菌的选择性光动力杀伤而对宿主细胞只有微弱的伤害，这是因为光动力治疗过程中所产生的活性氧寿命短，只对光敏剂周围几百纳米的生物分子有破坏作用，具有精准治疗的效果。虽然 TPEPy-D-Ala 对细胞外细菌（以 MRSA 为例）的光动力杀伤 MIC 是强力抗生素万古霉素的 6 倍以上，但是万古霉素的细胞穿透性较弱，对细胞内潜伏细菌的抑制作用很弱，MIC 超过 100 μg/mL，而 TPEPy-D-Ala 对细胞内细菌的光动力 MIC 只有 20 μg/mL 左右，效果显著。

TPEPy-D-Ala 探针分子在培养液中细菌标记和杀伤方面表现良好，但是该分子带有一个正电荷的吡啶基团，有很高的概率能够与其他生物分子发生静电相互作用，进而限制了其在活体动物体内感染细菌的荧光成像标记和光动力杀伤应用。针对这一问题，刘斌和孔德领等进一步设计了小分子量中性 AIE 光敏剂，与 D-Ala 连接之后，不仅可以实现在体外对细菌的荧光标记、细胞内潜伏细菌的标记，还可以实现对小鼠体内感染菌的荧光标记[83]。研究表明，改进的探针分子还能够渗透进入比较难以清除的细菌生物膜，在 20 min 内可以很好地标记 20 μm 厚的生物膜，然后通过光照对生物膜细菌进行杀伤。在 MRSA 感染小鼠的尾静脉注射新的探针 12 h 之后，探针的荧光信号增强区域主要分布在感染区和肠道区，验证了探针对体内细菌的标记能力。光治疗之后，感染区的细菌被清除，感染伤口得以很好地恢复。由此可见，将 AIE 光敏剂直接修饰在 D-氨基酸残基上对细菌进行代谢标记，可以有效降低代谢＋生物正交连接"两步法"标记细菌的操作复杂程度。得益于此，一步代谢标记法可以完成对细胞内潜伏细菌的清晰荧光标记和选择性光动力杀伤，甚至可以实现对小鼠体内细菌生物膜的荧光标记和生物膜消融。

除了致病性的细菌，一些生物相容性比较高的细菌还可以作为疾病治疗系统，例如，细菌充当载体的角色运输、传递和释放肿瘤药物。尤其是作为基因治疗的载体，细菌具有诸多优势，它作为一个活体单元，可以在细菌内自主复制和生产治疗性基因。然而，细菌载体有一个显著缺陷，不能有效释放治疗剂，尤其是治疗基因的传递，其主要依赖于细菌的自发裂解或外源性分子释放，难以实现治疗基因的按需控制性释放。针对这一问题，刘斌和汤谷平等将 AIE 光敏剂通过代谢的方式标记在细菌表面，就可以利用光照控制破坏细菌的细胞膜，从而释放治疗基因（图 2-32）[84]。他们选择了一种具有肿瘤靶向性的沙门氏菌（*Salmonella*，VNP20009 菌株）作为载体细菌、VEGFR2 作为治疗性基因质粒。虽然该细菌是一种革兰氏阴性菌，但是 AIE 光敏剂与 D-氨基酸的结合体（MeTTPy-Ala）仍然

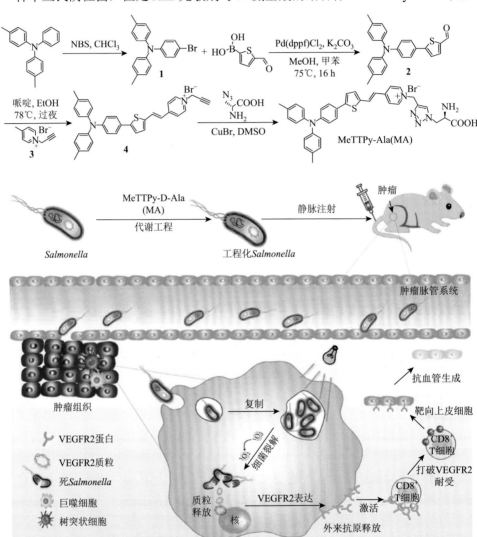

图 2-32　细菌作为治疗性质粒的载体，通常在质粒释放的步骤效率比较低，AIE 光敏剂与 D-氨基酸直接相连形成探针分子 MeTTPy-Ala，通过一步法代谢标记在沙门氏菌（*Salmonella*，VNP20009 菌株）的肽聚糖中，用以控制沙门氏菌中转染的 VEGFR2 治疗性基因质粒的光动力释放和肿瘤治疗

NBS 表示 *N*-溴代琥珀酰亚胺；CHCl₃ 表示三氯甲烷；Pd(dppf)Cl₂ 表示 1, 1′-双二苯基膦二茂铁二氯化钯；MeOH 表示甲醇；EtOH 表示乙醇；CuBr 表示溴化亚铜；DMSO 表示二甲基亚砜；*Salmonella* 表示沙门氏菌；VEGFR2 表示血管内皮细胞生长因子受体 2

可以通过代谢标记的方式将光敏剂标记在沙门氏菌的表面。通过荧光信号分析可知，相比较于游离的 MeTTPy-Ala，沙门氏菌上标记的 MeTTPy-Ala 可以在细菌的靶向作用下更多地进入到肿瘤部位。而且由于 MeTTPy-Ala 主要是通过共价键的作用连接在沙门氏菌表面的，不容易从细菌表面脱落，可以稳定地与细菌一起到达肿瘤部位。到达肿瘤部位之后，通过光照产生的光动力作用，细菌的细胞膜被破坏，细菌内部所转染的 VEGFR2 治疗性基因质粒就会得以有效释放，对肿瘤起到抑制作用。

综上，通过代谢标记的方法将 AIE 光敏剂应用于细菌的荧光标记和光动力杀菌，具有信噪比高、选择性高、操作简便和杀菌效率高等诸多优点。具体应用方式多种多样，对体外体内的细菌、细菌生物膜都有很好的标记和杀伤作用，甚至还可以应用于细菌载体内治疗性基因的释放。

2.4.5　细菌模板聚合物 AIE 光敏剂对细菌的精准标记和杀伤

尽管自从发现抗生素以来，对抗细菌感染的斗争取得了相当大的成功，但广谱抗菌剂的使用可能会导致微生物群失调的健康问题。此外，广谱抗生素的使用导致了许多耐药病原体菌株的出现，越来越引起人们的关注。上述所列 AIE 光敏剂对细菌的标记和杀伤作用，主要是利用静电相互作用、抗生素识别作用和 D-氨基酸代谢标记作用，基本上都具有广谱的性质，也有可能带来微生物的失调和耐药病原体菌株的出现等问题。为了解决这一问题，必须找到对单个菌种具有特异性靶向的方法，然后施行精准的标记和光动力杀伤。

微生物，包括细菌、真菌和病毒，依靠受体-配体相互作用与其环境以及彼此之间进行交流。特别是天然受体在结合后的化学功能和几何形状方面与其靶向配体显示出极好的互补性。这种识别机制可用于模拟天然受体的合成受体的开发，以识别微生物或与微生物相互作用。基于这种识别机制，研究人员通过分子印迹、软光刻和天然受体介导的细菌识别等方法开发了细菌结合剂。尽管这些技术在识别细菌方面显示出优势，但目前还没有通用的方法用来生产可以根据需要适应不同目标细菌的材料。为了适应周围环境，几乎所有类型的微生物都会以胞外聚合物的形式产生高分子量聚合物，这些聚合物占据细菌之间的空间，使它们相互连接并支持细胞间相互作用。因此，如果胞外聚合物基质可以通过细菌代谢途径仿生合成，它可能对特定细菌的识别和杀伤有很好的指导意义。

在这一思路的引领下，刘斌等以特定的目标细菌为模板、以铜催化原子转移自由基聚合为工具，利用丙烯酸衍生物作为单体，合成了对目标细菌具有特异靶向作用的 AIE 光敏剂聚合物，用于在不伤害其他细菌菌株的情况下自我选择性地结合和杀死特定的病原细菌（图 2-33）[85]。他们选取了三种单体有机化合物：①阳离子单体［2-（甲基丙烯酰氧基）乙基］三甲基氯化铵（TMAEMC）；②两性离子单体［2-（甲基丙烯酰氧基）乙基］二甲基-（3-磺丙基）氢氧化铵（DMAPS）；③AIE 光敏剂单体（TMAEMC-TPAPy）。三者均具有很好的水溶解性并且带有正电荷，可以在游离的状态下与细菌发生良好的静电相互作用。以某种目标细菌为模板时，三种单体可以根据细菌表面的微结构和负电荷分布，从而通过静电相互作用在细菌表面形成一层与细菌微结构具有识别作用的单体分子薄膜。然后在铜催化的作用下，将这一层单体以细菌为模板反应形成聚合物，通过离心和解离等步骤，可以得到目标聚合物。由于具有良好的水溶解性和 AIE 组分，该聚合物在水相中没有荧光，在与模板细菌相同的细菌孵化之后，荧光信号显著增强，但是对于模板细菌以外的细菌，没有荧光信号增强的现象。例如，以 *E. coli* 为模板所制备的聚合物只对 *E. coli* 有荧光增强成像的效果，对 *P. aeruginosa* 等其他细菌则没有荧光信号变化；反之，以 *P. aeruginosa* 为模板所制备的聚合物只对 *P. aeruginosa* 有荧光增强成像的效果，对 *E. coli* 等其他细菌则没有荧光信号

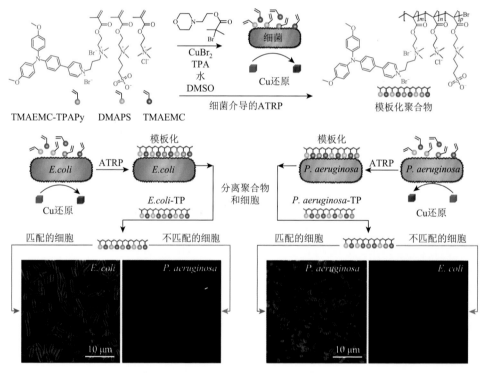

图 2-33　以目标细菌为模板，以丙烯酸衍生物作为单体（包含阳离子单体、两性离子单体、AIE 光敏剂单体），利用不同种类的细菌具有不同的表面微结构，制备对目标细菌具有特异性靶向作用的 AIE 光敏剂聚合物，可以实现对特异性细菌的精准荧光成像和光动力杀伤；此方法可以为任意一种目标细菌定制靶向聚合物，进行选择性识别和杀伤；图中以 *E. coli* 和 *P. aeruginosa* 为例，分别实现了对它们的选择性荧光成像

变化。同理，在光照的条件下，可以对特定的目标细菌进行光动力杀伤。此方法还成功应用于临床细菌肺炎克雷伯菌（*Klebsiella pneumoniae*）不同菌株之间的特异性荧光成像识别和光动力杀伤，具有良好的临床应用前景。

各种不同的细菌与世间万物伴生伴存，不仅对人类的生命健康有深远的影响，也与整个地球的生态环境息息相关。关于细菌的研究任重而道远，每一小步进展都有重大的意义。目前来看，AIE 分子在细菌相关领域的研究应用，主要集中在对不同种类细菌的区分、对革兰氏阳性菌和阴性菌的区分、对活死细菌的区分、对哺乳动物细胞的选择性细菌成像的区别、在荧光成像引导下对细菌的选择性阳离子表面活性剂杀伤和光动力杀伤，对细菌的选择性的机理涉及了静电相互作用、疏水作用、抗生素识别作用及 D-氨基酸的代谢作用。通过这一章的总结可知，AIE 分子对细菌的成像识别和病原菌抑制方面有广阔的应用前景。此方面相关研究工作的迅猛发展离不开大量高性能新型 AIE 材料的设计和制备。但是，目前这些材料面临的同一个问题就是新型 AIE 材料的长期生物相容性难以得到验证、新型 AIE 材料的临床应用价值也还有待进一步挖掘。

（宋雨晨，胡　方*）

参 考 文 献

[1] Loesche W，Lopatin D，Stoll J，et al. Comparison of various detection methods for periodontopathic bacteria: can culture be considered the primary reference standard？. Journal of Clinical Microbiology，1992，30（2）: 418-426.

[2] Wang R F，Cao W W，Cerniglia C E. PCR detection and quantitation of predominant anaerobic bacteria in human and animal fecal samples. Applied and Environmental Microbiology，1996，62（4）: 1242-1247.

[3] Ivnitski D，Abdel-Hamid I，Atanasov P，et al. Application of electrochemical biosensors for detection of food pathogenic bacteria. Electroanalysis: An International Journal Devoted to Fundamental and Practical Aspects of Electroanalysis，2000，12（5）: 317-325.

[4] Delehanty J B，Ligler F S. A microarray immunoassay for simultaneous detection of proteins and bacteria. Analytical Chemistry，2002，74（21）: 5681-5687.

[5] Lazcka O，Del Campo F J，Munoz F X. Pathogen detection: a perspective of traditional methods and biosensors. Biosensors and Bioelectronics，2007，22（7）: 1205-1217.

[6] Wang C，Irudayaraj J. Gold nanorod probes for the detection of multiple pathogens. Small，2008，4（12）: 2204-2208.

[7] Huang P J，Tay L L，Tanha J，et al. Single-domain antibody-conjugated nanoaggregate-embedded beads for targeted detection of pathogenic bacteria. Chemistry: A European Journal，2009，15（37）: 9330-9334.

[8] Li F，Zhao Q，Wang C，et al. Detection of *Escherichia coli* O157: H7 using gold nanoparticle labeling and inductively coupled plasma mass spectrometry. Analytical Chemistry，2010，82（8）: 3399-3403.

[9] Liong M，Fernandez-Suarez M，Issadore D，et al. Specific pathogen detection using bioorthogonal chemistry and

diagnostic magnetic resonance. Bioconjugate Chemistry，2011，22（12）：2390-2394.

[10] Budin G，Chung H J，Lee H，et al. A magnetic Gram stain for bacterial detection. Angewandte Chemie International Edition，2012，51（31）：7752-7755.

[11] Ray P C，Khan S A，Singh A K，et al. Nanomaterials for targeted detection and photothermal killing of bacteria. Chemical Society Reviews，2012，41（8）：3193-3209.

[12] Disney M D，Zheng J，Swager T M，et al. Detection of bacteria with carbohydrate-functionalized fluorescent polymers. Journal of the American Chemical Society，2004，126（41）：13343-13346.

[13] Gao J，Li L，Ho P L，et al. Combining fluorescent probes and biofunctional magnetic nanoparticles for rapid detection of bacteria in human blood. Advanced Materials，2006，18（23）：3145-3148.

[14] Liang J，Tang B Z，Liu B. Specific light-up bioprobes based on AIEgen conjugates. Chemical Society Reviews，2015，44（10）：2798-2811.

[15] Harden V P，Harris J O. The isoelectric point of bacterial cells. Journal of Bacteriology，1953，65（2）：198.

[16] Bayer M E，Sloyer Jr J L. The electrophoretic mobility of Gram-negative and Gram-positive bacteria: an electrokinetic analysis. Microbiology，1990，136（5）：867-874.

[17] Zhu C，Yang Q，Liu L，et al. Rapid，simple，and high-throughput antimicrobial susceptibility testing and antibiotics screening. Angewandte Chemie International Edition，2011，50（41）：9607-9610.

[18] Phillips R L，Miranda O R，You C C，et al. Rapid and efficient identification of bacteria using gold-nanoparticle—poly（para-phenyleneethynylene）constructs. Angewandte Chemie International Edition，2008，47（14）：2590-2594.

[19] Chen W W，Li Q Z，Zheng W S，et al. Identification of bacteria in water by a fluorescent array. Angewandte Chemie International Edition，2014，53（50）：13734-13739.

[20] Liu G J，Tian S N，Li C Y，et al. Aggregation-induced-emission materials with different electric charges as an artificial tongue: design，construction，and assembly with various pathogenic bacteria for effective bacterial imaging and discrimination. ACS Applied Materials & Interfaces，2017，9（34）：28331-28338.

[21] Zhou C C，Xu W H，Zhang P B，et al. Engineering sensor arrays using aggregation-induced emission luminogens for pathogen identification. Advanced Functional Materials，2019，29（4）：1805986.

[22] Shen J L，Hu R，Zhou T T，et al. Fluorescent sensor array for highly efficient microbial lysate identification through competitive interactions. ACS Sensors，2018，3（11）：2218-2222.

[23] Zhao L，Chen Y，Yuan J，et al. Electrospun fibrous mats with conjugated tetraphenylethylene and mannose for sensitive turn-on fluorescent sensing of *Escherichia coli*. ACS Applied Materials & Interfaces，2015，7（9）：5177-5186.

[24] Zhao L，Xie S，Liu Y，et al. Janus micromotors for motion-capture-lighting of bacteria. Nanoscale，2019，11（38）：17831-17840.

[25] Yang X L，Wang N X，Zhang L M，et al. Organic nanostructure-based probes for two-photon imaging of mitochondria and microbes with emission between 430 nm and 640 nm. Nanoscale，2017，9（14）：4770-4776.

[26] Gao M，Hu Q，Feng G，et al. A multifunctional probe with aggregation-induced emission characteristics for selective fluorescence imaging and photodynamic killing of bacteria over mammalian cells. Advanced Healthcare Materials，2015，4（5）：659-663.

[27] Wang Y，Corbitt T S，Jett S D，et al. Direct visualization of bactericidal action of cationic conjugated polyelectrolytes and oligomers. Langmuir，2012，28（1）：65-70.

[28] Jiang M，Gu X，Kwok R T K，et al. Multifunctional AIEgens: ready synthesis，tunable emission，mechanochromism，

mitochondrial，and bacterial imaging. Advanced Functional Materials，2018，28（1）：1704589.

[29] Gao M，Wang L，Chen J，et al. Aggregation-induced emission active probe for light-up detection of anionic surfactants and wash-free bacterial imaging. Chemistry：A European Journal，2016，22（15）：5107-5112.

[30] Kang M，Kwok R T K，Wang J，et al. A multifunctional luminogen with aggregation-induced emission characteristics for selective imaging and photodynamic killing of both cancer cells and Gram-positive bacteria. Journal of Materials Chemistry B，2018，6（23）：3894-3903.

[31] Kang M，Zhou C，Wu S，et al. Evaluation of structure-function relationships of aggregation-induced emission luminogens for simultaneous dual applications of specific discrimination and efficient photodynamic killing of Gram-positive bacteria. Journal of the American Chemical Society，2019，141（42）：16781-16789.

[32] Sayed S M，Xu K F，Jia H R，et al. Naphthalimide-based multifunctional AIEgens：selective，fast，and wash-free fluorescence tracking and identification of Gram-positive bacteria. Analytica Chimica Acta，2021，1146：41-52.

[33] Jiang G，Wang J G，Yang Y，et al. Fluorescent turn-on sensing of bacterial lipopolysaccharide in artificial urine sample with sensitivity down to nanomolar by tetraphenylethylene based aggregation induced emission molecule. Biosensors and Bioelectronics，2016，85：62-67.

[34] Gu Y，Zhao Z，Su H，et al. Exploration of biocompatible AIEgens from natural resources. Chemical Science，2018，9（31）：6497-6502.

[35] Lee M M S，Zheng L，Yu B，et al. A highly efficient and AIE-active theranostic agent from natural herbs. Materials Chemistry Frontiers，2019，3（7）：1454-1461.

[36] Naik V G，Hiremath S D，Das A，et al. Sulfonate-functionalized tetraphenylethylenes for selective detection and wash-free imaging of Gram-positive bacteria（*Staphylococcus aureus*）. Materials Chemistry Frontiers，2018，2（11）：2091-2097.

[37] Gao T，Zeng H L，Xu H，et al. Novel self-assembled organic nanoprobe for molecular imaging and treatment of Gram-positive bacterial infection. Theranostics，2018，8（7）：1911-1922.

[38] Dong Z Z，Cui H R，Wang Y D，et al. Biocompatible AIE material from natural resources：chitosan and its multifunctional applications. Carbohydrate Polymers，2020，227：115338.

[39] Hu R，Zhou F，Zhou T，et al. Specific discrimination of Gram-positive bacteria and direct visualization of its infection towards mammalian cells by a DPAN-based AIEgen. Biomaterials，2018，187：47-54.

[40] Liu Y，Deng C，Tang L，et al. Specific detection of D-glucose by a tetraphenylethene-based fluorescent sensor. Journal of the American Chemical Society，2011，133（4）：660-663.

[41] Kong T T，Zhao Z，Li Y，et al. Detecting live bacteria instantly utilizing AIE strategies. Journal of Materials Chemistry B，2018，6（37）：5986-5991.

[42] Zhao E，Hong Y，Chen S，et al. Highly fluorescent and photostable probe for long-term bacterial viability assay based on aggregation-induced emission. Advanced Healthcare Materials，2014，3（1）：88-96.

[43] Li Y M，Hu X H，Tian S D，et al. Polyion complex micellar nanoparticles for integrated fluorometric detection and bacteria inhibition in aqueous media. Biomaterials，2014，35（5）：1618-1626.

[44] Wang M，Gu X，Zhang G，et al. Convenient and continuous fluorometric assay method for acetylcholinesterase and inhibitor screening based on the aggregation-induced emission. Analytical Chemistry，2009，81（11）：4444-4449.

[45] Glassman H N. Surface active agents and their application in bacteriology. Bacteriological Reviews，1948，12（2）：105.

[46] Li Y M，Yu H S，Qian Y F，et al. Amphiphilic star copolymer-based bimodal fluorogenic/magnetic resonance

probes for concomitant bacteria detection and inhibition. Advanced Materials，2015，26（39）：6734-6741.

[47] Matyjaszewski K. Atom transfer radical polymerization（ATRP）：current status and future perspectives. Macromolecules，2012，45（10）：4015-4039.

[48] Wang M，Zhang G，Zhang D，et al. Fluorescent bio/chemosensors based on silole and tetraphenylethene luminogens with aggregation-induced emission feature. Journal of Materials Chemistry，2010，20（10）：1858-1867.

[49] Bousquet J C，Saini S，Stark D，et al. Gd-DOTA：characterization of a new paramagnetic complex. Radiology，1988，166（3）：693-698.

[50] Ogawa S，Lee T M，Kay A R，et al. Brain magnetic resonance imaging with contrast dependent on blood oxygenation. Proceedings of the National Academy of Sciences，1990，87（24）：9868-9872.

[51] Lu Z R，Wang X H，Parker D L，et al. Poly（L-glutamic acid）Gd（III）-DOTA conjugate with a degradable spacer for magnetic resonance imaging. Bioconjugate Chemistry，2003，14（4）：715-719.

[52] Zhang L J，Jiao L L，Zhong J P，et al. Lighting up the interactions between bacteria and surfactants with aggregation-induced emission characteristics. Materials Chemistry Frontiers，2017，1（9）：1829-1835.

[53] Xing C，Xu Q，Tang H，et al. Conjugated polymer/porphyrin complexes for efficient energy transfer and improving light-activated antibacterial activity. Journal of the American Chemical Society，2009，131（36）：13117-13124.

[54] Bruheim P，Bredholt H，Eimhjellen K. Effects of surfactant mixtures，including corexit 9527，on bacterial oxidation of acetate and alkanes in crude oil. Applied and Environmental Microbiology，1999，65（4）：1658-1661.

[55] Zhou Z，Song J，Nie L，et al. Reactive oxygen species generating systems meeting challenges of photodynamic cancer therapy. Chemical Society Reviews，2016，45（23）：6597-6626.

[56] Wong T W，Liao S Z，Ko W C，et al. Indocyanine green—mediated photodynamic therapy reduces methicillin-resistant staphylococcus aureus drug resistance. Journal of Clinical Medicine，2019，8（3）：411.

[57] Kasha M. Energy transfer mechanisms and the molecular exciton model for molecular aggregates. Radiation Research，1963，20（1）：55-70.

[58] Bonnett R. Photosensitizers of the porphyrin and phthalocyanine series for photodynamic therapy. Chemical Society Reviews，1995，24（1）：19-33.

[59] Martinez D P B A，Mroz P，Thunshelle C，et al. Design features for optimization of tetrapyrrole macrocycles as antimicrobial and anticancer photosensitizers. Chemical Biology & Drug Design，2017，89（2）：192-206.

[60] Hu F，Huang Y，Zhang G，et al. Targeted bioimaging and photodynamic therapy of cancer cells with an activatable red fluorescent bioprobe. Analytical Chemistry，2014，86（15）：7987-7995.

[61] Yuan Y，Feng G，Qin W，et al. Targeted and image-guided photodynamic cancer therapy based on organic nanoparticles with aggregation-induced emission characteristics. Chemical Communications，2014，50（63）：8757-8760.

[62] You X，Ma H L，Wang Y C，et al. Pyridinium-substituted tetraphenylethylene entailing alkyne moiety：enhancement of photosensitizing efficiency and antimicrobial activity. Chemistry：An Asian Journal，2017，12（9）：1013-1019.

[63] Wu W，Mao D，Xu S，et al. High performance photosensitizers with aggregation-induced emission for image-guided photodynamic anticancer therapy. Materials Horizons，2017，4（6）：1110-1114.

[64] Xu S，Yuan Y，Cai X，et al. Tuning the singlet-triplet energy gap：a unique approach to efficient photosensitizers with aggregation-induced emission（AIE）characteristics. Chemical Science，2015，6（10）：5824-5830.

[65] Xu S，Wu W，Cai X，et al. Highly efficient photosensitizers with aggregation-induced emission characteristics obtained through precise molecular design. Chemical Communications，2017，53（62）：8727-8730.

[66]　Wu W，Mao D，Hu F，et al. A highly efficient and photostable photosensitizer with near-infrared aggregation-induced emission for image-guided photodynamic anticancer therapy. Advanced Materials，2017，29（33）：1700548.

[67]　Zhao E，Chen Y，Wang H，et al. Light-enhanced bacterial killing and wash-free imaging based on AIE fluorogen. ACS Applied Materials & Interfaces，2015，7（13）：7180-7188.

[68]　Lee M M S，Xu W，Zheng L，et al. Ultrafast discrimination of Gram-positive bacteria and highly efficient photodynamic antibacterial therapy using near-infrared photosensitizer with aggregation-induced emission characteristics. Biomaterials，2020，230：119582.

[69]　Shi X，Sung S H，Chau J H，et al. Killing G（＋）or G（－）bacteria？The important role of molecular charge in AIE-active photosensitizers. Small Methods，2020，4（7）：2000046.

[70]　Feng G X，Yuun Y Y，Fang H，et al. A light-up probe with aggregation-induced emission characteristics（AIE）for selective imaging，naked-eye detection and photodynamic killing of Gram-positive bacteria. Chemical Communications，2015，51（62）：12490-12493.

[71]　Yang C H，Hu F，Zhang X，et al. Combating bacterial infection by in situ self-assembly of AIEgen-peptide conjugate. Biomaterials，2020，244：119972.

[72]　Yang C，Ren C，Zhou J，et al. Dual fluorescent-and isotopic-labelled self-assembling vancomycin for *in vivo* imaging of bacterial infections. Angewandte Chemie International Edition，2017，56（9）：2356-2360.

[73]　Vocadlo D J，Hang H C，Kim E J，et al. A chemical approach for identifying O-GlcNAc-modified proteins in cells. Proceedings of the National Academy of Sciences，2003，100（16）：9116-9121.

[74]　Xie R，Dong L，Du Y，et al. *In vivo* metabolic labeling of sialoglycans in the mouse brain by using a liposome-assisted bioorthogonal reporter strategy. Proceedings of the National Academy of Sciences，2016，113（19）：5173-5178.

[75]　Shao Z，Liu W，Tao H，et al. Bioorthogonal release of sulfonamides and mutually orthogonal liberation of two drugs. Chemical Communications，2018，54（100）：14089-14092.

[76]　Du L，Qin H，Ma T，et al. *In vivo* imaging-guided photothermal/photoacoustic synergistic therapy with bioorthogonal metabolic glycoengineering-activated tumor targeting nanoparticles. ACS Nano，2017，11（9）：8930-8943.

[77]　Yuan Y，Xu S，Cheng X，et al. Bioorthogonal turn-on probe based on aggregation-induced emission characteristics for cancer cell imaging and ablation. Angewandte Chemie International Edition，2016，55（22）：6457-6461.

[78]　Wang H，Wang R，Cai K，et al. Selective *in vivo* metabolic cell-labeling-mediated cancer targeting. Nature Chemical Biology，2017，13（4）：415.

[79]　Mao D，Hu F，Kenry，et al. Metal-organic-framework-assisted *in vivo* bacterial metabolic labeling and precise antibacterial therapy. Advanced Materials，2018，30（18）：1706831.

[80]　Wu M，Qi G，Liu X，et al. Bio-orthogonal AIEgen for specific discrimination and elimination of bacterial pathogens via metabolic engineering. Chemistry of Materials，2020，32（2）：858-865.

[81]　Kuru E，Hughes H V，Brown P J，et al. *In situ* probing of newly synthesized peptidoglycan in live bacteria with fluorescent D-amino acids. Angewandte Chemie，2012，124（50）：12687-12691.

[82]　Hu F，Qi G，Mao D，et al. Visualization and *in situ* ablation of intracellular bacterial pathogens through metabolic labeling. Angewandte Chemie International Edition，2020，59（24）：9288-9292.

[83]　Mao D，Hu F，Kenry，et al. One-step *in vivo* metabolic labeling as a theranostic approach for overcoming

drug-resistant bacterial infections. Materials Horizons，2020，7（4）：1138-1143.

[84] Liu X G，Wu M，Wang M，et al. Metabolically engineered bacteria as light-controlled living therapeutics for anti-angiogenesis tumor therapy. Materials Horizons，2021，8（5）：1454-1460.

[85] Qi G B，Hu F，Kenry，et al. Bacterium-templated polymer for self-selective ablation of multidrug-resistant bacteria. Advanced Functional Materials，2020，30（31）：2001338.

>>

细胞成像

3.1 ▶ 引言

　　细胞是除病毒外所有生物最基本的结构和功能单元。生命体内各项正常的生理活动离不开各类细胞的正常运转，而每个细胞的正常运转又紧紧依靠细胞内部各个细胞器的独立分工与相互合作。众所周知，动物细胞由细胞膜和细胞质构成，细胞质中又包含细胞质基质和细胞器，细胞器包括线粒体、脂滴、溶酶体、内质网、细胞核等。每种细胞器具有自己独特的结构特征和生理功能，在细胞活动中各类细胞器之间有着紧密的功能联系。每种细胞器正常地运转和发挥功能对于维持细胞以及生命体的正常生理活动都具有重要的意义。细胞器的功能失常会导致细胞内异常的生理活动，严重的会导致生命体内部失去稳态，引发疾病，甚至死亡。因此，实时监测细胞器的形态结构变化对于疾病早期诊断和治疗具有重要的意义。目前，科学研究者已经报道了大量的荧光材料用于细胞器成像和监控，如荧光蛋白[1]、有机合成染料[2]、无机量子点[3]、有机纳米粒子[4]等。但是这些传统的染料都存在各自的缺点，如光稳定性差、细胞毒性高、信噪比低等。

　　具有 AIE 性能的荧光分子探针不仅克服了聚集诱导猝灭的缺点，在聚集状态下具有较强的荧光发射性能，而且具有优异的光稳定性、良好的生物相容性及高信噪比等优点。因而 AIE 材料在细胞器成像过程中具有很广阔的应用与发展的潜力。近几年许多化学、材料、生物医学各领域的研究都集中于用 AIE 分子探针进行生物成像。本章将对一些典型的用于靶向线粒体、溶酶体、脂滴、细胞核、细胞膜等 AIE 荧光分子探针进行阐述和总结。

3.2 ▶ 用于亚细胞结构成像的 AIE 材料

　　亚细胞结构如上面提到的溶酶体、脂滴、细胞核、细胞膜等是组织层次低于细胞水平的结构，它们各司其职，与细胞的各种生理功能及运作密切相关，利用 AIE 材料可以很高效、方便地对亚细胞结构进行成像，实现细胞器的形态及活动的可视化，进而能够实时、准确地分析细胞内部各亚细胞器功能和结构的变化。

3.2.1　线粒体

线粒体是由线粒体外膜、线粒体膜间隙、线粒体内膜及线粒体基质构成的亚细胞器。线粒体是细胞内部的"动力车间"，也是有氧呼吸的主要场所，在生物代谢和细胞凋亡过程中都起着至关重要的作用，是糖类、脂肪等物质的最终氧化释放能量的场所，所释放的能量用于维持细胞的正常生理活动。因此，线粒体也具有细胞的"能量工厂"之称。除了为细胞供能外，线粒体还参与诸如细胞分化、细胞信息传递和细胞凋亡等过程[5]，拥有调控细胞生长和细胞周期的能力。线粒体形态的异常往往会引起细胞生理状况的异常，进而影响到细胞的健康状况。因此，通过监测线粒体的形态变化可以了解其健康情况，为细胞的生理状态判断提供线索和依据。

通常用于靶向线粒体成像的 AIE 荧光分子探针主要是由两部分构成，一部分是具有 AIE 性能的荧光分子，另一部分一般是连接在发光核心分子上用于靶向线粒体的单元。线粒体在内膜两侧具有外正内负的电位差，所以靶向线粒体的结构单元一般是带有正电荷的基团。唐本忠院士课题组以传统的 AIE 分子四苯基乙烯（TPE）为核引入两个三苯基膦基团得到靶向线粒体的荧光分子探针[6]TPE-TPP [图 3-1（a）]，带正电荷的 TPE-TPP 在 330～385 nm 紫外光的照射下，会对线粒体进行特异性成像 [图 3-1（b）]。用 TPE-TPP 与常用的线粒体染色剂 MitoTracker Red FM（MT）共染色之后发现 [图 3-1（c）]，两者成像具有较高重合度，该荧光分子探针和 MT 的皮尔逊相关系数可以达到 0.96（重合度的大小一般用皮尔逊相关系数来表示），说明 TPE-TPP 对线粒体具有优异的特异性。此外，TPE-TPP 具有良好的光稳定性。研究显示在用激光共聚焦显微镜扫描 50 次后，其信号损失小于 10%，远远低于 MT。羰基氰化物间氯苯腙（CCCP）是一种氧化磷酸化抑制剂，可以降低线粒体跨膜电位，影响线粒体内部腺苷三磷酸（ATP）正常合成。研究人员对用 CCCP 处理后的细胞进行成像，发现 TPE-TPP 仍然能够靶向到线粒体，能够将 CCCP 处理后的细胞中线粒体的形态变化通过荧光信号明显地呈现出来 [图 3-1（d）和（e）]。所以 TPE-TPP 不仅能够靶向线粒体，而且还具有良好的光稳定性、对微环境变化的耐受性等优点，因而在线粒体示踪方面具有很大的应用潜力。

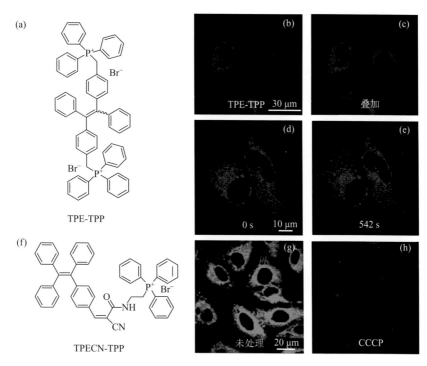

图 3-1　（a）TPE-TPP 的分子结构；（b）经 TPE-TPP 染色的 HeLa 细胞的荧光图像；（c）TPE-TPP 和 MT 的共染色复合图像；（d）、（e）TPE-TPP 染色 HeLa 细胞经过 CCCP 处理后 0 s 和 542 s 时荧光图像；（f）TPECN-TPP 的分子结构；（g）经 TPECN-TPP 染色的 HeLa 细胞的荧光图像；（h）CCCP 处理 HeLa 细胞后，TPECN-TPP 染色的 HeLa 细胞的荧光图像

　　从上述的例子中可以看到，TPE-TPP 对线粒体膜电位的变化没有荧光响应变化，因此不能实现监测线粒体膜电位的动态变化，也就难以通过监测线粒体膜电位指标的变化，判断线粒体生理状况的变化。Yoon 等[7]猜测上述 TPE-TPP 结构的两个带正电荷的三苯基膦基团存在比较强静电相互排斥作用是 TPE-TPP 没有随着电位变化而荧光响应变化的原因。在 TPE-TPP 分子的基础上，该研究小组只留下一个 TPP 基团得到新型的 AIE 荧光探针 TPECN-TPP［图 3-1（f）］，其中三苯基膦通过双键和 TPE 连接，共轭程度增加，相比 TPE-TPP 发射（466 nm），TPECN-TPP 具有更长的发射波长（530 nm），能够避免细胞自发荧光的干扰，并且该探针的荧光强度能够随着线粒体膜电位的变化而变化［图 3-1（g）和（h）］，荧光探针 TPECN-TPP 染色的 HeLa 细胞经线粒体膜电位剂 CCCP 处理后，出现了明显的荧光减弱。相反，其他两种线粒体染色剂 Rhodamine 123 和 MitoTracker Deep Red 没有显现出明显的变化，证明了 TPECN-TPP 对线粒体膜电位变化指示的作用。

在众多靶向线粒体荧光分子探针研究工作中，除带正电荷的磷盐基团外，吡啶阳离子也经常作为靶向单元与 AIE 分子骨架偶联，得到能够靶向线粒体成像的荧光分子探针。如以 TPE 为基础，引入带正电荷的吡啶盐，唐本忠院士团队得到分子探针 TPE-Py[8] [图 3-2（a）]。研究结果表明，TPE-Py 具有优异的光稳定性、良好的抗光漂白能力。在线粒体负膜电位的吸引下，TPE-Py 能够选择性地对线粒体进行染色 [图 3-2（b）]。

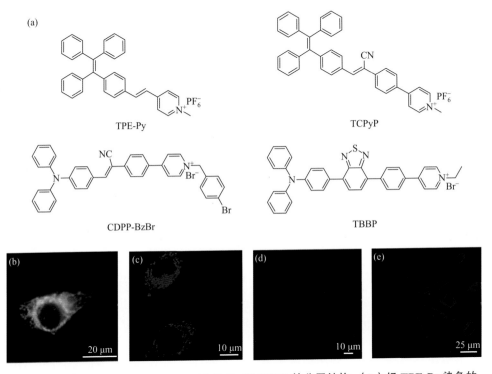

图 3-2 （a）TPE-Py、TCPyP、CDPP-BzBr 和 TBBP 的分子结构；（b）经 TPE-Py 染色的 HeLa 细胞的荧光图像；（c）经 TCPyP 染色的 A549 癌症细胞的荧光图像；（d）经 CDPP-BzBr 染色的 HeLa 细胞的荧光图像；（e）经 TBBP 染色的 HeLa 细胞的双光子荧光图像

双光子成像利用长波长激发，组织穿透性强，并且可以克服一般荧光成像的荧光漂白和光毒性的问题，降低样本中自发荧光的干扰。为了实现双光子靶向线粒体成像，研究人员通过调整分子探针的结构得到一系列双光子成像的探针。池振国、许炳佳、陈凌和石光等[9]将吡啶阳离子引入到 TPE 分子结构上得到离子型 AIE 荧光分子 TCPyP [图 3-2（a）]，该分子探针能够选择性地对线粒体进行成像 [图 3-2（c）]。此外，研究人员用该分子探针对 A549 癌症细胞进行染色，可以利用 800 nm 激光进行双光子成像。与 MitoTracker Green（MTG）一起对细胞进行

共染表明，TCPyP 与 MTG 的荧光信号具有很好的重叠度，证明了 TCPyP 对线粒体良好的特异性。TCPyP 的双光子吸收截面较小，能成功进行双光子成像可能是由于高的荧光量子产率。具有大的双光子吸收截面的荧光分子探针也被研究开发出来。唐本忠等[10]基于 D-π-A 的结构，设计得到 CDPP 分子骨架，其中三苯胺基团作为电子供体（D），吡啶阳离子作为电子受体（A）。CDPP 中吡啶结构可以连接不同的基团得到不同的 AIE 分子。研究人员通过引入 4-溴苄基，借助吡啶阳离子的正电荷可以得到能够对线粒体特异性成像的荧光分子 CDPP-BzBr [图 3-2（a）和（d）]。CDPP-BzBr 除了能够在单光子激发成像以外，还能够进行双光子激发成像，其双光子吸收截面值达到 71 GM，可以作为良好的双光子成像探针。

光动力治疗是利用光激活光敏剂，活化产生活性氧（ROS）物质，杀死肿瘤细胞，是一种常用的治疗癌症的方法。大多数光敏剂不具有靶向性，其组织穿透性也通常较低。为了解决该问题，王云兵、蒋青和李高参等将组织穿透性强的双光子成像与靶向线粒体光动力治疗结合起来，并基于 D-π-A 结构设计得到光敏剂分子 TBBP[11] [图 3-2（a）]。TBBP 与 CDPP-BzBr 具有相同的电子供受体，但是三苯胺和吡啶利用不同的 π-单元（苯基和苯并噻二唑基团）连接构成了 D-π-A 结构。TBBP 具有高达 198 GM 的双光子吸收截面，并凭借亲脂性和正电荷靶向线粒体，对 HeLa 细胞线粒体进行双光子荧光成像 [图 3-2（e）]。此外，研究者还成功实现了在双光子荧光成像下的靶向线粒体的 PDT 治疗的过程。该探针对开发靶向线粒体成像和治疗的 AIE 荧光探针具有重要的指导意义。

癌细胞比正常细胞的线粒体具有更负的膜电位，利用两者之间膜电位的区别，可以制备对膜电位敏感的荧光探针区分正常细胞和癌细胞。唐本忠等在 TPE 分子上引入带正电荷的异喹啉基得到 TPE-IQ-2O[12] [图 3-3（a）]，该分子探针显示出对线粒体跨膜电位的敏感性，可以选择性地对癌细胞染色。用该分子探针处理宫颈癌细胞（HeLa）和正常细胞（MDCK-Ⅱ），并对细胞进行成像，结果表明 HeLa 细胞具有明亮的荧光而 MDCK-Ⅱ 细胞的荧光强度很弱，因而利用细胞所发出荧光的强弱就能够区分正常细胞和癌细胞 [图 3-3（b）]。但是 TPE-IQ-2O 荧光分子探针激发和发射波长很短，不利于在生物体的诊断和治疗，因而设计具有长波长吸收和发射的荧光分子探针，具有双光子吸收的分子探针，以及能够在近红外区成像（NIR-Ⅰ/NIR-Ⅱ）的分子探针等具有很重要的应用前景。基于此，赵娜研究课题组[13]设计得到具有 D-π-A 的结构，发射波长红移至近红外区的 AIE 荧光探针 TPE-DQN [图 3-3（a）]。由于 TPE-DQN 异喹啉基上的正电荷，它能够选择性地对癌细胞线粒体成像，其与 MitoTracker Green 的共定位系数高达 0.94 [图 3-3（c）]，线粒体呈现出红色荧光。但是在相同染色条件下，正常细胞（CHO 细胞）中几乎检测不到 AIE 分子的荧光。TPE-DQN 可以敏化产生活性氧进而实现靶向线粒体的光动力治疗，选择性地杀死癌细胞。此外，除了将该类型的荧光分子用于鉴别正常细胞和癌细胞外，研究人员对其他种类细胞的区分也进行了研究。唐本忠等制备了能够实现红光发射的、对线粒体膜电位变化响应的探针 TPE-Ph-In[14] [图 3-3（a）]，该分子探针能够选择性对线粒体成像，并赋予线粒体红色荧光 [图 3-3（d）]。研究人员将 TPE-Ph-In 分子探针应用于鉴别精子活力。有活力的小鼠精子细胞具有较大的线粒体跨膜电位，在激发光的照射下，会表现出更加明亮的红色荧光；活力低的小鼠精子细胞则由于线粒体跨膜电位低而发射微弱的荧光。此外，对线粒体膜电位变化具有响应性的 AIE 荧光分子探针的设计和研发也有助于推动癌症的高效诊断与治疗。

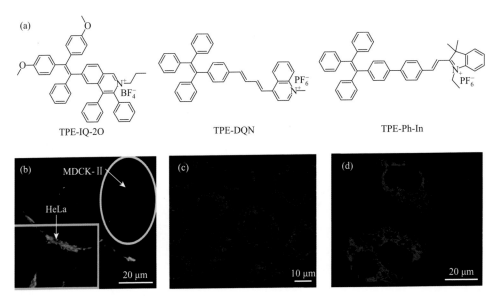

图 3-3 （a）TPE-IQ-2O、TPE-DQN 和 TPE-Ph-In 的分子结构；（b）经 TPE-IQ-2O 染色的 HeLa 细胞和正常细胞 MDCK-Ⅱ 的荧光图像；（c）经 TPE-DQN 染色的 HeLa 细胞的荧光图像；（d）经 TPE-Ph-In 染色的 HeLa 细胞的激光共聚焦显微镜图像

除线粒体之外，细胞中还存在着许多种其他的细胞结构。在细胞的生理过程中，多个细胞器都会变化，同时可视化细胞中的多个细胞器的形态与变化对研究细胞活动具有重要的意义。为了同时可视化细胞膜和线粒体，童爱军和帅志刚等设计并合成了探针 TPNPDA-C12[15] [图 3-4（a）]。该分子不仅利用结构中的正电荷靶向染色细胞内的线粒体，而且能够凭借其两亲性分子特征与细胞膜相互作用，并使细胞膜染色。TPNPDA-C12 同时具有 AIE 性能和扭曲分子内电荷转移（TICT）机制，在不同的微环境下双色模式成像。研究人员采用商业细胞膜染色剂 DiO、

线粒体染色剂 MTDR 和 TPNPDA-C12 对细胞进行处理［图 3-4（b）］，红色荧光和 DiO 染色有较好的重叠，黄色荧光和 MTDR 有较好的吻合，说明 TPNPDA-C12 能够在线粒体呈现出黄色荧光，而 TPNPDA-C12 在细胞膜上呈红色荧光，实现同时选择性地对细胞膜和线粒体进行成像。研究人员通过改变烷基链的长度，证明了烷基链长度决定了它们在亚细胞器中的分布。由于 TPNPDA-C12 具有良好的光稳定性、生物相容性、低细胞毒性、双色荧光成像的功能，以及对细胞膜和线粒体同时选择性成像等优点，所以它在研究细胞生物学和相关疾病机制方面有很好的应用前景。

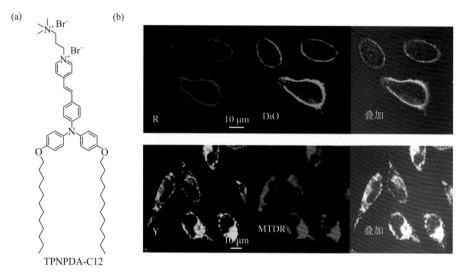

图 3-4　（a）TPNPDA-C12 的分子结构；（b）TPNPDA-C12 分别与 DiO（上）、MTDR（下）
　　　　处理 HeLa 细胞后的共聚焦荧光图像及其信号重叠图像

3.2.2　溶酶体

溶酶体也是动物细胞中重要的细胞器，其在细胞废物回收、自噬、质膜修复、分泌和药物代谢中起重要作用，是细胞的最终降解站点。在溶酶体内部含有可以裂解大分子化合物的酸性水解酶，利用这些水解酶的水解作用，溶酶体能够从凋亡或者功能失调的细胞器成分中回收营养以及消化变性蛋白质或者其他的外来物质。其功能障碍与许多疾病密切相关，包括炎症、癌症、神经退行性疾病等。因此，荧光可视化追踪溶酶体的状态对于监控细胞内部溶酶体的状态是否正常和及时诊断和治疗相关疾病具有重要的意义。

溶酶体内的环境呈酸性，所以用于成像溶酶体的 AIE 分子主要是借助于引入碱性基团来实现靶向性。吗啉是常用碱性靶向基团，刘又年和邓留等通过将吗啡啉分子连接到 TPE 上，开发了一种溶酶体靶向性可视化的 AIE 型荧光分子 TPE-MPL[16][图 3-5（a）]。在弱碱性吗啡啉基的作用下，TPE-MPL 选择性在细胞的溶酶体中积累。研究人员将 TPE-MPL 与商品化溶酶体探针 LTR 进行共染实验，并对该分子探针的溶酶体特异性进行评估。结果显示两者的荧光信号重叠度很高 [图 3-5（b）]，表明 TPE-MPL 具有明显的溶酶体靶向性，并且具有较高的光稳定性和更好的 pH 耐受性。利用这种溶酶体探针有望实现对溶酶体活性的准确监测。此外也有基于二氨基马来腈席夫碱结构的溶酶体探针的研究报道[17]。研究者将烷基化的吗啡啉引入到探针结构中，得到了靶向溶酶体的分子探针 Lyso-BAM [图 3-5（a）]。Lyso-BAM 能够选择性地对溶酶体染色，并且可以将所有细胞均匀染色。研究人员探究了 Lyso-BAM 的细胞成像功能，发现 Lyso-BAM 具有极好的细胞通透性，可在 40 min 内进入细胞。利用能够稳定表达 mApple 融合的溶酶体相关膜蛋白 1（LAMP1）A549-Lysosome20-mApple 细胞系，研究人员确定了 Lyso-BAM 的溶酶体靶向性。用 Lyso-BAM（25 μmol/L）对稳定表达 LAMP1-mApple 的 A549 细胞染色，并用激光共聚焦显微成像 [图 3-5（c）] 发现 Lyso-BAM 通道在 488 nm 激光激发下（绿色）和 LAMP1-mApple 通道在 561 nm 激光激发下（红色）荧光成像能够很好地成像重合，即证明 Lyso-BAM 能够很好地靶向溶酶体，并对其进行染色。

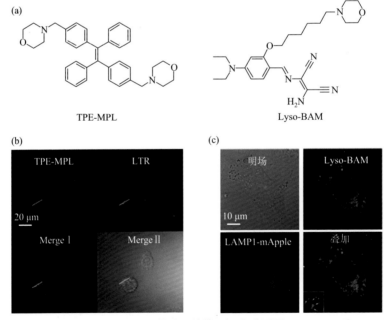

图 3-5 （a）TPE-MPL 和 Lyso-BAM 的分子结构；（b）分别用 TPE-MPL 和 LTR 处理 L929 细胞的荧光图像、两者的信号叠加的图像（Merge Ⅰ），以及明场中的信号叠加图像（Merge Ⅱ）；（c）明场图像、Lyso-BAM 处理 A549 细胞的荧光图像、LAMP1-mApple 通道荧光图像及三者的信号叠加图像

第二种靶向溶酶体的常用的碱性基团是哌嗪基，唐本忠、王文雄等[18]设计了一种基于 α-氰基二苯乙烯结构的 AIE 分子，并在其上连接哌嗪基得到分子探针 CSMPP ［图 3-6（a）］。利用 LysoTracker Red（LTR）和 CSMPP 对 HeLa 细胞进行共染色发现 CSMPP 荧光通道与 LTR 荧光通道图像荧光信号重叠的皮尔逊系数为 0.92 ［图 3-6（b）］。另外，CSMPP 具有 pH 响应的特点，且随着 pH 的变化荧光强度会发生变化，可以利用 CSMPP 探针的荧光及其强度的变化来监测细胞内溶酶体的 pH 的变化，进而诊断细胞的生理活动情况。

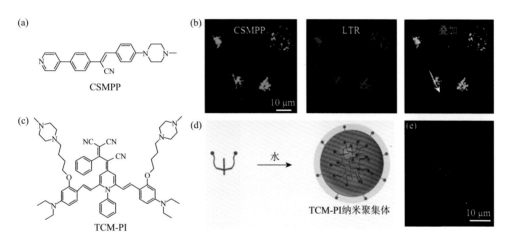

图 3-6 （a）CSMPP 的分子结构；（b）CSMPP、LTR 分别染色的 HeLa 细胞的共聚焦图像及其信号重叠图像；（c）TCM-PI 的分子结构；（d）TCM-PI 的纳米粒子构建机理；（e）TCM-PI 染色 HeLa 细胞的激光共聚焦荧光图像

对溶酶体进行高保真成像和长期可视化对评估溶酶体功能是否正常、与其相关的生理疾病过程检测等具有很重要的意义。朱为宏和王琪等在之前研究的三氰基亚甲基吡啶（TCM）基础上，引入哌嗪基团构建了一个新颖的具有 AIE 性能的 TCM-PI 纳米追踪器[19]［图 3-6（c）］，TCM-PI 含有亲水的哌嗪基团和疏水荧光团，可以在水溶液中形成纳米聚集体 ［图 3-6（d）］。自组装的纳米聚集体有助于细胞的快速内吞，增强靶向能力，稳定性提高，有利于溶酶体进行直接长期的可视化。稳定的 TCM-PI 纳米聚合体斯托克斯位移达到 162 nm，发射波长可以达到 677 nm，大大降低生物荧光背景干扰。与 LTR 相比，该 AIE 追踪器具有很高的光稳定性，不易从溶酶体中扩散出去，不仅能够实现特异性靶向 ［图 3-6（e）］，而且能够实现对溶酶体动态变化的三维高保真度的示踪。该分子探针的研发为设计高效的溶酶体荧光探针提供了一种新的思路和策略。

与小分子荧光探针相比，聚合物荧光探针具有较高的灵敏度和光稳定性。为了得到高的稳定性和灵敏性的成像溶酶体的分子探针，赵祖金和周箭等合成了两种包含 TPE 的中性共轭聚合物（NCP）：PTPE 和 PTPEB。两种物质分别与过量的吡啶反应形成共轭聚电解质（CPE），分别得到 PTPE-Pyr、PTPEB-Pyr［图 3-7（a）和（c）］[20]。四种聚合物荧光探针都具有 AIE 性质，而共轭聚电解质结合吡啶阳离子之后对溶酶体具有靶向性。之前提到的吡啶阳离子通常用于设计线粒体靶向的官能团，但是在该研究中吡啶诱导的 CPEs 链上的正电荷密度的改变可能影响了其亲脂性，分子的电泳力降低，从而导致产物具有溶酶体靶向能力。当吡啶基团附着在 PTPE 或 PTPEB 的侧链上时，共轭聚电解质具有不同的功能，因而能够对溶酶体选择性监测和成像。两种 CPE 与溶酶体靶向剂（Lyso Tracker Red）对 HeLa 细胞染色时，其荧光信号有良好的重叠效果，表明 PTPE-Pyr 和 PTPEB-Pyr 都是特异性的靶向溶酶体的探针［图 3-7（b）和（d）］。该类聚电解质类型的分子探针的获得将会推动未来开发性能更加优良的聚合物荧光探针。

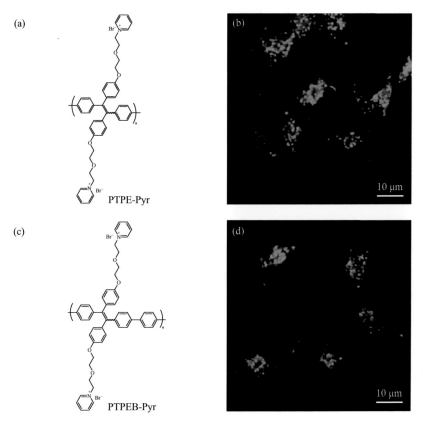

图 3-7　（a）PTPE-Pyr 的分子结构；（b）PTPE-Pyr 处理 HeLa 细胞后的激光共聚焦荧光显微镜图像；（c）PTPEB-Pyr 的分子结构；（d）PTPEB-Pyr 处理 HeLa 细胞后的激光共聚焦荧光显微镜图像

3.2.3　脂滴

　　脂滴（lipid droplets，LDs）是由磷脂单分子层及中性脂组成的疏水核心构成，表面分布着许多蛋白质。它是中性类脂的储存库，是细胞能量储存和供给的场所，在很长一段时间内被视为"惰性"的细胞内含物，但是越来越多的研究表明，脂滴并不是细胞内一个简单的能量储存器，而是一个具有复杂动态变化的多功能细胞器。此外，脂滴还与脂类代谢、蛋白质降解、膜转运、信号传导等各生命过程密切相关。研究还表明，脂滴与多种代谢性疾病，如肥胖、脂肪肝、糖尿病等都有密切的关联。因此，监测了解脂滴的积累和异常水平相关信息对于生物医学研究和疾病的早期诊断具有很重要的价值和意义。

　　为了选择性地对脂滴成像和示踪，唐本忠等开发出具有脂滴特异性的 AIE 分子探针 TPE-AmAl[21]［图 3-8（a）］。该分子探针为亲脂性，能够通过和脂滴发生疏水相互作用而结合到脂滴。研究人员利用 TPE-AmAl 处理 HeLa 细胞后进行荧光成像，可以观察到来自脂滴的明亮的蓝色荧光［图 3-8（b）～（d）］。除此之外，它还可以特异性地对肝脏细胞和绿藻中的脂滴进行荧光成像。改变分子探针的取代基团，可以实现对发光调控。唐本忠等在 TPE-AmAl 基础之上，将醛基换成丙二腈基，设计合成了近红外发光的脂滴特异性探针 TPE-AC[22]［图 3-8（e）］。利

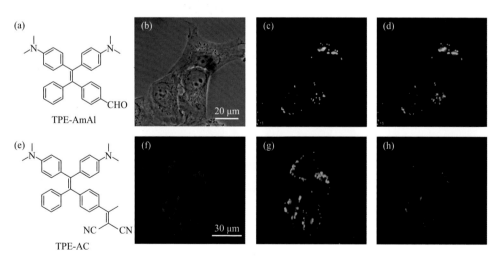

图 3-8　（a）TPE-AmAl 的分子结构；（b）TPE-AmAl 染色的 HeLa 细胞的明场图像；（c）TPE-AmAl 染色的 HeLa 细胞荧光图像；（d）（b）和（c）的荧光信号叠加图像；（e）TPE-AC 的分子结构；（f）TPE-AC 染色 HeLa 细胞荧光图像；（g）BODIPY 493/503 染色的 HeLa 细胞的激光共聚焦荧光图像；（h）（f）和（g）的荧光信号叠加图像

用二甲胺作为电子供体（D）和丙二腈作为电子受体（A）修饰四苯乙烯（TPE）核，得到 TPE-AC。由于 TPE-AC 具有较强的 D-A 作用，TPE-AC 吸收和发射的波长比 TPE-AmAl 长，其荧光发射在近红外波长范围。用油酸处理 HeLa 细胞，以诱导细胞中产生大量中性脂质，然后用 TPE-AC 和 BODIPY 493/503 对油酸处理后的 HeLa 细胞进行共染色处理，表明 TPE-AC 能够特异性靶向 LDs［图 3-8（f）～（h）］。

近红外或者红外区的荧光成像具有背景荧光弱、组织穿透性强等优点，适合体内生物成像。大量的研究开发出优异的具有长波长荧光发射的脂滴靶向性的荧光探针。张瑞龙和胡张军等报道了一种具有 AIE 性能的荧光分子探针 TPA-LD，该探针结构由三苯胺作为供体单元、剩余部分为受体单元[23]构成 D-A 结构［图 3-9（a）］。在分子结构上，由于 TPA-LD 分子骨架中具有 D-A 结构和能够转动的单键，TPA-LD 表现出 TICT 特征，所以 TPA-LD 实现了从非极性的正己烷溶剂中的黄色荧光发射（564 nm）到极性的乙腈溶液中的红色荧光发射（689 nm）的调控。并且该探针具有超高的信噪比、大的斯托克斯位移、优异的光稳定性。因为 TPA-LD 的疏水性，可以凭借强的疏水相互作用，选择性地聚集在脂滴中，并对其进行荧光成像［图 3-9（b）～（d）］。TPA-LD 也实时示踪脂滴参与的相关活动的过程，如融合、迁移、脂噬等。

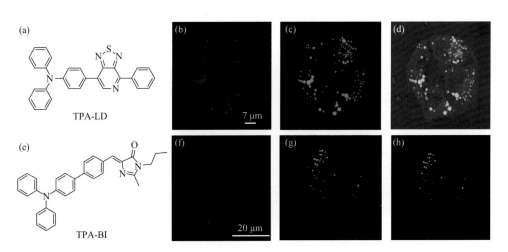

图 3-9　（a）TPA-LD 的分子结构；（b）TPA-LD 染色的 HepG2 细胞的荧光图像；（c）HCS LipidTOX Deep Red 染色的 HepG2 细胞的荧光图像；（d）（b）和（c）的荧光信号叠加的图像；（e）TPA-BI 的分子结构；（f）TPA-BI 染色的 HeLa 细胞的荧光图像；（g）BODIPY 染色的 HeLa 细胞的荧光图像；（h）（f）和（g）的荧光信号叠加的图像

另外也有研究开发了具有脂滴靶向性的双光子探针。唐本忠等以三苯胺为核，设计合成了具有 D-π-A 结构的 AIE 分子探针［图 3-9（e）］。TPA-BI 是由三苯胺和咪唑酮连接得到[24]。TPA-BI 与 TPA-LD 类似，其三苯胺基团作为电子供体，咪唑酮作为电子受体，表现出 TICT 效应。TPA-BI 分子探针的斯托克斯位移达到 202 nm，双光子吸收截面为 213 GM，所以表现出优异的双光子成像能力 [图 3-9 (f) ~ (h)]。TPA-BI 为脂滴双光子成像、追踪分析等提供新的成像策略。

为了实现对复杂的多细胞生理环境中特定细胞内的脂滴较高的时空分辨成像，唐本忠等基于 2-氮杂芴酮结构，引入不同的胺类官能团，包括吗啡啉、二乙胺和氨基。他们发现 2-氢-2-氮杂芴酮在光照下发生光氧化脱氢得到 2-氮杂芴酮 [图 3-10 (a)][25]，光氧化脱氢得到的产物具有 AIE 效应并能够以光活化的形式对脂滴成像。由于在肺癌细胞中脂滴的数量多于正常细胞，所以可以利用三种荧光分子探针区分正常细胞和癌细胞。更重要的是，这种光活化的脂滴特异性探针可以实现利用光照选择性对部分脂滴成像 [图 3-10 (b)]，在 405 nm 光的照射下可以通过光活化的方式对脂滴进行荧光成像。该探针的开发为更加精准地研究脂滴在复杂的生理环境中的动态变化提供了有力的工具。

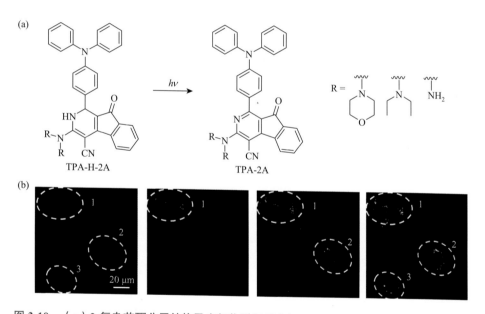

图 3-10 （a）2-氮杂芴酮分子结构及光氧化脱氢反应机理；（b）HCC827 细胞的明场图片及引入吗啡啉基团的 2-氮杂芴酮顺序光激活 HCC827 细胞的荧光图像

区别于一般的 AIE 荧光分子探针发光的 RIM 机理，唐本忠、张译月和王志明等基于水杨醛吖嗪的结构得到一种具有激发态分子内质子转移（ESIPT）性质的新分子 KSA，通过采用不同的取代基得到了 DPAS 和 FAS 一系列衍生物。这些衍生物具有制备简单、结构可调的特点[26] [图 3-11 (a)]，这六种衍生物表现出从青色到红色的荧光及大的斯托克斯位移等优异的性质。这些性质有利于高对比度和清晰度的成像，避免生物自发荧光的干扰。另外，该系列分子探针在不同的溶剂下，或者不同的 pH 下具有很好的光稳定性。将两组衍生物和 BODIPY、Nile Red 做共染色实验，发现其皮尔逊相关系数都在 90% 以上［图 3-11（b）］，说明两个系列的 AIE 分子具有对脂滴的特异性成像的功能，为脂滴荧光成像分子探针的开发提供了新的设计策略和平台。

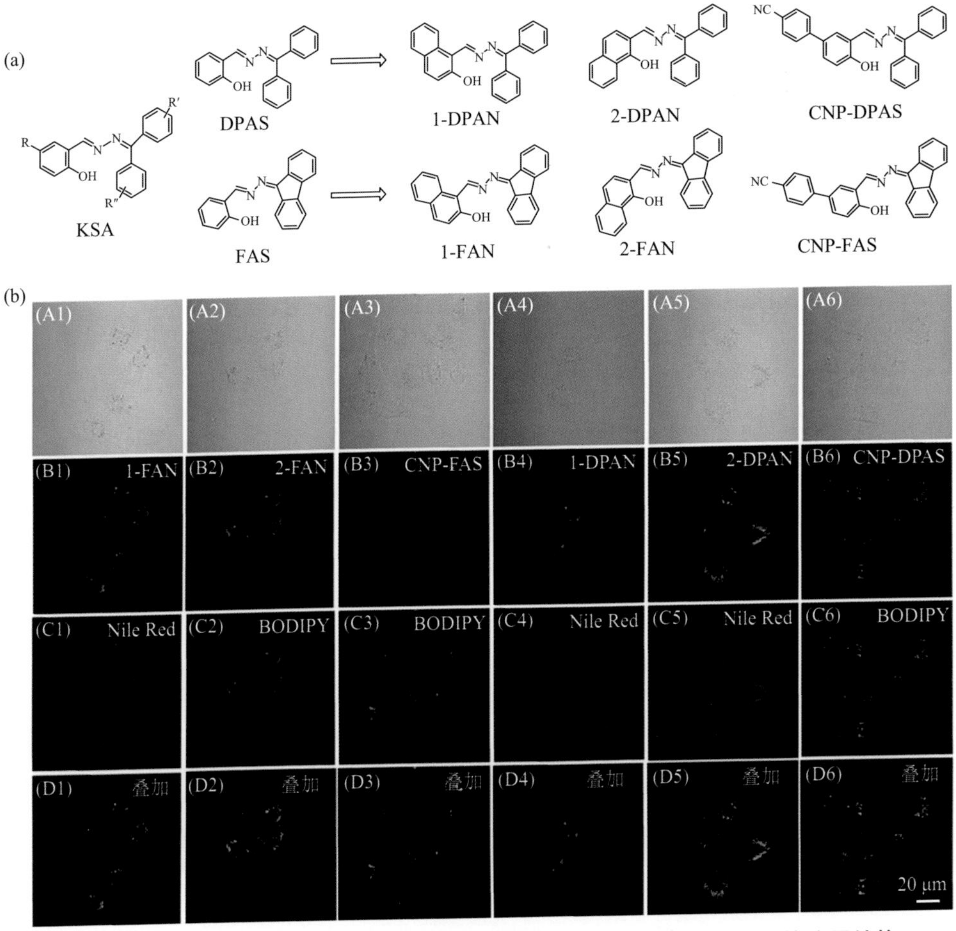

图 3-11　（a）AIE 构筑基元 KSA 分子结构以及 DPAS、FAS 及其衍生物的分子结构；（b）（A1）～（A6）HeLa 细胞明场图像；（B1）～（B6）、（C1）～（C6）激光共聚焦显微镜图像和（D1）～（D6）荧光信号叠加图像；1-FAN（B1）和 2-FAN（B2），CNP-FAS（B3），Nile Red［（C1）、（C4）、（C5）］，1-DPAN（B4）共染色 30 min；2-DPAN（B5），CNP-DPAS（B6），1 μg/mL BODIPY［（C2）、（C3）、（C6）］共染色 30 min 后的荧光图像

上述得到的靶向脂滴荧光分子探针都是基于人工合成，利用天然产物开发荧

光探针也有报道研究，但是基于天然产物设计和合成颜色方便可调的 AIE 分子目前仍存在着较大的挑战。余孝其和李坤等报道了一类基于嘌呤核合成的发射颜色可调的新型 AIE 分子[27]。研究者以嘌呤作为核心，选择吲哚作为电子给体，并引入不同的电子受体来调节荧光发射合成了具有 D-A 结构的新化合物，包括 AIP、AIP-CF、AIP-CN、AIP-CHO 和 AIP-CN2 五种可以实现从蓝色到绿色荧光发射的化合物 [图 3-12（a）]。为了增加分子探针对脂滴的亲和性及靶向能力，研究者将正丙基引入到分子结构中，得到亲脂性良好的分子探针。用 BODIPY 493/503 和荧光分子探针对 HeLa 细胞进行共染色 [图 3-12（b）]，AIP、AIP-CF、AIP-CN、AIP-CHO、AIP-CN2 的荧光信号与 BODIPY 493/503 荧光信号有很好的重叠性，其皮尔逊相关系数（Pr）在 0.82～0.95 范围内，表明对于脂滴具有较高的选择性成像能力。这个工作实现了基于天然产物衍生的靶向性荧光探针分子，为设计新颖的 AIE 荧光成像探针提供了一种新的思路。

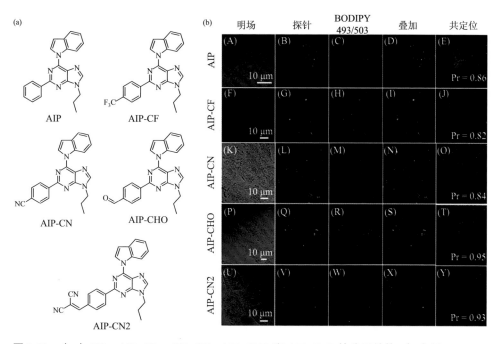

图 3-12　（a）AIP、AIP-CF、AIP-CN、AIP-CHO 和 AIP-CN2 的分子结构；（b）用 BODIPY 493/503 分别和 AIP［（A）～（E）］，AIP-CF［（F）～（J）］，AIP-CN［（K）～（O）］，AIP-CHO ［（P）～（T）］，AIP-CN2［（U）～（Y）］对 HeLa 细胞共染色的荧光图像

3.2.4　细胞核

细胞核是细胞中最重要的细胞结构，也是真核细胞区别于原核细胞最明显的

标志之一，其主要是由核仁、染色质、核膜、核基质构成。在真核细胞中遗传物质主要存在于细胞核中。细胞核决定了细胞中的物质结构及性质等，具有很重要的功能，是真核生物细胞的遗传和代谢的指挥中心，如复制和转录遗传信息，并通过调节基因表达来控制细胞的生长、分化等活动。所以，对细胞核或者细胞核中的核酸分子进行荧光检测和可视化追踪对基因工程以及其他的生物学研究具有重要的意义。

不同种类的真核细胞具有不同的细胞核密度，可视化细胞核密度对于研究和分析不同细胞尤其是肿瘤细胞的遗传信息及诊断具有重要的意义。郑磊研究课题组和唐本忠研究课题组报道了一种具有 AIE 性质的细胞核密度响应的小分子探针 MASPB[28]［图 3-13（a）］。MASPB 具有典型的 D-π-A 结构，其中二甲基胺为供电子部分（D），吡啶为接受电子部分（A）。该结构特征促进了分子内电荷转移（ICT），有利于获得较低的电子带隙和较长波长的吸收/发射。此外，两个带正电荷的基团，即吡啶阳离子和 3-（三甲基氨）丙基季铵盐，赋予了 MASPB 良好的亲水性。为了研究其生物成像性能，研究者将 6 种不同的人的癌细胞（MDA-MB-231、A549、HepG2、MCF-7、SMMC-7721 和 HeLa）用 MASPB 染色处理，并置于激光共聚焦显微镜下观察。MASPB 具有红色的荧光，与常用的细胞核荧光染料 DAPI 相比，MASPB 能够呈现出不同的核分布［图 3-13（b）］。MASPB 主要位于核仁，荧光强度比周围核基质更亮。这使得每个细胞内核仁的位置、数量和形态都清晰可见，而 DAPI 在核仁区检测不到信号。随后研究人员通过 TEM 观察到白细胞和 HeLa 细胞具有高的核密度，与 MASPB 处理细胞后荧光成像分布相对应，证明了该荧光探针具有细胞核密度响应性的特征。因此，该荧光探针能够利用成像特点，快速筛查异常组织，在未来生物医学领域有很大的应用前景。

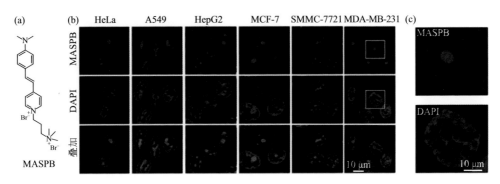

图 3-13 （a）MASPB 荧光探针的分子结构；（b）不同类型的人的癌细胞经 MASPB 染色 3 min，DAPI 染色 5 min 的荧光图像及荧光信号叠加图像；（c）MDA-MB-231 细胞放大倍数更高的荧光图像

基于同样的正负电荷相互作用的机理，周翔等[29]设计得到了能够与 DNA/RNA 结合，实现荧光点亮的细胞核特异性荧光探针 FcPy［图 3-14（a）和（b）］。在结合之后由于空间限制、特定的超分子堆积结构及该分子的 AIE 性质，该分子能够发射出明亮的荧光，并对细胞核进行特异性成像［图 3-14（c）～（e）］。与 AIE 小分子相比，AIE 纳米颗粒具有更高的荧光稳定性、更好的细胞相容性和更长的细胞内存留时间。田文晶等利用生物相容性的聚（苯乙烯）-聚（4-乙烯基吡啶）（PS-PVP）作为聚合物包裹基质，AIE 分子 TPA-AN-TPM 作为被包裹的核心［图 3-14（f）］，制备了 TPA-AN-TPM@PS-PVP AIE 纳米粒子。该 AIE 分子具有电子供体和受体部分，能够实现分子内电荷转移，因而展现出近红外区发射荧光[30]。用 TPA-AN-TPM 制备的纳米粒子能发射明亮的红色荧光，绝对量子产率为 12.9%。利用该纳米材料较强的红光发射、合适的尺寸和良好的水相稳定性，研究者探索了 TPA-AN-TPM@PS-PVP 在生物成像中的应用。在细胞成像中，用该纳米粒子 TPA-AN-TPM@PS-PVP 悬浊液染色处理 HeLa 细胞后进行荧光成像，在细胞质和细胞核中发出强烈的红色荧光［图 3-14（g）～（i）］。由于该纳米材料体积小，其能够进入细胞核。同时纳米粒子外层的吡啶盐使其携带正电荷，因而纳米粒子能够与带负电荷的核酸分子进行相互作用结合，从而对细胞核进行荧光成像。上述特性使 TPA-AN-TPM@PS-PVP 在细胞核成像方面有很大的应用前景。

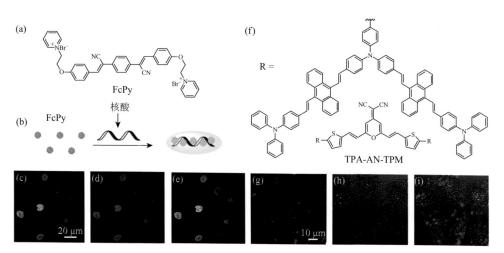

图 3-14 （a）FcPy 探针的分子结构；（b）FcPy 检测核酸的机理；（c）FcPy 染色的 HeLa 细胞的荧光图像；（d）Hoechst 33258 染色的 HeLa 细胞的荧光图像；（e）（c）和（d）荧光信号叠加的图像；（f）TPA-AN-TPM 及 TPM 的分子结构；（g）TPA-AN-TPM@PS-PVP 染色的 HeLa 细胞激光共聚焦显微镜的图像；（h）明场图像；（i）（g）和（h）信号叠加的图像

直接从天然产物中获得 AIE 分子成像探针具有生物相容性、环境友好性和成

本低等特点。唐本忠和王东等在草药中提取出一种天然的具有 AIE 性能的盐酸小
檗碱（BBR）[31]［图 3-15（a）]。BBR 带有正电荷，并可以靶向线粒体，进一步研
究发现光能够驱动 BBR 的细胞器靶向从线粒体向细胞核的迁移［图 3-15（b）]，
显微镜连续成像图片表明了 BBR 从线粒体向细胞核迁移的过程。随后，将光照射
后细胞与商业的细胞核染色剂 Hoechst 33258 共染［图 3-15（c）]。BBR 与 Hoechst
33258 的皮尔逊相关系数为 0.95，表明光照后 BBR 对核靶向具有较高的特异性，
光驱动染色迁移可能是由于 BBR 在光照后原位生成的活性氧导致线粒体受损，
随着线粒体损伤，BBR 与线粒体分离，同时细胞核的核膜选择性变弱，使得带正
电荷的 BBR 能够进入细胞核并与核内带负电荷的 DNA 和 RNA 通过静电相互作
用结合，并且细胞最终死亡。

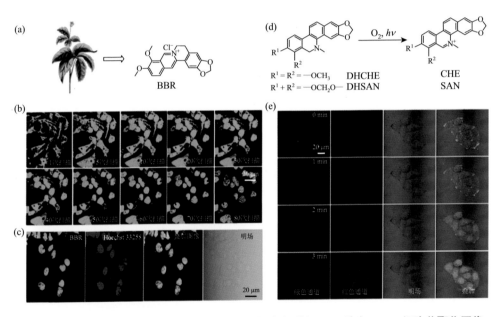

图 3-15　（a）BBR 的分子结构；（b）随着激光扫描次数增加 BBR 染色 HeLa 细胞共聚焦图像；
（c）激光照射扫描 80 次后，用 Hoechst 33258 和 BBR 染色 HeLa 细胞进行共定位成像；
（d）DHSAN 和 DHCHE 的光氧化脱氢反应机理；（e）在 405 nm 激光照射下 DHCHE 染色
HeLa 细胞的荧光成像随时间变化过程

此外，唐本忠和高蒙等报道了另一类天然产物，二氢苯并[c]菲啶类生物碱
DHCHE 和 DHSAN［图 3-15（d）]。这些天然产物能够在光照条件下与氧气发生
氧化脱氢反应导致荧光增强，且其靶向性由线粒体转移到细胞核，并可以用于光
活化治疗。通过在光照射下使材料由线粒体转化成细胞核靶向的 CHE 和 SAN 来
实现癌细胞的选择性成像和杀伤[32]［图 3-15（e）]。其中 CHE 具有 AIE 性质，可

用于精确控制光活化治疗剂量，特别适用于图像引导局部浓度较高的化疗药物治疗癌症。研究人员利用商用的细胞核染色剂 Hoechst 33342 共染色证明了光照射后原位生成的 CHE 在细胞核内选择性积累的特征。

3.2.5 细胞膜

细胞膜也是细胞的重要结构，可以控制细胞选择性地交换物质，如吸收营养、排出废物，将细胞内部和外界环境隔开，保护细胞完整性，起到屏障的作用。除此以外，细胞膜还参与许多细胞行为，如细胞迁移、细胞运输、信号传输等[33]。细胞膜的损伤会使细胞受到损伤，如可导致细胞坏死进而引起对细胞体和生命体的不良影响，并且细胞膜还参与维持细胞形状、细胞通讯等相关生理过程。可视化细胞膜可以为及时诊断和治疗相关疾病提供信息。

为了更加深入地了解和调控靶向细胞膜探针结构，唐本忠、郑小燕和彭谦等设计出了两种结构类似的 AIE 荧光分子，并通过一系列的模拟和计算解释了两种靶向不同细胞器（如线粒体、细胞膜）成像的分子探针的结构设计机理[34]。他们认为在分子结构中疏水基团和吡啶基团控制了发光行为，而结构中带电荷基团控制了膜的穿透能力，并设计出了 TPEVP 和 TVP 两种靶向细胞膜成像的 AIE 荧光分子 [图 3-16（a）]。将两种分子和细胞膜特异性生物探针 Cellmask Green 进行共定位染色实验，两种 AIE 分子与 Cellmask Green 的成像图像完全重叠，表明其具有良好的细胞膜靶向能力，能明显地将细胞膜结构呈现出来 [图 3-16（b）和（c）]。

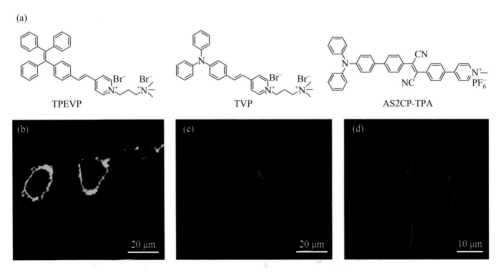

图 3-16 （a）TPEVP、TVP、AS2CP-TPA 的分子结构；（b）TPEVP 染色的 HeLa 细胞的荧光图像；（c）TVP 染色的 HeLa 细胞的荧光图像；（d）AS2CP-TPA 染色的 HeLa 细胞的荧光图像

具有长发射波长的靶向细胞膜的荧光探针也被开发出来[35]。例如，在氰基二苯乙烯的基础上引入吡啶基团和三苯胺基团得到具有 D-A 结构的 AIE 分子 AS2CP-TPA ［图 3-16（a）］。AS2CP-TPA 可以产生近红外荧光发射，并且具有良好的光稳定性。亲脂性的结构赋予 AS2CP-TPA 靶向细胞膜的功能 ［图 3-16（d）］。将其与 Cellmask Green 进行共染色实验，可以发现荧光信号的重叠度很好，证明该分子具有良好的靶向细胞膜的能力。另外，该分子可以用于监控细胞质膜在汞离子和胰蛋白酶存在的条件下的状态与形态的变化。

为了靶向细胞质膜，在 AIE 分子骨架上引入多肽片段是常用的策略。梁兴杰等设计了以 TPE 为生色团的分子探针 TR4[36] ［图 3-17（a）］。该分子是在 TPE 上连接棕榈酸（PA）及亲水多肽片段，并能够特异性对细胞膜进行成像。当用 TR4 处理细胞一定时间后，TR4 能够对细胞质膜进行特异性标记 ［图 3-17（b）］。用 TR4 和商业的细胞膜染料 DiI 对 MCF-7 细胞进行共染色，可以看到两者的荧光图像重叠度很高，证明了 TR4 只靶向细胞膜，而没有对细胞质或者细胞核染色。TR4 具有双光子吸收，因而可以对细胞膜进行双光子荧光成像。同样基于多肽片段和 AIE 分子的结合，丁丹和齐新等[37]设计一种具有 AIE 性质，并能够靶向细胞膜的

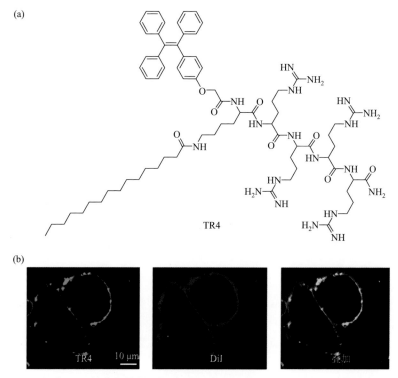

图 3-17　（a）TR4 的分子结构；（b）TR4 和 DiI 分别处理 MCF-7 细胞的荧光图像及两者的荧光信号叠加的图像

荧光分子 TPE-Py-EEGTIGYG［图 3-18（a）］。TPE-Py-EEGTIGYG 中 TPE-Py 赋予该分子 AIE 性能，肽片段 EEGTIGYG 能够与细胞膜进行特异性结合，赋予细胞膜靶向性，使得该分子能够锚定和富集在细胞膜上，并对细胞膜进行特异性成像。将 TPE-Py-EEGTIGYG 与 DiI 进行共染色成像，发现两者的荧光图像重合度很好［图 3-18（b）］，证明 TPE-Py-EEGTIGYG 对细胞膜具有特异性成像的功能。此外，该荧光探针还具有特异性检测 Cu^{2+} 的功能。

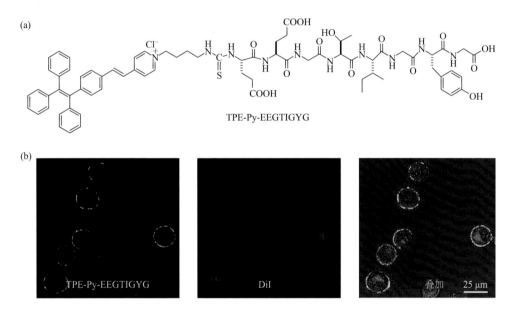

图 3-18 （a）TPE-Py-EEGTIGYG 的分子结构；（b）TPE-Py-EEGTIGYG 和 DiI 染色处理 HeLa 细胞的激光扫描共聚焦显微镜荧光图像及两者和明场图像的信号叠加图像

除 AIE 分子结合肽片段得到靶向细胞膜的荧光分子探针外，研究者对其他类型的 AIE 分子探针也进行了研究。Liu 等将香豆素连接在四苯乙烯的核上得到了 AIE 荧光探针 TPE-coumarin[38]［图 3-19（a）］。该分子具有很高的疏水性，并能够嵌入到细胞膜中与细胞膜良好地结合，因而可以用于特异性细胞膜成像。该分子在 405 nm 光照射下呈现蓝色和红色的荧光，在 488 nm 光照射下出现粉色荧光［图 3-19（b）］。将 TPE-coumarin 与细胞膜靶向的近红外染色剂 CellBrite 进行共染实验，可以看到两者的荧光信号重叠度很好，皮尔逊相关系数达到了 0.88，证明其良好的靶向细胞膜的能力。余孝其、Kim 和李坤等[39]制备了水溶性的 AIE 分子探针 Pent-TMP［图 3-19（c）］。该分子探针通过静电相互作用和疏水相互作用能够快速地靶向脂质膜进而实现对其染色。研究人员对其在生物成像领域的应用进行了研究。用 Pent-TMP 对小鼠的黑色素瘤细胞进行处理后，5 s 即可对细胞膜进行成像［图 3-19（d）］，说明该 AIE 分子对细胞膜成像具有快速和高敏感度的特点。此外，Pent-TMP 能够长时间示踪细胞膜。研究人员研究了 Pent-TMP 对神经元细胞膜的三维成像，第一次实现了在复杂的脑组织中对细胞膜成像，其在生物医学上的应用具有很大的潜力。

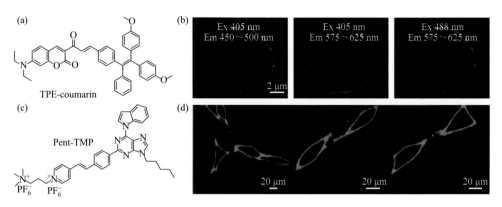

图 3-19　（a）荧光探针 **TPE-coumarin** 的分子结构；（b）**TPE-coumarin** 处理 HeLa 细胞后在 **405 nm**、**488 nm** 激发下的荧光图像；（c）**Pent-TMP** 分子探针的结构；（d）**Pent-TMP** 处理小鼠黑色素瘤细胞后的荧光成像随时间的变化

3.2.6　其他

　　除以上提到的细胞器，在真核细胞中还存在其他重要的细胞器，例如，内质网是一种动态的细胞器，参与许多关键的细胞过程，如维持细胞内钙的稳态、脂质代谢、蛋白质合成和折叠等[40, 41]，具有很重要的作用，实时监控内质网的形状和结构对研究内质网参与的生命过程具有重要意义。

　　随着对靶向细胞器探针研究的深入发展，目前研究人员已经开发出了种类丰富的靶向内质网成像探针[42-44]［图 3-20（a）］。为了对内质网进行长时间示踪，朱秋华和刘叔文等[42]在前期的研究基础上，基于具有 AIE 性能的四氢嘧啶（THPs）在胎牛血清的细胞培养基中制备得到了一种新型的纳米颗粒（Me-THP-Naph）［图 3-20（a）］，使得不具有水溶性的 THPs 分子能够应用于生命系统中。所制备的纳米颗粒可直接用于内质网长期示踪［图 3-20（b）］。与 ER-Tracker Red 进行共定位染色实验，该分子对内质网有很好的靶向性。研究表明该荧光分子探针对多种细胞的内质网都具有良好的靶向。Me-THP-Naph 纳米颗粒具有优良的光稳定性、高的信噪比和优异的生物相容性的优点，使其能够长期示踪内质网。朱新远、张川和金鑫等在喹喔啉酮的结构上连接联噻吩基团及三苯胺基团，得到共轭结构的分子。其荧光发射能够到达 NIR 区。将其与肽片段 Fmoc-RACR 连接得到自组装纳米点 Q1-PEP[44] [图 3-20 (a)]。肽片段能够与内质网中的蛋白质相互结合，使该纳米点具有靶向内质网的功能，和 ER-Tracker Red 共染实验的皮尔逊相关系数达到 0.96，表明其优异的内质网靶向性。

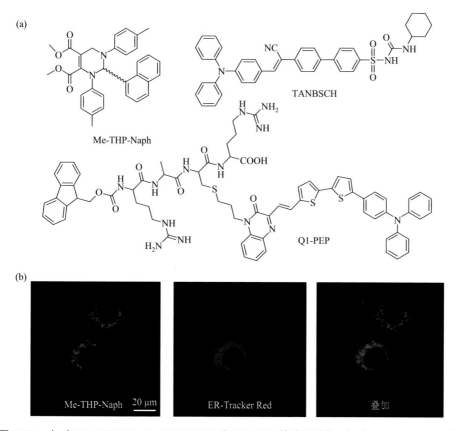

图 3-20   （a）Me-THP-Naph、TANBSCH 和 Q1-PEP 的分子结构；（b）Me-THP-Naph 与 ER-Tracker Red 在 HeLa 细胞进行的共定位实验的荧光图像

3.3 细胞示踪

生物体内的细胞具有丰富的动态行为，如细胞迁移、细胞分裂、细胞融合等。细胞的这些动态行为与一些疾病机制密切相关，如癌症的扩散和转移等，因而用荧光探针来对细胞进行长时间示踪对揭示疾病发生机理和开发治疗方法都具有重要意义。要想达到长期示踪细胞的目的，荧光探针需要具有优异的生物相容性、良好的光稳定性、低细胞毒性等特征。考虑到以上因素，越来越多的研究人员设计开发 AIE 纳米粒子，并将其用于长时间细胞示踪的研究。与分子探针相比 AIE

纳米粒子具有良好的光稳定性、优异的生物相容性、设计简单、尺寸可控等优点，为细胞长期示踪提供了强有力的工具。

使用聚合物对 AIE 纳米粒子进行包裹封装是制备 AIE 纳米粒子的一种常用方法。刘斌、Leong 和唐本忠等使用 DSPE-PEG$_{2000}$ 和 DSPE-PEG$_{2000}$-Mal 作为包裹层将 AIE 分子 BTPEBT 包裹起来［图 3-21（a）和（b）］，制备出具有强荧光性的 AIE 纳米粒子[45]。AIE 纳米粒子上的马来酰亚胺基团可以与一种细胞穿膜肽

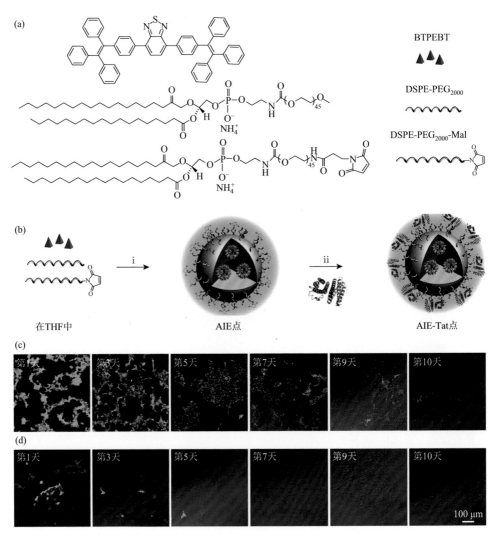

图 3-21 （a）BTPEBT、DSPE-PEG$_{2000}$ 和 DSPE-PEG$_{2000}$-Mal 的分子结构；（b）AIE-Tat 纳米粒子形成过程；（c）AIE-Tat 点处理 HEK 293T 细胞后的长期示踪荧光图像；（d）pMAX-GFP 处理 HEK 293T 细胞后的长期示踪荧光图像

（Tat）的巯基进一步发生反应，提升细胞摄取纳米粒子的能力。通过该方法所获得的 AIE-Tat 具有良好的生物相容性、高细胞摄取度和长细胞内滞留时间等特点。研究人员将 AIE-Tat 纳米粒子与常用的细胞标记染料 pMAX-GFP 处理标记 HEK 293T 细胞［图 3-21（c）和（d）］。利用 AIE-Tat 纳米粒子对细胞进行处理后，能够释放出绿色的荧光，几乎所有的细胞能够发出绿色并且荧光能够维持 10 天。相比之下，pMAX-GFP 质粒诱导细胞表达 GFP 后的荧光图像持续时间只有 5 天，证明了 AIE-Tat 纳米粒子对细胞长期示踪的能力。

　　具有长波长区域吸收和发射的纳米粒子在细胞示踪成像领域也吸引了很多研究人员的兴趣。利用 DSPE-PEG 共聚物，唐本忠、刘斌和赵祖金等对具有 AIE 性能的 D-A 结构分子 t-BPITBT-TPE 进行包裹[46]［图 3-22（a）］。通过改变聚合物连接的不同的官能团（如甲氧基、氨基、羧甲基等）得到带有不同电荷的纳米粒子，纳米粒子的最大吸收波长及发射波长可以分别达到 480 nm 及 660 nm，并对不同纳米粒子的毒性、生物相容性、体内循环和分布进行了研究。研究发现，其中含有氨基的共聚物（DSPE-PEG-NH$_2$）在纳米粒子表面能连接上细胞穿膜肽 Tat 得到 DSPE-PEG-NH$_2$-Tat 纳米粒子。DSPE-PEG-NH$_2$-Tat 纳米粒子能够长期追踪不同的癌细胞系，如 HeLa 细胞及乳腺癌细胞（MCF-7），并及时监控癌细胞的分裂和增殖［图 3-22（b）］。为了得到吸收和发射都处于长波长范围的荧光分子，唐本忠等合成了以三苯胺和 BODIPY 为基元的 AIE 分子 3TPA-BDP[47]［图 3-22（a）］。由于具有 D-A 结构，该分子探针的吸收和发射波长都处于长波长区域，利用 DSPE-PEG$_{2000}$ 对 3TPA-BDP 进行包裹，制备出了发红光的纳米粒子。

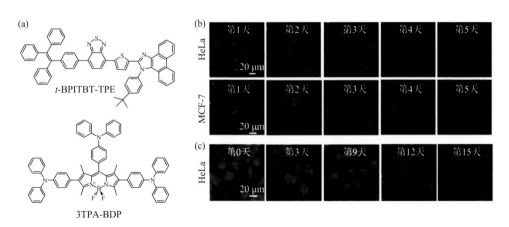

图 3-22　（a）t-BPITBT-TPE 和 3TPA-BDP 的分子结构；（b）t-BPITBT-TPE 被 DSPE-PEG-NH$_2$-Tat 包裹后形成的纳米颗粒对癌细胞系的示踪荧光图像；（c）3TPA-BDP 对 HeLa 细胞的示踪荧光成像

该纳米粒子具有很好的稳定性及光稳定性，能够快速被细胞摄取，并对细胞进行长期追踪［图 3-22（c）］。3TPA-BDP 对 HeLa 细胞的示踪时间可以达到 15 天。其他两种分子用相同方式制备的纳米颗粒也同样具有长期示踪的能力，其在监测、分析细胞生命过程方面具有很大的应用潜力。

为了研究具有 AIE 活性的聚合物荧光纳米粒子的形状对细胞摄取能力的影响，谢志刚和徐斌等利用 AIE 分子 9, 10-二炔基蒽（DSA）分别与两种聚合物［聚乙二醇和聚乳酸的嵌段共聚物（PEG$_{5k}$-PLA$_{10k}$）和聚乙二醇和聚己内酯的嵌段共聚物（PEG$_{5k}$-PCL$_{10k}$）］自组装得到了棒状的纳米粒子 DPP NRs 和球形的纳米粒子 DPP NSs[48]［图 3-23（a）］。经过一系列研究对比，证明其中棒状的纳米粒子比球形纳米粒子具有更快的细胞摄取能力和更好的成像稳定性。用棒状的纳米粒子 DPP NRs 处理 HeLa 细胞，其在细胞内的荧光强度维持半个月［图 3-23（b）］，而球形纳米粒子 DPP NSs 在半个月之后的荧光强度已经很弱，证明棒状分子优异的长期细胞示踪能力。该发现为用于生物成像的高效 AIEgen 纳米颗粒新策略的开发提供了有价值的信息。

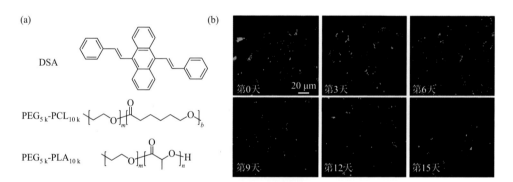

图 3-23　（a）DSA 及聚合物的分子结构；（b）棒状的纳米粒子 DPP NRs 对 HeLa 细胞进行荧光成像

壳聚糖是生物医学上常用的天然多糖，壳聚糖及壳聚糖的衍生物具有较好的水溶性、生物相容性。基于此，唐本忠等将 TPE 单元成功地连接到 N-琥珀酰-壳聚糖（NSCS）大分子链上，制备出新型 AIE 分子 TPE-NSCS［图 3-24（a）］。TPE-NSCS 在水溶液中自组装形成纳米粒子[49]。利用其较好的水溶性、较长的细胞内滞留时间、良好的 AIE 性能，TPE-NSCS 纳米粒子能够应用于长期追踪细胞成像。TPE-NSCS 纳米粒子染色的 HeLa 细胞，其荧光信号能够维持到30 代［图 3-24（b）］。这远远超过了常用的细胞追踪剂 Cell Tracker Green CMFDA 3 代的示踪能力。所以 TPE-NSCS 在长期细胞追踪方面具有很大的应用潜力。

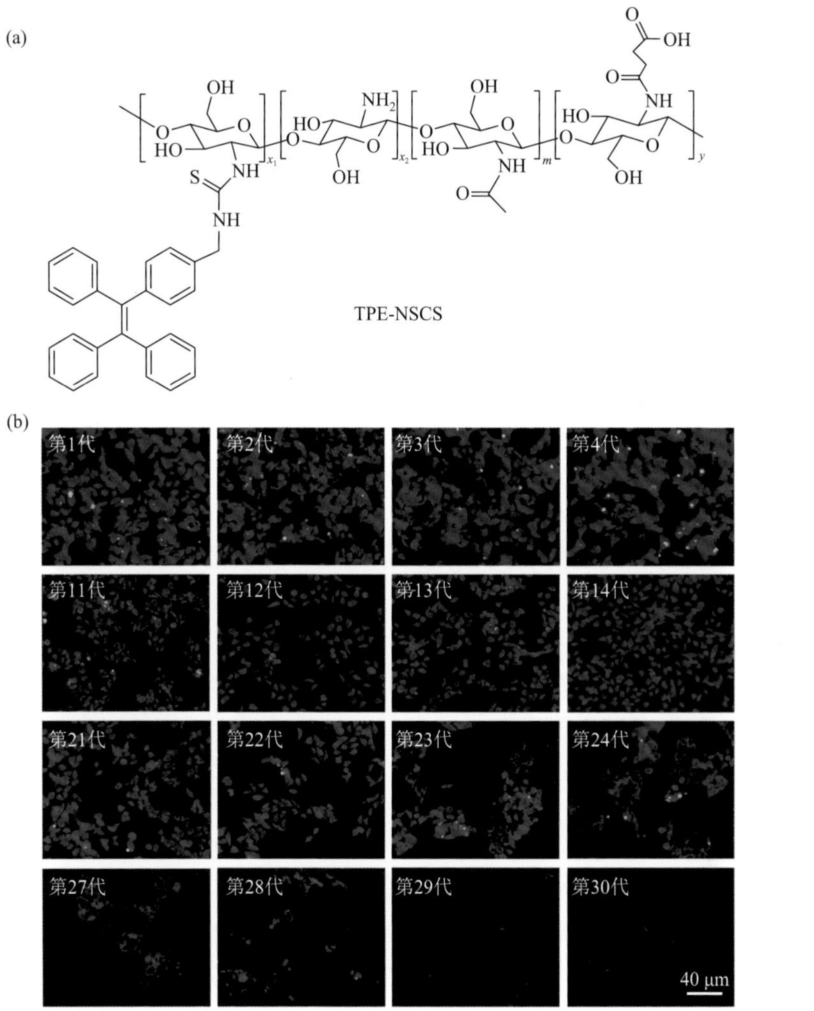

图 3-24　（a）TPE-NSCS 的分子结构；（b）TPE-NSCS 对 HeLa 细胞的示踪荧光成像

3.4　超分辨荧光成像

普通光学显微镜的分辨率受到光学衍射极限的限制，横向空间的分辨率在 200 nm 左右，轴向空间分辨率在 500 nm 左右。超分辨成像技术的出现和发展解决了光学衍射极限的问题，能够将高分辨的细节图像呈现出来，因而其在成像科学技术中占有重要的地位。超分辨成像技术主要包括受激发射损耗显微成像（STED）、基态损耗显微成像（GSD）、可逆饱和光学荧光转化显微成像（RESOLFT），以及单分子定位显微成像（SMLM），如光激活定位显微成像（PALM）和随机光学重构显微成像（STORM）等[50]。在生物领域中超分辨荧光成像可以清楚地呈现出细胞的生物过程。近几年来，AIE 分子或 AIE 纳米粒子作为超分辨荧光成像的探针被广泛研究，其在超高分辨成像领域中具有很广阔的应用前景[50, 51]。

3.4.1 AIE 小分子

具有光活化性质的有机分子是常用于超分辨成像技术中的一种工具，唐本忠和顾星桂等制备得到了具有 AIE 性能的 TPE 衍生物（o-TPE-ON＋）结构 [图 3-25（a）]。o-TPE-ON＋具有 TICT 的性质，在水溶液中发出微弱的荧光；但是在光激发下，o-TPE-ON＋能够发生光环化脱氢反应生成 c-TPE-ON＋，由于旋转的芳香环之间发生环化，激活了 c-TPE-ON＋的 RIR 机制，因而 c-TPE-ON＋能够释放出明亮的荧光，从而表现出光活化的性质。之后，c-TPE-ON＋能够发生光漂白导致荧光消失[52]。此外，该分子具有良好的生物相容性、细胞膜穿透性和光稳定性，凭借正电荷与线粒体相互作用能特异性对线粒体成像。综合以上特点，研究人员将该荧光材料用于线粒体的超分辨成像。使用 o-TPE-ON＋标记 HeLa 细胞的线粒体用于 STORM，与全内反射荧光（TIRF）显微成像作对比，同一区域的 STORM 图像展示了清晰的线粒体结构和更多结构细节，但是 TIRF 图像很模糊 [图 3-25（b）～（d）]。另外，对线粒体的 STORM 成像可以清楚地揭示线粒体形态的动态变化过程，如线粒体的融合和分裂等相关的动态行为 [图 3-25（e）]。

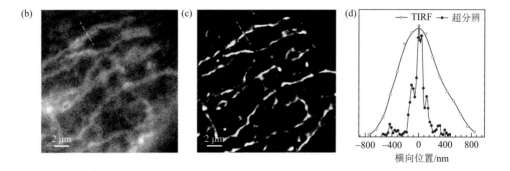

(e)

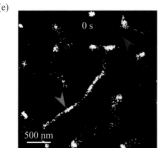
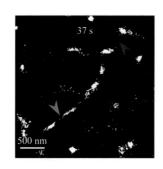
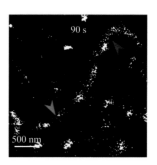

图 3-25 （a）*o*-TPE-ON + 的光环化脱氢反应；（b）衍射受限的模糊 TIRF 图像；（c）超分辨率图像；（d）沿着黄色虚线排列的单个线粒体横切面；（e）实时 HeLa 细胞中的线粒体动态（融合和分裂）成像，其中绿色箭头表示分裂，红色箭头表示融合

AIE 分子具有高的受激发射损耗效率，因而可以用于 STED。AIE 材料具有高的抗光漂白性能，使其能够在激光的照射下保证光稳定性。AIE 材料还具有大的斯托克斯位移，可以降低背景荧光的干扰。基于 STED 成像的 AIE 分子探针的研发，钱骏研究课题组、丁丹研究课题组和屈军乐研究课题组[53]联合设计合成了 AIE 分子 TPA-T-CyP［图 3-26（a）］，并将其用于癌细胞的线粒体 STED 成像。TPA-T-CyP 发光波长处于红光区，受激发射损耗效率达到 80% 以上。由于其本身带有正电荷，可以对线粒体靶向成像，研究人员用 TPA-T-CyP 处理 HeLa 细胞，对 HeLa 细胞中的线粒体进行了 STED 成像［图 3-26（b）］，呈现出更多的线粒体的细节。随后研究人员对线粒体的运动和形态改变也进行了超分辨动态追踪［图 3-26（c）和（d）］，很清楚地观察到在 17.5 s 时间内线粒体的动态变化（运动、融合、裂变）。付红兵、郑乐民和徐珍珍等以 BFO 为生色团分别合成了具有溶酶体靶向性的 AIE 分子 PIZ-CN 和具有线粒体靶向性的 AIE 分子 PID-CN［图 3-26（a）］，PIZ-CN 和 PID-CN 具有长波长荧光发射（562 nm 和 630 nm）[54]。处于荧光“暗”态的 PIZ-CN 的哌嗪亚基有利于特定的靶向溶酶体，之后 PIZ-CN 在溶酶体的酸性环境积累后会发光，即处于荧光“亮”态。处于荧光“暗”态的 PID-CN 分子的甲基吡啶亚基表面的正电荷有助于靶向线粒体膜并进一步积累，在线粒体部位具有明亮的荧光发射，处于荧光“亮”态。简单地改变基团就可以实现不同的靶向性，并实现“暗-亮”的荧光开关性能。PIZ-CN 和 PID-CN 的损耗效率分别达到 70% 和 90% 以上。由于 PIZ-CN 和 PID-CN 都具有高特异性和良好的光稳定性，它们都可以用于 STED 超分辨成像，分辨率分别达到 69.0 nm 和 70.9 nm，该分辨率都比共聚焦荧光显微镜的分辨率高。此外，研究人员也将这两个分子分别用于对溶酶体和线粒体的 STED 动态成像，能够很清楚地将线粒体和溶酶体的运动和形态变化成像出来［图 3-26（e）～（j）］。

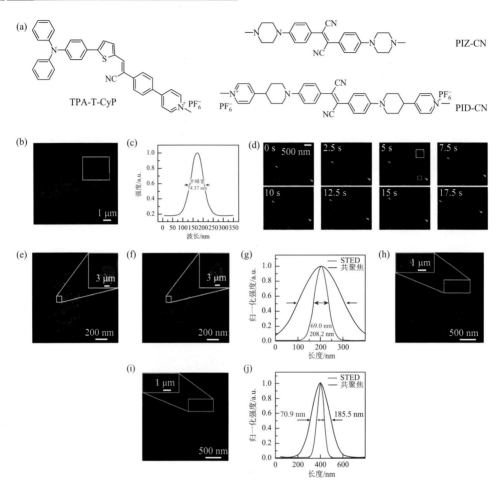

图 3-26　（a）TPA-T-CyP、PIZ-CN 和 PID-CN 的分子结构；（b）TPA-T-CyP 对 HeLa 细胞线粒体的 STED 成像；（c）（d）中 5 s 沿青色框内横线粒体虚线的荧光强度的分布曲线；（d）对线粒体的动态 STED 成像，其中蓝色箭头表示运动追踪，绿色箭头表示形态变化追踪；PIZ-CN 染色活细胞中的溶酶体的共聚焦显微图像（e），STED 纳米显微镜图像（f）相应的半宽值（g）；PID-CN 染色活细胞中的线粒体的共聚焦显微图像（h），STED 纳米显微镜图像（i）及相应的半宽值（j）

　　β-淀粉样蛋白异常沉积是阿尔茨海默病的标志，在早期发现和治疗阿尔茨海默病，及时发现 β-淀粉样蛋白的斑块是很重要的。结合超分辨成像的荧光显微镜可以直观观察 β-淀粉样蛋白沉积，对 β-淀粉样蛋白沉积斑块进行形态学研究。唐本忠、朱明强和李冲等[55]设计了近平面的具有 D-A 结构的 AIE 分子（PD-NA 和 PD-NA-TEG）[图 3-27（a）和（e）]，并研究其对 β-淀粉样蛋白的超分辨成像。这些 AIE 分子能够与 β-淀粉样蛋白斑块结合产生荧光，当其再次随机溶解到溶剂中时荧光消失，实现动态平衡，拥有光开关性能，适用于基于单分子定位的超高分辨成像。PD-NA 和 PD-NA-TEG 具有较高的特异性结合能力。研究人员利用这两个分子对小鼠的大脑中过度产生的 β-淀粉样蛋白斑块进行了超分辨成像研究。用 PD-NA 和 PD-NA-TEG 对该小鼠的大脑切片进行染色，传统荧光成像显示出模糊的斑块，而超分辨成像可以清楚地看到斑块是大量纳米纤维从中心辐射生长的特征［图 3-27（b）～（d）和（f）～（h）］，其光学成像分辨率约为 30 nm。

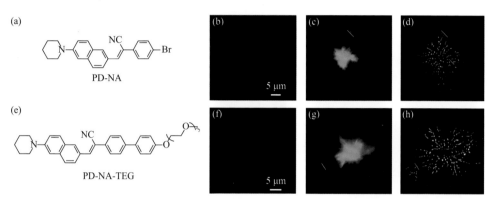

图 3-27　（a）PD-NA 的分子结构；（b）～（d）PD-NA 对 Tg 小鼠的大脑切片中 β-淀粉样蛋白的沉积进行的超分辨成像；（e）PD-NA-TEG 的分子结构；（f）～（h）PD-NA-TEG 对 Tg 小鼠的大脑切片中 β-淀粉样蛋白的沉积进行的超分辨成像，（b）、（f）：明场图像；（c）、（g）：传统的荧光成像图像；（d）、（h）：超分辨成像图像

3.4.2　AIE 纳米颗粒

AIE 纳米粒子具有优异的光稳定性、良好的生物相容性和高荧光亮度等优点，因而将 AIE 纳米粒子用于高分辨成像也受到广泛关注。基于高的受激发射损耗效率的荧光纳米粒子的研究，唐本忠和钱骏等将 AIE 分子 TTF 掺杂到胶体介孔二氧化硅中制备了 AIE 荧光纳米粒子 TTF@SiO$_2$ NPs[56]［图 3-28（a）］。TTF@SiO$_2$ NPs 受激发射损耗效率超过 60%，并能够发射红色荧光，其在长期的大功率的 STED 的光辐照下表现出很好的抗光漂白性，同时具有大的斯托克斯位移，约为 150 nm，能够很好地抑制 STED 光照射诱导的背景荧光的干扰。对 HeLa 细胞的 STED 成像相比于共聚焦荧光成像的低横向分辨率（267.2 nm），STED 的横向分辨率可以达到 31 nm［图 3-28（b）～（d）］。

为了开发高亮度和高光稳定性的可适用于 STED 的荧光探针，孟令杰、唐本忠和党东锋等[57]构建了具有 D-A 结构的 AIE 分子 DBTBT-4C8［图 3-29（a）］。该分子可以发射深红色荧光，具有较高的荧光量子产率和大的斯托克斯位移。DBTBT-4C8 具有较多的烷基链，因此能够与聚合物 DSPE-PEG$_{2000}$ 的疏水结构产生相互作用形成均匀的纳米球形颗粒。由于该纳米粒子的深红色发射具有深层组织穿透性，研究人员研究了其在体内成像中的应用，并成功实现了玻璃鲶鱼的体内深层高分辨成像［图 3-29（b）］。此外还可以用 STED 成像以超高分辨率重建被染色的 HeLa 细胞的三维图像［图 3-29（c）］。除此以外，研究人员将该纳米

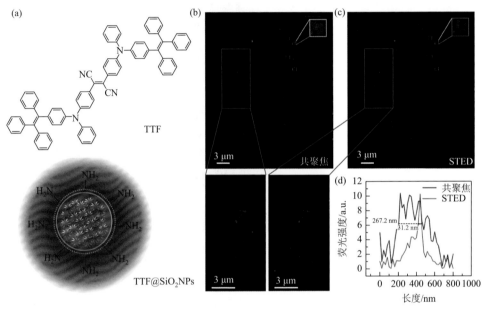

图 3-28 （a）TTF 的分子结构及 TTF@SiO₂ NPs 的构建；TTF @ SiO₂ NPs 染色 HeLa 细胞共聚焦显微镜（b）和 STED 纳米显微成像（c）的比较；（d）虚线处的荧光强度分布图（像素：1612 pixels×1924 pixels）

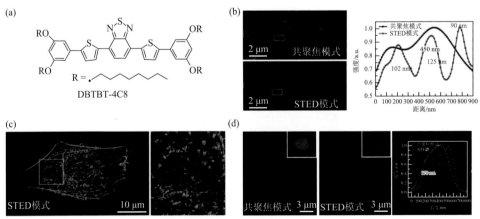

图 3-29 （a）DBTBT-4C8 的分子结构；（b）对玻璃鲶鱼体内共聚焦荧光成像和 STED 成像及相应的半宽值；（c）STED 三维重建荧光图像；（d）对 HeLa 细胞的体外共聚焦荧光成像和STED 成像及相应的半宽值

颗粒用于 HeLa 细胞的 STED 成像，可以看到，STED 成像的半峰全宽值为 100 nm，而对于传统的共聚焦荧光显微成像来说，其半峰全宽值约为 400 nm，其分辨率相较于 STED 成像较低 [图 3-29（d）]，因此该纳米粒子在体内体外都可以实现 STED 成像，其为更加清晰了解生命活动过程开发了一种重要的工具。

　　以上例子都是将具有 AIE 活性的纳米粒子应用于 STED，而对于其他的超分辨成像技术报道比较少。近期党东锋和雷铭等报道了一种具有 D-A 结构的 AIE 分子探针 DTPA-BTN [图 3-30（a）]。他们成功将该分子应用于超分辨成像技术中的结构光照明显微镜（SIM）成像[58]。DTPA-BTN 发射波长处于近红外区域（600～1000 nm）。利用再沉淀的方法制备得到基于 DTPA-BTN 分子的纳米粒子，该纳米粒子具有很好的光稳定性和粒子稳定性。借助该纳米粒子的近红外发射、光稳定性及优异的生物相容性，研究人员将它用于对 HeLa 细胞的 SIM 成像 [图 3-30（b）～（f）]。在宽场下的图像是很模糊的，分辨率为 571 nm，但是在 SIM 的模式下，则呈现出非常清晰的图像，分辨率能够达到 130 nm。DTPA-BTN 分子的开发开拓了 AIE 分子在超分辨成像过程中的应用。

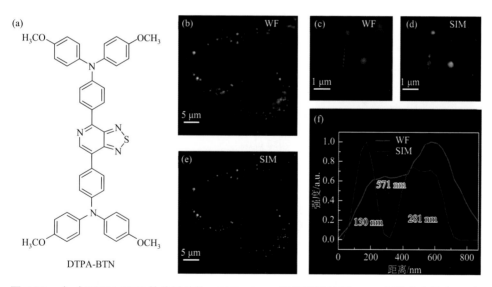

图 3-30　（a）DTPA-BTN 的分子结构；DTPA-BTN 纳米颗粒处理 HeLa 细胞在宽场（WF）（b）和 SIM（e）下的细胞成像；（c）和（d）分别显示（b）和（e）相应的放大视图；（f）沿着（c）和（d）中虚线的荧光强度分布及相应半宽值

（李　慧，赵恩贵*，顾星桂*）

参 考 文 献

[1]　Filonov G S，Piatkevich K D，Ting L M，et al. Bright and stable near-infrared fluorescent protein for *in vivo*

imaging. Nature Biotechnology，2011，29（8）：757-761.

[2] Yuan L，Lin W，Zheng K，et al. Far-red to near infrared analyte-responsive fluorescent probes based on organic fluorophore platforms for fluorescence imaging. Chemical Society Reviews，2013，42（2）：622-661.

[3] Zrazhevskiy P，Sena M，Gao X. Designing multifunctional quantum dots for bioimaging，detection，and drug delivery. Chemical Society Reviews，2010，39（11）：4326-4354.

[4] Chen S，Wang H，Hong Y，et al. Fabrication of fluorescent nanoparticles based on AIE luminogens（AIE dots）and their applications in bioimaging. Materials Horizons，2016，3（4）：283-293.

[5] Green D R，Reed J C. Mitochondria and apoptosis. Science，1998，281（5381）：1309-1312.

[6] Leung C W T，Hong Y，Chen S，et al. A photostable AIE luminogen for specific mitochondrial imaging and tracking. Journal of the American Chemical Society，2013，135（1）：62-65.

[7] Li J，Kwon N，Jeong Y，et al. Aggregation-induced fluorescence probe for monitoring membrane potential changes in mitochondria. ACS Applied Materials & Interfaces，2018，10（15）：12150-12154.

[8] Zhao N，Li M，Yan Y，et al. A tetraphenylethene-substituted pyridinium salt with multiple functionalities：synthesis，stimuli-responsive emission，optical waveguide and specific mitochondrion imaging. Journal of Materials Chemistry C，2013，1（31）：4640-4646.

[9] Yang X Z，Wang Q，Hu P Y，et al. Achieving remarkable and reversible mechanochromism from a bright ionic aiegen with high specificity for mitochondrial imaging and secondary aggregation emission enhancement for long-term tracking of tumors. Materials Chemistry Frontiers，2020，4（3）：941-949.

[10] Alam P，He W，Leung N L C，et al. Red AIE-active fluorescent probes with tunable organelle-specific targeting. Advanced Functional Materials，2020，30（10）：1909268.

[11] Kong Q S，Ma B X，Yu T，et al. A two-photon AIE fluorophore as a photosensitizer for highly efficient mitochondria-targeted photodynamic therapy. New Journal of Chemistry，2020，44（22）：9355-9364.

[12] Gui C，Zhao E，Kwok R T K，et al. AIE-active theranostic system：selective staining and killing of cancer cells. Chemical Science，2017，8（3）：1822-1830.

[13] Yang H，Zhuang J，Li N，et al. Efficient near-infrared photosensitizer with aggregation-induced emission characteristics for mitochondria-targeted and image-guided photodynamic cancer therapy. Materials Chemistry Frontiers，2020，4（7）：2064-2071.

[14] Zhao N，Chen S，Hong Y，et al. A red emitting mitochondria-targeted aie probe as an indicator for membrane potential and mouse sperm activity. Chemical Communications，2015，51（71）：13599-13602.

[15] Zheng Y，Ding Y，Ren J，et al. Simultaneously and selectively imaging a cytoplasm membrane and mitochondria using a dual-colored aggregation-induced emission probe. Analytical Chemistry，2020，92（21）：14494-14500.

[16] Ouyang J，Zang Q，Chen W，et al. Bright and photostable fluorescent probe with aggregation-induced emission characteristics for specific lysosome imaging and tracking. Talanta，2016，159：255-261.

[17] Ding S，Yao B，Chen M Z，et al. Diaminomaleonitrile-functionalised schiff bases：synthesis，solvatochromism，and lysosome-specific imaging. Australian Journal of Chemistry，2020，73（10）：942-947.

[18] Shi X，Yan N，Niu G，et al. *In vivo* monitoring of tissue regeneration using a ratiometric lysosomal AIE probe. Chemical Science，2020，11（12）：3152-3163.

[19] Liu Z，Wang Q，Zhu Z，et al. AIE-based nanoaggregate tracker：high-fidelity visualization of lysosomal movement and drug-escaping processes. Chemical Science，2020，11（47）：12755-12763.

[20] Yao J，Zhuang Z，Yao H，et al. Tetraphenylethene-based polymeric fluorescent probes for 2, 4, 6-trinitrophenol detection

and specific lysosome labelling. Dyes and Pigments，2020，182：108588.

[21] Wang E，Zhao E，Hong Y，et al. A highly selective aie fluorogen for lipid droplet imaging in live cells and green algae. Journal of Materials Chemistry B，2014，2（14）：2013-2019.

[22] Kang M，Gu X，Kwok R T，et al. A near-infrared AIEgen for specific imaging of lipid droplets. Chemical Communications，2016，52（35）：5957-5960.

[23] Zhang X，Yuan L，Jiang J，et al. Light-up lipid droplets dynamic behaviors using a red-emitting fluorogenic probe. Analytical Chemistry，2020，92（5）：3613-3619.

[24] Jiang M，Gu X，Lam J W Y，et al. Two-photon AIE bio-probe with large stokes shift for specific imaging of lipid droplets. Chemical Science，2017，8（8）：5440-5446.

[25] Gao M，Su H，Lin Y，et al. Photoactivatable aggregation-induced emission probes for lipid droplets-specific live cell imaging. Chemical Science，2017，8（3）：1763-1768.

[26] Zhou F，Zhang K，Li G，et al. Keto-salicylaldehyde azine：a kind of novel building block for AIEgens and its application in tracking lipid droplets. Materials Chemistry Frontiers，2020，4（10）：3094-3102.

[27] Shi L，Li K，Li L L，et al. Novel easily available purine-based AIEgens with colour tunability and applications in lipid droplet imaging. Chemical Science，2018，9（48）：8969-8974.

[28] Situ B，He B，Chen X，et al. Fluorescent sensing of nucleus density assists in identifying tumor cells using an AIE luminogen. Chemical Engineering Journal，2021，410：128183.

[29] Xu X，Yan S，Zhou Y，et al. A novel aggregation-induced emission fluorescent probe for nucleic acid detection and its applications in cell imaging. Bioorganic & Medicinal Chemistry Letters，2014，24（7）：1654-1656.

[30] Wang Z，Yan L，Zhang L，et al. Ultra bright red AIE dots for cytoplasm and nuclear imaging. Polymer Chemistry，2014，5（24）：7013-7020.

[31] Lee M M S，Zheng L，Yu B，et al. A highly efficient and AIE-active theranostic agent from natural herbs. Materials Chemistry Frontiers，2019，3（7）：1454-1461.

[32] Ling X，Huang L，Li Y，et al. Photoactivatable dihydroalkaloids for cancer cell imaging and chemotherapy with high spatiotemporal resolution. Materials Horizons，2020，7（10）：2696-2701.

[33] Lombard J. Once upon a time the cell membranes：175 years of cell boundary research. Biology Direct，2014，9（1）：32.

[34] Zheng X Y，Wang D，Xu W H，et al. Charge control of fluorescent probes to selectively target the cell membrane or mitochondria：theoretical prediction and experimental validation. Materials Horizons，2019，6（10）：2016-2023.

[35] Zhang W，Yu C Y Y，Kwok R T K，et al. A photostable AIE luminogen with near infrared emission for monitoring morphological change of plasma membrane. Journal of Materials Chemistry B，2018，6（10）：1501-1507.

[36] Zhang C，Jin S，Yang K，et al. Cell membrane tracker based on restriction of intramolecular rotation. ACS Applied Materials & Interfaces，2014，6（12）：8971-8975.

[37] Liu D，Ji S，Li H，et al. Cellular membrane-anchored fluorescent probe with aggregation-induced emission characteristics for selective detection of Cu^{2+} ions. Faraday Discuss，2017，196：377-393.

[38] Zhang Y，Yan Y，Xia S，et al. Cell membrane-specific fluorescent probe featuring dual and aggregation-induced emissions. ACS Applied Materials & Interfaces，2020，12（18）：20172-20179.

[39] Shi L，Liu Y H，Li K，et al. An AIE-based probe for rapid and ultrasensitive imaging of plasma membranes in biosystems. Angewandte Chemie International Edition，2020，59（25）：9962-9966.

[40] Ron D，Walter P. Signal integration in the endoplasmic reticulum unfolded protein response. Nature Reviews Molecular Cell Biology，2007，8（7）：519-529.

[41] Westrate L M，Lee J E，Prinz W A，et al. Form follows function: the importance of endoplasmic reticulum shape. Annual Review of Biochemistry，2015，84: 791-811.

[42] Zheng S，Huang C，Zhao X，et al. A hydrophobic organelle probe based on aggregation-induced emission: nanosuspension preparation and direct use for endoplasmic reticulum imaging in living cells. Spectrochimica Acta Part A: Molecular and Biomolecular Spectroscopy，2018，189: 231-238.

[43] Xiao P，Ma K，Kang M，et al. An aggregation-induced emission platform for efficient Golgi apparatus and endoplasmic reticulum specific imaging. Chemical Science，2021，12（41）: 13949-13957.

[44] Shi L，Gao X，Yuan W，et al. Endoplasmic reticulum-targeted fluorescent nanodot with large stokes shift for vesicular transport monitoring and long-term bioimaging. Small，2018，14（25）: 1800223.

[45] Feng G，Tay C Y，Chui Q X，et al. Ultrabright organic dots with aggregation-induced emission characteristics for cell tracking. Biomaterials，2014，35（30）: 8669-8677.

[46] Lin G，Manghnani P N，Mao D，et al. Robust red organic nanoparticles for *in vivo* fluorescence imaging of cancer cell progression in xenografted zebrafish. Advanced Functional Materials，2017，27（31）: 1701418.

[47] Che W，Zhang L，Li Y，et al. Ultrafast and noninvasive long-term bioimaging with highly stable red aggregation-induced emission nanoparticles. Analytical Chemistry，2019，91（5）: 3467-3474.

[48] Zhang J，Xu B，Tian W，et al. Tailoring the morphology of aiegen fluorescent nanoparticles for optimal cellular uptake and imaging efficacy. Chemical Science，2018，9（9）: 2620-2627.

[49] Wang Z，Yang L，Liu Y，et al. Ultra long-term cellular tracing by a fluorescent AIE bioconjugate with good water solubility over a wide pH range. Journal of Materials Chemistry B，2017，5（25）: 4981-4987.

[50] Zhou J，Yu G，Huang F. AIE opens new applications in super-resolution imaging. Journal of Materials Chemistry B，2016，4（48）: 7761-7765.

[51] Xu Y，Xu R，Wang Z，et al. Recent advances in luminescent materials for super-resolution imaging via stimulated emission depletion nanoscopy. Chemical Society Reviews，2021，50（1）: 667-690.

[52] Gu X，Zhao E，Zhao T，et al. A mitochondrion-specific photoactivatable fluorescence turn-on AIE-based bioprobe for localization super-resolution microscope. Advanced Materials，2016，28（25）: 5064-5071.

[53] Li D，Ni X，Zhang X，et al. Aggregation-induced emission luminogen-assisted stimulated emission depletion nanoscopy for super-resolution mitochondrial visualization in live cells. Nano Research，2018，11（11）: 6023-6033.

[54] Lv Z，Man Z，Cui H，et al. Red AIE luminogens with tunable organelle specific anchoring for live cell dynamic super resolution imaging. Advanced Functional Materials，2021，31（10）: 2009329.

[55] Wang Y L，Fan C，Xin B，et al. AIE-based super-resolution imaging probes for β-amyloid plaques in mouse brains. Materials Chemistry Frontiers，2018，2（8）: 1554-1562.

[56] Li D，Qin W，Xu B，et al. AIE nanoparticles with high stimulated emission depletion efficiency and photobleaching resistance for long-term super-resolution bioimaging. Advanced Materials，2017，29（43）: 1703643.

[57] Xu Y，Zhang H，Zhang N，et al. Deep-red fluorescent organic nanoparticles with high brightness and photostability for super-resolution *in vitro* and *in vivo* imaging using STED nanoscopy. ACS Applied Materials & Interfaces，2020，12（6）: 6814-6826.

[58] Shen Q，Xu R，Wang Z，et al. Donor-acceptor typed AIE luminogens with near-infrared emission for super-resolution imaging. Chemical Research in Chinese Universities，2021，37（1）: 143-149.

第 **4** 章

>>

细胞内微环境成像

引言

　　正常细胞内部的微环境中,各种指标如 pH、黏度始终维持着动态平衡,例如,人体内的血液和细胞内液的 pH 维持在 7.35～7.45。正常细胞中的各种物质如酶、金属离子等,物质分子的含量也都维持动态平衡。当细胞内部的某个指标参数或者某种化学物质的水平失常,往往会诱发各种疾病,如癌症、糖尿病、阿尔茨海默病等,严重的情况下甚至导致死亡。因此,可以通过监测 pH、黏度或者某种酶、金属离子的不正常变化为疾病早期的诊断提供参考,能够及时地发现并抑制疾病的发生。所以研究能够可视化监控、追踪细胞内的物质及相关参数变化的荧光分子探针具有很重要的价值。

　　如上述所说,相比于传统的荧光检测分子,AIE 分子凭借优异的光稳定性、大的斯托克斯位移,以及简单易合成、易功能化的优点,在细胞微环境中的监测和追踪应用中脱颖而出。本章将集中介绍用于细胞微环境中的 pH、黏度、酶活性、金属离子、活性氧物种等的检测与成像的典型 AIE 分子探针。

4.2 **细胞内 pH**

　　细胞内的 pH 与细胞行为和病理条件如细胞增殖、细胞凋亡、酶活性和蛋白质降解等密切相关。在细胞内,pH 在不同的细胞器内也不相同,溶酶体 pH 在 4.7 左右,而在线粒体中 pH 可以达到 8.0。为了维持生命体内的正常运转,各个细胞器 pH 需要维持动态平衡的状态[1, 2]。pH 异常会引起许多常见疾病,如癌症、阿尔茨海默病等。因此,对活细胞内的 pH 变化进行可视化和监控对于疾病的及时诊断和治疗具有重要意义。

　　为了得到高效 pH 响应的 AIE 荧光分子探针,唐本忠等制备出一种由 TPE 和吲哚类菁染料(Cy)单元组成的对 pH 敏感 AIE 分子探针 TPE-Cy[3][图 4-1(a)]。

在酸性条件下，TPE-Cy 质子化形成在水溶液中溶解性低的 TPE-Cy-H，发生聚集，呈现出红色的荧光。在碱性溶液中，羟基会破坏吲哚类染料的共轭作用，进而影响了供电子基团 TPE 和吸电子基团 Cy 之间的相互作用，荧光发生蓝移，呈现出蓝色荧光 [图 4-1（a）]。基于上述的机理过程，TPE-Cy 荧光能够对 pH 的变化呈现出比率型变化。当 TPE-Cy 进入细胞后，其荧光变化的 pH 转变点是在 6.5，刚好在生理范围内（pH 为 5.0~7.4）。TPE-Cy 的荧光强度与细胞的 pH 之间存在一定的线性关系，指示出细胞内 pH 的变化和波动。由于各个细胞器都有自己的 pH，利用 pH 的不同，该分子探针可以通过不同的荧光响应区分出细胞内的细胞器。在酸性溶酶体中，它会发出红色荧光，而在其他偏碱性的细胞器中发出蓝光荧光，可以将溶酶体与其他细胞器区分开 [图 4-1（b）]。

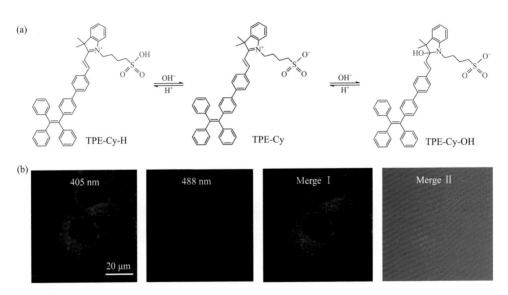

图 4-1　（a）TPE-Cy 的 pH 响应机理；（b）用 TPE-Cy 染色的 HeLa 细胞在 405 nm 和 488 nm 的激发下的共聚焦图像、两个波长通道的合并图像（Merge Ⅰ）以及和明场的合并图像（Merge Ⅱ）

　　同样以 TPE 为基础，Liu 等将 TPE 和花青连接到一起，得到了具有 pH 响应性的分子探针 Cassette A[4] [图 4-2（a）]。该分子能够实现可见光和近红外双重激发和发射，并用于灵敏检测活细胞中的 pH。Cassette A 是 TPE 作为供体，花青作为受体，以跨键能量转移（TBET）机制为基础构建的具有大的斯托克斯位移的比率型荧光探针。在中性和酸性条件下该分子由于 AIE 效应释放出荧光，而在碱性条件下由于 TPE 供体的负电荷之间的电荷排斥而会发生荧光猝灭。研究分析表明，在 pH 为 5.0 时，供受体都能够发射出很强的荧光；随着 pH 的增大，供受体的荧光强度都明显减小；在 pH 达到 7 时，供体的蓝色通道的荧光强度已经变得很弱，而花青受体荧光强度仍较强；pH 从 5.0 到 9.0 变化时，TPE 供体受激发时，蓝色和 NIR 通道的合并图像从紫色变为弱红色。该 AIE 分子可以指示活细胞中 pH 从 5.0 变为 9.0，呈现比例荧光响应 [图 4-2（b）]。此外，不同 pH 下细胞形态也引起了研究人员的兴趣，孟萌和郗日沫等设计出了一种近红外靶向线粒体的荧光探

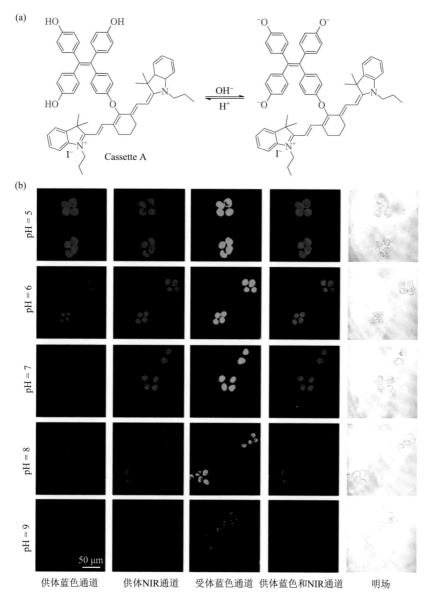

图 4-2　（a）Cassette A 的分子结构以及其对 pH 的响应机理；（b）Cassette A 染色的 HeLa 细胞在不同 pH 的荧光图像

针 TPE-Xan-In[5]，该探针不仅具有 pH 响应性，而且能够长期追踪成像线粒体。这类探针的开发对研究细胞器形态与细胞间 pH 变化的关系等相关生理健康状况判断具有重要的意义。

同样基于比率型荧光检测探针相比于普通的单色成像的优点，如更高的灵敏度、信号稳定性、受外界干扰小，唐本忠、侯红卫和李恺等合成了化合物 3〔2-〔5-（4-羧苯基）-2-羟苯基〕苯并噻唑〕（AIE-pH-Ratio）〔图 4-3（a）〕。（2-羟苯基）苯并噻唑通过单键连接到平面结构骨架上形成了 AIE-pH-Ratio[6]，具有 ESIPT[7] 的效应，显示出比率荧光特点。该分子探针在不同 pH 的溶液中表现出不一样的荧光发射。不同 pH 下的荧光强度具有不同的变化曲线〔图 4-3（b）〕。AIE-pH-Ratio 对不同 pH 响应的机理解释：分子 AIE-pH-Ratio 中有两个质子响应部分羧基和酚羟基。在酸性条件下，由于质子化，AIE-pH-Ratio 在水溶液中溶解度低，聚集诱导黄色荧光发射；在碱的作用下，羧基和酚羟基依次脱质子，形成 AIE-pH-Ratio-H$^+$ 和 AIE-pH-Ratio-2H$^+$，因而发射青色荧光〔图 4-3（a）〕。该分子在 pH 大约 7.5 时，会发生明显的荧光转变，与生物体内的 pH 相匹配，适合生物应用。随后研究人员用 AIE-pH-Ratio 处理了不同 pH 下的 HeLa 细胞，随着 pH 从 6.86 增加到

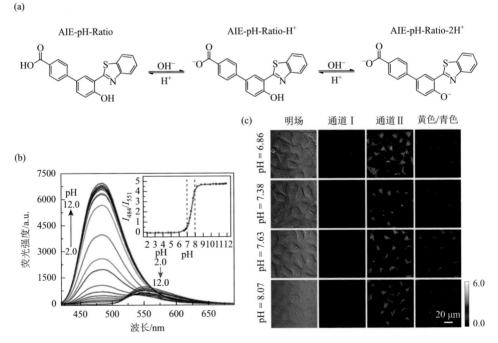

图 4-3 （a）AIE-pH-Ratio 的分子结构及对 pH 的响应机理；（b）AIE-pH-Ratio 在不同 pH 下荧光强度的变化；（c）经过 AIE-pH-Ratio 处理后的 HeLa 细胞在不同 pH 下的荧光成像，从左到右：明场图像、通道Ⅰ（450～520 nm）、通道Ⅱ（520～600 nm）及比例荧光图像

8.07，通道 I 的荧光亮度（450～520 nm）增强，而通道 II（520～600 nm）降低 [图 4-3（c）]。另外，黄色和青色的比例荧光强度和 pH 之间表现出良好的线性关系，$R = 0.93$。AIE-pH-Ratio 可以很好地监测活细胞内 pH 波动，在监测和诊断方面的应用具有很大的潜力。

最近研究还报道了对传统的发光分子进行改性获得 AIE 性质，利用传统荧光分子的固有发光和 AIE 荧光之间的比率荧光信号，实现对 pH 变化的精准检测。郭子建和何卫江等将对 pH 敏感的基团苯并咪唑连接到 BODIPY 的分子骨架上，得到具有 AIE 性质的 pH 分子检测探针[8]。根据取代基的不同一共得到了三种分子，BBI-1、BBI-2、BBI-3 [图 4-4（a）]。在三种化合物中均观察到 pH 诱导的 BODIPY 本征发光与 AIE 发光，利用两者的比率作为检测信号，可以应用于 pH 传感的比率荧光探针。之后研究人员研究了 BBI-1 分子对 A549 细胞在不同 pH 下的比率荧光成像 [图 4-4（b）]，实现了比率型检测细胞内 pH 的目的。

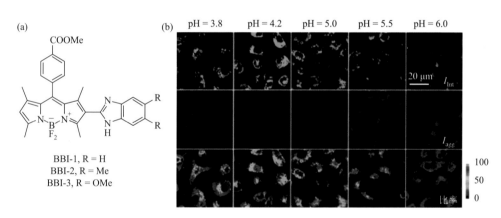

图 4-4　（a）BBI-1、BBI-2、BBI-3 的分子结构；（b）BBI-1 对不同 pH 下的 A549 细胞的比率荧光成像

4.3　细胞内黏度

细胞内的黏度也是生物体内重要的参数，黏度的大小会影响到细胞内靠扩散调节的各种生物过程，进而控制生物体内物质运输和信号传导[9, 10]。除此之外，细胞内黏度的不正常的变化是多种疾病的判断指标[11]，如癌症、动脉粥样硬化、糖尿病和阿尔茨海默病等。所以对细胞内黏度分布进行可视化分析对于许多生物过程的研究是至关重要的。

上面提到的 AIE 活性分子 TPE-Cy 也可以作为细胞内黏度分布检测的生物探针 [图 4-5（a）][12]。该分子探针测黏度的机理主要是细胞内不同的黏度会影响

TPE-Cy 的旋转运动，并且它在不同的细胞环境中表现出不同的荧光亮度和荧光寿命：在高黏度的细胞环境中，TPE-Cy 具有荧光强度高、荧光寿命长的特点；而在低黏度的细胞环境中，TPE-Cy 荧光发射弱、荧光寿命短。所以可以借助不同黏度下 TPE-Cy 不同的荧光发射信号来表征细胞内的黏度分布。另外，该分子探针可以被 600 nm 双光子激发，可以避免自身荧光的干扰［图 4-5（b）］。TPE-Cy 进入细胞后，可以靶向到具有膜结构的细胞器，如线粒体和脂滴。在磷脂堆积松散的脂滴中，TPE-Cy 寿命较短，大约为 500 ps，而在磷脂堆积紧密的线粒体中，TPE-Cy 寿命较长，大约为 1000 ps。这是因为线粒体中的磷脂堆积相比于脂滴的磷脂堆积紧密，黏度更高，这在荧光寿命分布显微图像和直方图中清楚地体现出来了［图 4-5（c）和（d）］。TPE-Cy 在不同细胞器中具有不同寿命，反映了细胞内的不同流动性和黏度分布，通过分析 TPE-Cy 的寿命可以得到细胞内各个细胞器部分的黏度分布。

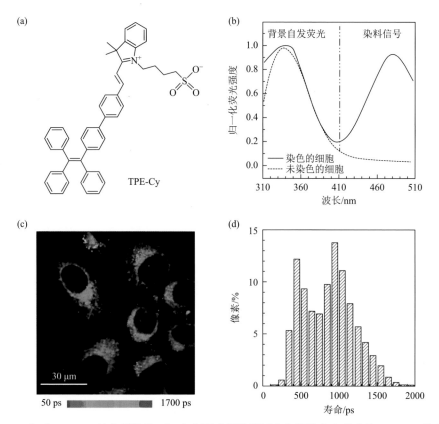

图 4-5 （a）TPE-Cy 的分子结构；（b）在双光子激发下来自细胞自身荧光和 TPE-Cy 染色的细胞的光致发光信号的比较；（c）荧光寿命成像显微镜图像；（d）TPE-Cy 染色的 HeLa 细胞的荧光寿命分布直方图

　　蒋健晖和汪凤林等在 TPE 核上引入吡啶基和吲哚环，得到了两个分别靶向线粒体和溶酶体的 AIE 分子探针：MitoAIE1 [图 4-6（a）] 和 LysoAIE2[13] [图 4-7（a）]。在黏度高的介质中，这两种分子由于分子内的转动受到限制会发射强荧光。两个分子探针的荧光强度都会随着黏度增加而增加 [图 4-6（b）和图 4-7（b）]。研究人员用 MitoAIE1 和 LysoAIE2 两个分子监测线粒体自噬过程中的线粒体和溶酶体的变化 [图 4-6（c）和图 4-7（c）]，两者的荧光强度都增加，证明在线粒体自噬过程中，线粒体和溶酶体的黏度都增加。

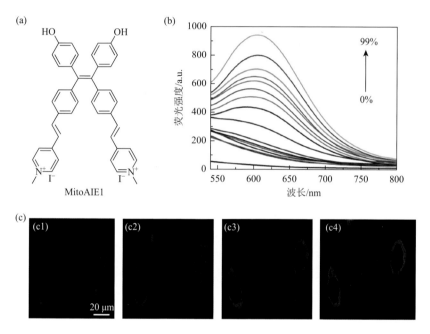

图 4-6　（a）MitoAIE1 的分子结构；（b）MitoAIE1 的黏度响应曲线（百分数为混合溶液中甘油的含量）；（c）饥饿诱导的细胞自噬 0 min（c1）、30 min（c2）、60 min（c3）和 120 min（c4）MitoAIE1 处理 HeLa 细胞的共聚焦荧光图像

　　上述提到共轭聚电解质荧光探针具有荧光强度高、光稳定性好、细胞毒性低等突出特点，具有 AIE 性质的共轭聚电解质大分子生物探针近年来也受到研究人员的关注。赵祖金、Smith 和周箭等制备得到了一系列包含 TPE 的共轭聚电解质（AIE CPES）[图 4-8（a）][14]。三种分子在聚集状态下，分别发出青色到红色的荧光。低细胞毒性的 AIE CPES 可以直接进入活细胞，并对细胞进行荧光成像。研究人员利用荧光寿命成像显微镜（FLIM）分别测试三种分子在 HeLa 细胞中荧光寿命的分布 [图 4-8（b）]。红色代表寿命短，蓝色代表寿

命长，可见 P1$^+$、P2$^+$和P3$^+$在荧光寿命图像中呈现出不同的特点：P1$^+$分子的寿命较短，而 P3$^+$分子的寿命较长并且与 P1$^+$或 P2$^+$孵育的 HeLa 细胞的图像不同。P3$^+$分子进入 HeLa 细胞出现了荧光分布的特点，在细胞膜内侧荧光寿命较短，在细胞质荧光寿命较长。显示出长平均荧光寿命的区域代表的是高黏度区域，有利于聚电解质荧光探针的聚集，因此可以用荧光寿命图像成像分析细胞各个部分的黏度分布，该聚合物电解质的研发有助于新颖的 AIE 大分子生物探针的发展。

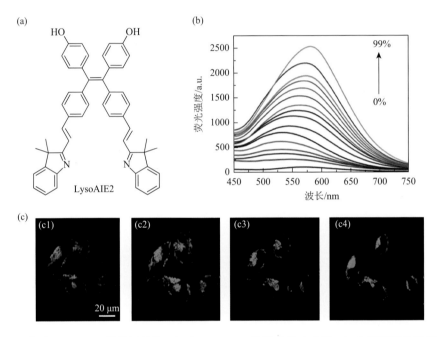

图 4-7 （a）LysoAIE2 的分子结构；（b）LysoAIE2 的黏度响应曲线；（c）饥饿诱导的细胞自噬 0 min（c1）、30 min（c2）、60 min（c3）和 120 min（c4）LysoAIE2 处理 HeLa 细胞的共聚焦荧光图像

　　能够定量检测细胞内黏度分布的荧光探针对研究细胞相关生理活动具有很重要的意义，用于定量黏度检测的新型 AIE 荧光分子探针也有报道。朱勍研究课题组基于 2-苯乙烯基喹啉[15]，得到了 AIE 分子探针 HAPH-1［图 4-9（a）］。该分子具有优异的双光子性能，对黏度具有良好的敏感性。在甘油和水的混合溶液中改变两者的组分，从纯水到 99%的甘油，探针在 470 nm 处出现较强的荧光发射峰，并且在 550 nm 处出现了一个新的发射峰，证明了 HAPH-1 分子对黏度灵敏的响应特性［图 4-9（b）］。并且在 550 nm 处 lg（I/I_0）随 lg（黏度）增加而增加，并且

与 lg（黏度）之间存在良好的线性关系，相关系数为 0.998 ［图 4-9（c）］，表明了
HAPH-1 探针可以定量检测的特点。温度越低细胞的黏度越大，研究人员通过温
度控制细胞黏度的大小，用该分子探针处理不同温度下的 HeLa 细胞进行共聚焦
双光子荧光成像 ［图 4-9（d）］。随着培养温度的降低，HeLa 细胞黄色通道处荧光
信号增强，表明 HAPH-1 可以用于监测细胞内黏度的变化，在生物细胞检测和诊
断方面具有很好的应用前景。

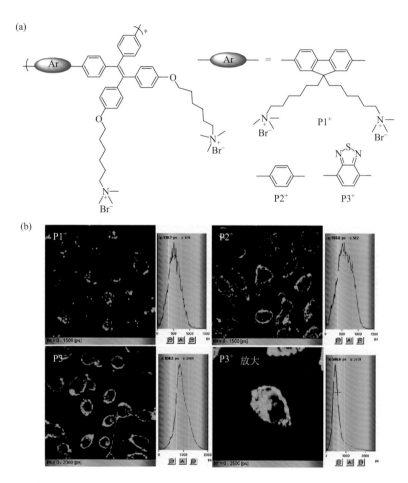

图 4-8　（a）P1$^+$、P2$^+$ 和 P3$^+$ 的分子结构；（b）P1$^+$、P2$^+$ 和 P3$^+$ 在 37 ℃下染色 HeLa
细胞 0.5 h 的荧光寿命图像

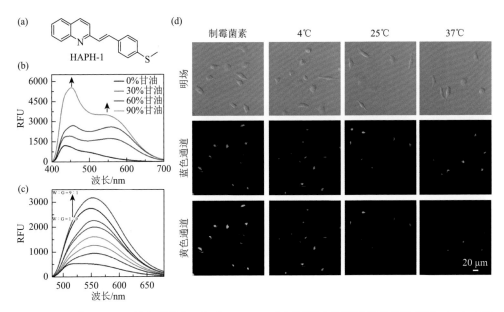

图 4-9 （a）HAPH-1 的分子结构；（b）HAPH-1 在不同黏度值下的荧光发射光谱；（c）水和甘油不同比例下在 550 nm 处的荧光强度；（d）在不同温度下 HAPH-1 处理 HeLa 细胞后的共聚焦双光子荧光的图片，蓝色通道：Ex = 640 nm 和 Em = 420～500 nm，黄色通道：Ex = 720 nm 和 Em = 520～580 nm

4.4 细胞内活性氧物种

　　活性氧物种（ROS）是一种性质活泼的含氧物质，在细胞信号转导和稳态中发挥着重要作用，在生物体维持健康的生理条件中扮演着重要的角色。ROS 主要包括过氧化氢（H_2O_2）、次氯酸盐（ClO^-）、超氧化物（O_2^-）、羟基自由基（·OH）、单线态氧（$^1O_2$）。ROS 与疾病诊断治疗密切相关[16, 17]。生物体内的 ROS 含量应保持在合理的范围之内。细胞内部过量产生 ROS 可能导致许多疾病，如癌症、炎症、心肌病、糖尿病、神经退行性疾病等。对体内和细胞内的 ROS 的检测对于评估相关的生理条件，及时监控到不正常的生理条件具有很重要的意义。

　　超氧阴离子是常见的 ROS，与人体内一些疾病的发生具有密切的联系。唐本忠、孙景志和刘斌等通过结合荧光分子、活性基团及连接基团得到了双通道荧光响应的超氧阴离子荧光检测分子探针 TPE-Py-PO[18]［图 4-10（a）］。荧光分子为连接吡啶基团改性的 TPE 衍生物，反应基团为二苯基膦酰部分，与超氧阴离子发生特异性反应后，由 TPE-Py-PO 转化为 TPE-Py。两个探针都具有疏水性，在水溶液中都处于聚集状态，TPE-Py-PO 在聚集状态下发射红色的荧光（615 nm），在超氧阴离子存在的情况下，原位生成聚集状态的 TPE-Py，能够发射绿色荧光

（525 nm），呈现出双通道荧光响应。在不同条件下处理的 HepG2 细胞经探针
TPE-Py-PO 染色后荧光强度会有不同 ［图 4-10（b）］。PMA 能够诱导细胞产生超
氧阴离子，相比于只用探针 TPE-Py-PO 染色的细胞，经 PMA 处理的细胞绿色荧
光增强，红色荧光减弱。之后加入 BSO 诱导细胞凋亡，以及加入 LPS 产生炎症，
都发现红色荧光减弱绿色荧光增强，说明超氧阴离子与凋亡和炎症之间存在密切
的关系。可以将探针 TPE-Py-PO 用于检测超氧阴离子及诊断相关炎症症状。

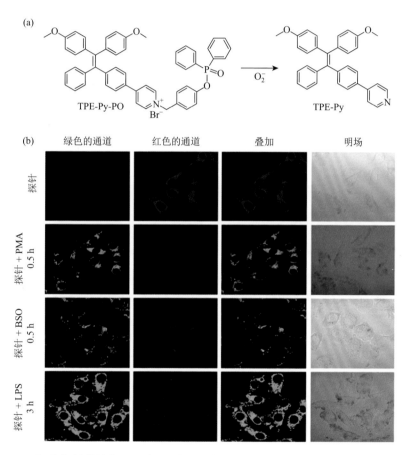

图 4-10　（a）探针的结构及工作机理解释；（b）分别经 PMA、BSO、LPS 处理 HeLa
细胞之后的荧光强度的变化

　　H_2O_2 也是一种常见的 ROS。硼酸酯是 H_2O_2 检测分子结构中常用的功能基团，
所以硼酸酯基团常被作为 H_2O_2 的反应活性位点引入到 AIE 分子探针中[19, 20]。基
于在 H_2O_2 存在的情况下硼酸酯-酚转变机理，唐波和李平等将 AIE 分子连接上硼
酸酯。通过理论计算发现，C—B 键的极性越大，与 H_2O_2 反应的灵敏性越高[19]。

因此该小组设计了 TPE-BO 分子［图 4-11（a）］。TPE-BO 能够对 H_2O_2 产生快速响应。在 H_2O_2 存在时，TPE-BO 发射的荧光会产生变化［图 4-11（b）和（c）］。研究人员探究了 TPE-BO 对活小鼠巨噬细胞（Raw 264.7 细胞）中内源性的 H_2O_2 的检测［图 4-11（d）～（i）］，在没有添加 H_2O_2 诱导剂（PMA）时，Raw 264.7 细胞发射比较弱的绿色荧光，而当添加了 PMA 之后，Raw 264.7 细胞发射较亮的荧光。TPE-BO 能够很灵敏地检测产生的 H_2O_2，表现出了对 H_2O_2 的检测灵敏性。

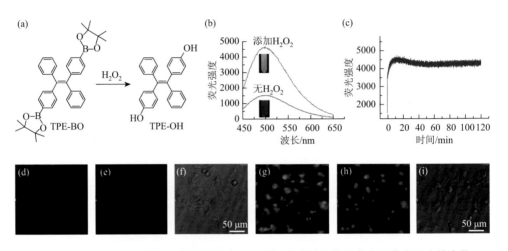

图 4-11 （a）TPE-BO 的分子结构及反应机理；（b）在过氧化氢存在下荧光强度的变化；（c）TPE-BO 对过氧化氢的荧光动力学响应；（d）～（i）不同条件下使用探针 TPE-BO 对活小鼠巨噬细胞 Raw 264.7 的共聚焦荧光成像，（d）（e）和（f）的叠加；（e）TPE-BO 处理细胞后的荧光图像；（f）明场图像；（g）（h）和（i）的叠加；（h）PMA 刺激下 TPE-BO 处理细胞后的荧光图像；（i）明场图像

次氯酸根离子（ClO^-）是体内髓过氧化物酶（MPO）催化过氧化氢和氯离子产生的一种 ROS。ClO^- 在生命活动中扮演着重要的角色，包括在免疫系统中抗菌和维持细胞稳态。不正常的 ClO^- 水平会引起严重的疾病，如动脉粥样硬化、类风湿性关节炎、癌症等，因此 ClO^- 的监控对于相关疾病的诊断和治疗具有重要的意义。例如，唐本忠和吴水珠等在 TPE 分子上引入了二氰基乙烯基，得到了疏水性的探针 MTPE-M［图 4-12（a）］[21]。CTAB 和 Triton X-100 等表面活性剂可以使 MTPE-M 形成胶束。MTPE-M 聚集可以发出橙红色荧光（595 nm），在 ClO^- 的存在下分子结构上的二氰基乙烯基会转化为醛基，595 nm 处的荧光强度会逐渐减弱，荧光波长会发生蓝移，498 nm 处的荧光强度会逐渐增加，可以实现比率荧光检测。MTPE-M 能够很灵敏地选择性检测活细胞或者体内的内源性 ClO^-。通过荧

光颜色变换可以检测出经 LPS 和 PMA（LPS 和 PMA 能够刺激细胞产生内源性的 ClO⁻）处理之后的巨噬细胞 Raw 264.7 细胞中的 ClO⁻ ［图 4-12（b）］，具有灵敏度高、响应快的特点。

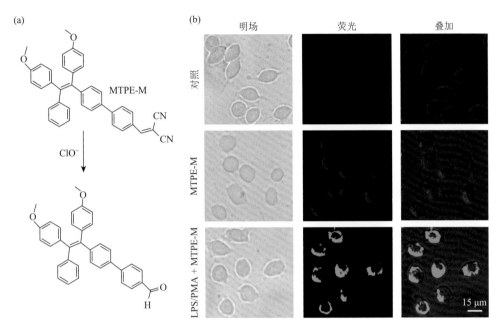

图 4-12 （a）MTPE-M 探针的分子结构及检测机理；（b）LPS/PMA 处理 Raw 264.7 细胞前后 MTPE-M 分子探针对其进行荧光成像

在 PDT 治疗过程中会产生 ROS，达到治疗效果。利用荧光成像来监控 ROS 的产生及治疗效果，对评估相应探针的治疗效果具有重要的意义。所以，为了实时监控光动力治疗过程中单线态氧的产生，刘斌等将具有 AIE 性质的光敏剂和 Rhodol 染料通过氨基丙烯酸酯键连接到一起，再连接特异性的识别基团 c-RGD，得到探针 TPETP-AARho-cRGD ［图 4-13（a）］[22]。TPETP-AARho-cRGD 中氨基丙烯酸酯键可以被单线态氧分解，c-RGD 可以靶向 $\alpha_v\beta_3$ 整合素过表达的癌细胞。光敏剂产生的单线态氧使连接键断裂，释放出发射绿色荧光的 6-羟基-3*H*-黄嘌呤-3-酮，利用荧光的改变可以实时监控在 PDT 治疗过程中单线态氧的产生。研究人员用该分子探针处理 $\alpha_v\beta_3$ 整合素过表达的 MDA-MB-231 细胞，随着光照时间的增加，绿色荧光强度的变化可反映细胞中单线态氧的产生。随着光照时间的增加，绿色荧光出现并逐渐增强证明单线态氧产生的量逐渐增加。在单线态氧裂解剂抗坏血酸（Asc）的存在下，没有发现绿色荧光，进一步证明了探针对单线态氧良好的靶向性 ［图 4-13（b）］。

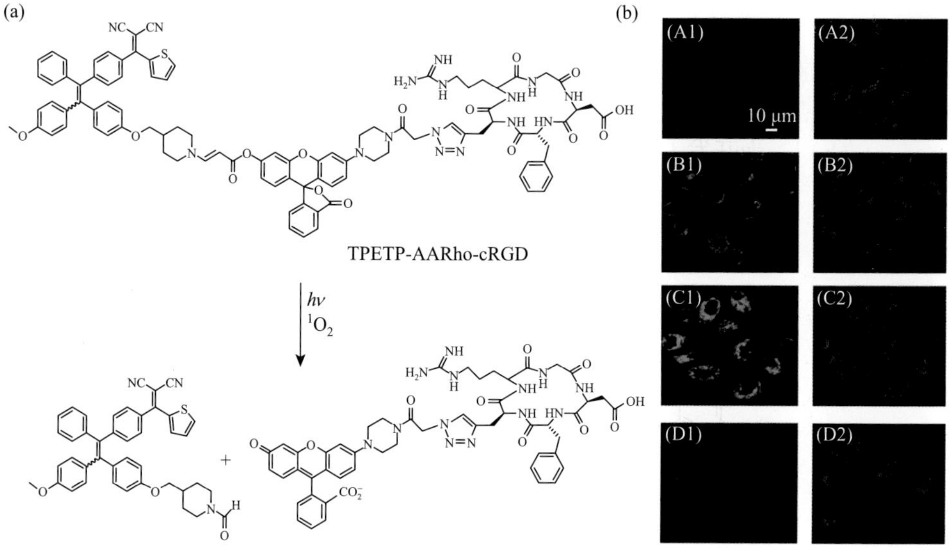

图 4-13 （a）TPETP-AARho-cRGD 的分子结构；（b）TPETP-AARho-cRGD 处理 MDA-MB-231 细胞，（A1）和（A2）: 0 min,（B1）和（B2）: 2 min,（C1）和（C2）: 4 min,（D1）和（D2）: 存在单线态氧清除剂 Asc 4 min，1：TPETP-AARho-cRGD 分子处理 MDA-MB-231 细胞随光照时间的绿色通道的变化；2：TPETP-AARho-cRGD 分子处理 MDA-MB-231 细胞随光照时间的红色通道的变化

4.5 细胞内金属离子

汞离子（Hg^{2+}）在重金属及过渡金属离子中是毒性相对较大的。在生物体内汞离子或含汞的化合物很难被代谢，它们可以通过食物链累积富集。汞离子在动物体内积累到一定程度，会造成严重的不良后果，引发严重的疾病，如免疫系统遭到破坏、DNA 受到损伤、中枢神经严重损伤等。因此，对生物体内的汞离子进行高效实时检测有助于及时诊断和治疗相关的疾病，避免严重的后果。

目前研究人员已经开发出多类别的 Hg^{2+} 检测探针[23-26]。利用暗态跨键能量转移（DTBET）机制，唐本忠和陈韵聪等成功开发了检测 Hg^{2+} 的分子探针 p-TPE-RNS [图 4-14（a）][23]。该分子将 TPE 与罗丹明连接，罗丹明结构呈螺内酰胺形式，由于共轭程度低而阻止了 TPE 和罗丹明之间的能量转移，因而 p-TPE-RNS 的聚集体中只能发射来自 TPE 分子的蓝色荧光。在 Hg^{2+} 存在时，p-TPE-RNS 中罗丹明结构会发生变化得到带正电荷的罗丹明（p-TPE-RNO），溶解度增加，TPE 的非辐射衰减增加。更重要的是，在 TPE 和罗丹明之间会发生 DTBET 效应，可以观察到来自罗丹明的红色荧光。因此，根据红色与蓝色的荧光比率可以确定 Hg^{2+} 的浓度。该分子探针对 Hg^{2+} 具有很高的选择性和灵敏性，检测下限可以达到 0.3 ppm

（ppm 为 10^{-6}）。研究人员研究了该分子探针在 HeLa 细胞中对 Hg^{2+} 的检测，在没有 Hg^{2+} 的情况下，*p*-TPE-RNS 染色的细胞发出的主要是蓝光，在 Hg^{2+} 存在的情况下，蓝光被转化为红色荧光，根据两种荧光之间的比率变化可以检测 Hg^{2+} [图 4-14（b）]，为开发 Hg^{2+} 的高性能检测材料提供了一种新的设计策略。

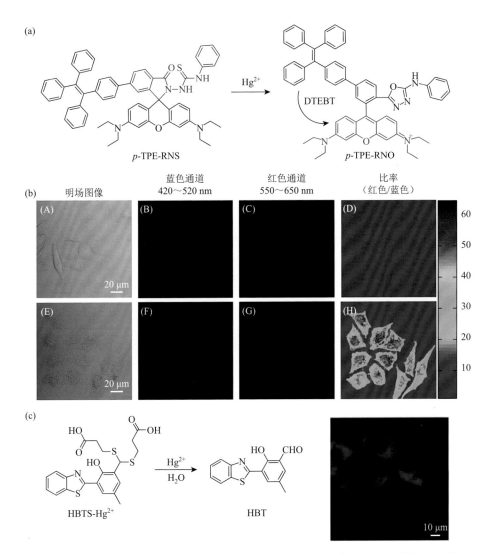

图 4-14　（a）*p*-TPE-RNS 对 Hg^{2+} 的检测机理示意图；（b）在没有[（A）~（D）]和存在[（E）~（H）] Hg^{2+} 的情况下，用 *p*-TPE-RNS 染色 40 min 后得到的 HeLa 细胞的共聚焦显微镜图像，（A）和（E）：明场图像；（B）和（F）：蓝色通道；（C）和（G）：红色通道；（D）和（H）：红色/蓝色比率图像；（c）探针 HBTS-Hg^{2+} 的分子结构和工作机理，以及 HBST-Hg^{2+} 处理 MCF-7 细胞后用 Hg^{2+} 处理 30 min 后的荧光图像

此外，研究人员常将二硫代缩醛基团作为 Hg^{2+} 的特殊作用位点引入到分子结构中，形成水溶性较好的极性分子探针。在 Hg^{2+} 存在下，该官能团离去，形成具有 AIE 性质的非极性探针，形成聚集状态，从而实现荧光的开启[24-26]。燕小梅和汤立军等设计合成了基于苯并噻唑的 AIE 型 Hg^{2+} 探针 HBTS-Hg^{2+} [图 4-14（c）][24]。HBT 具有 ESIPT 性质，可以产生较大的斯托克斯位移，这有利于避免荧光团的自吸收，当 Hg^{2+} 存在时，HBTS-Hg^{2+} 探针被水解，官能团二硫代缩醛基离去，在检测环境中形成 HBT 的聚集状态，发射出荧光信号。HBTS-Hg^{2+} 可以检测细胞环境中的 Hg^{2+}。用该探针染色的 MCF-7 细胞经 Hg^{2+} 处理之后，可以释放出更加明亮的绿色荧光信号，证明了 Hg^{2+} 的存在 [图 4-14（c）]。

铁离子（Fe^{3+}）是人体内最丰富的金属离子之一，涉及许多生化过程。Fe^{3+} 含量异常会诱发人体的多种疾病，如贫血、癌症、肝肾功能障碍、阿尔茨海默病、血色素沉着病等，甚至引起死亡。因此，对 Fe^{3+} 检测具有很重要的意义与价值。唐本忠等[27]在四苯基乙烯中引入取代基，设计了一种简单的 Fe^{3+} 特异性检测荧光探针 TPE-o-Py [图 4-15（a）]。由于邻位取代异构体的位置以及 TPE-o-Py 具有接近于水解 Fe^{3+} 的低酸解常数，TPE-o-Py 在与 Fe^{3+} 相互作用时可以发射出明显的橘红色荧光信号。TPE-o-Py 可以用于检测细胞中的 Fe^{3+}。当 Fe^{3+} 存在时，通过荧光显微镜可以观察到强烈荧光。研究人员用 Fe^{3+} 处理 HeLa 细胞，处理前后荧光变化 [图 4-15（b）]表明其在生物体内 Fe^{3+} 监测方面有潜在的应用价值。

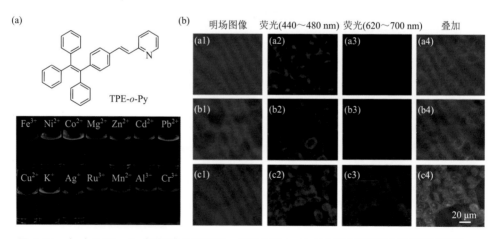

图 4-15 （a）TPE-o-Py 探针的分子结构，以及 TPE-o-Py 和不同离子混合后的荧光照片；（b）经过 Fe^{3+} 处理 [（a1）～（a4）：0 mol/L，（b1）～（b4）：$25×10^{-6}$ mol/L，（c1）～（c4）：$50×10^{-6}$ mol/L] 后 TPE-o-Py 对 HeLa 细胞的荧光成像对比

钙离子（Ca^{2+}）也是人体内重要的金属离子，李剑利等设计了一个水溶性的 Ca^{2+} 的检测探针[28] [图 4-16（a）]。在 TPE 的分子结构上连接亲水双齿吡啶羧酸

基，得到了分子探针 L。在探针 L 中 TPE 为荧光分子，亲水性的双齿吡啶羧酸基作为 Ca^{2+} 的识别基团。当 L 和 Ca^{2+} 相互作用时，可以产生荧光信号；经 EDTA 处理后，其荧光又可以消失，实现可逆地检测 Ca^{2+} ［图 4-16（b）］。由于 L 良好的细胞膜通透性及低的细胞毒性，将其用于实时监测活细胞中 Ca^{2+} 的变化，经过 Ca^{2+} 处理之后，荧光增强，说明其对 Ca^{2+} 具有检测能力 ［图 4-16（c）］。Ca^{2+} 处理的 A549 细胞分别在 0 min、30 min、60 min 的荧光变化，呈现出荧光增强的趋势，证明了该分子探针具有实时监测活细胞中 Ca^{2+} 变化的能力 ［图 4-16（d）］。

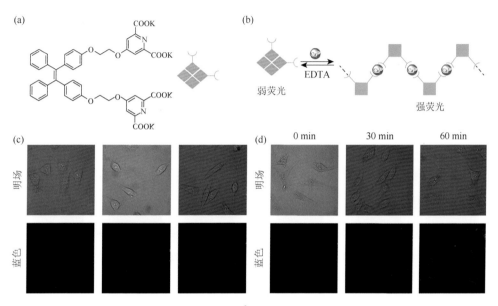

图 4-16　（a）L 的分子结构；（b）L 检测 Ca^{2+} 的机理；（c）左：对照组；中：只有探针 L 处理 A549 细胞的明场及荧光图像；右：经过 Ca^{2+} 处理之后探针 L 处理 A549 细胞的明场及荧光图像；（d）Ca^{2+} 处理 A549 细胞后分别用探针 L 处理 HeLa 细胞 0 min、30 min、60 min 的明场及荧光图像

　　单一的 AIE 分子探针对多种金属离子响应，是实现高效检测金属离子的重要思路。杨发福等设计了基于席夫碱衍生物的 AIE 分子 AIE-M[29]，并将其用于顺序检测 Co^{2+}-Hg^{2+}-Cu^{2+}。该分子能够发射波长 620 nm 的红色荧光，具有大的斯托克斯位移，达到了 260 nm。当该分子遇到 Co^{2+} 时，会发生荧光猝灭；当 Hg^{2+} 存在时，该荧光会恢复；当遇到 Cu^{2+} 之后又可以实现荧光猝灭 ［图 4-17（a）］。AIE-M 与金属离子的反应计量比例为 2∶1。AIE-M 具有良好的生物相容性，将其应用于检测 MCF-7 细胞中的金属离子。在 Co^{2+}、Hg^{2+}、Cu^{2+} 处理的条件下，AIE-M 荧光出现了猝灭-荧光-猝灭的一个过程 ［图 4-17（b）］，证明了该分子探针对上述三种金属离子具有顺序检测能力，对设计高效检测荧光分子探针提供了重要的策略。

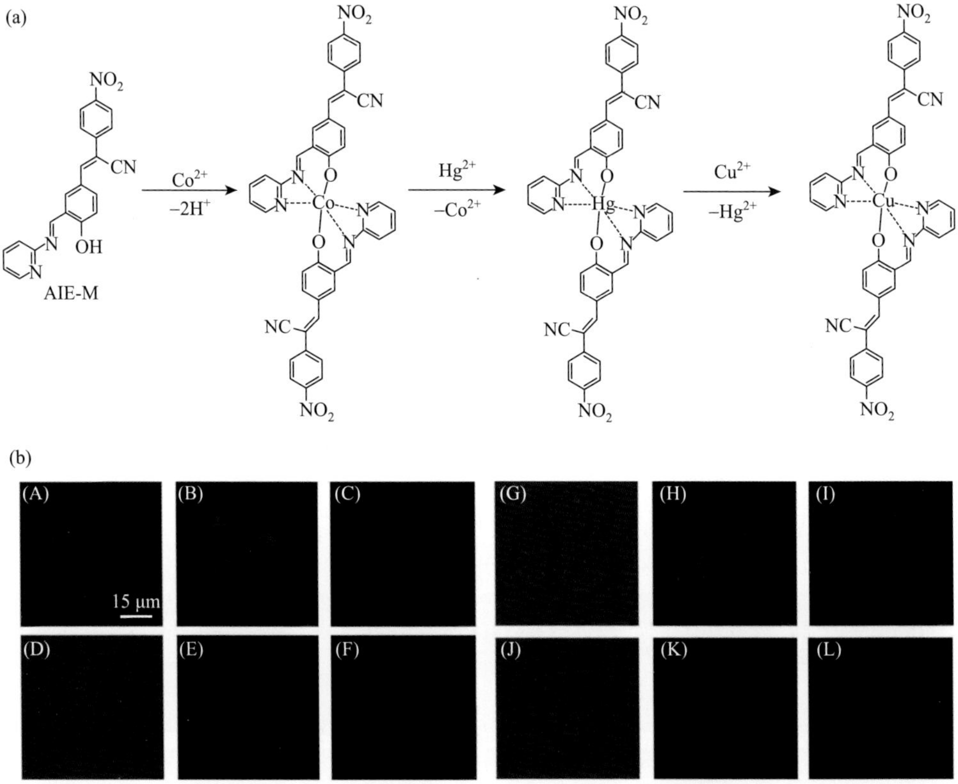

图 4-17 （a）探针 AIE-M 的分子结构；（b）探针 AIE-M 顺序检测金属离子的荧光图像，（A）～（C）：探针 AIE-M-MCF-7 细胞；（D）～（F）：探针 AIE-M-MCF-7 细胞-Co²⁺；（G）～（I）：探针 AIE-M-MCF-7 细胞-Co²⁺-Hg²⁺；（J）～（L）：探针 AIE-M-MCF-7 细胞-Co²⁺-Hg²⁺-Cu²⁺，其中左侧为明场图像，中间为荧光图像，右侧为荧光与明场叠加图像

4.6 细胞内生物活性分子成像

生物活性物质在细胞内的存在是少量或者微量，但是在生命过程中各自都扮演着很重要的角色。细胞内每种活性物质都需要维持合理的水平、功能、活性，才能维持细胞和生命体的正常运转，因此检测细胞内的活性分子的活性，对于研究相关的生理过程具有重要的意义。本节主要介绍 AIE 分子探针对细胞内各种活性酶和谷胱甘肽活性的成像与检测。

4.6.1 碱性磷酸酶

碱性磷酸酶（alkaline phosphatase，ALP）是一种水解酶，可以催化核酸、蛋白质、碳水化合物等多种物质去磷酸化过程。ALP 的催化活性大小经常被用来作为医学上疾病诊断的标志。ALP 的水平及催化活性的不正常往往会引起重要的疾病，如癌症、肝炎、肠道疾病和糖尿病等[30]，所以监控 ALP 的活性对疾病的早期诊断和治疗具有很重要的意义，目前 AIE 荧光检测 ALP 活性受到广泛的研究。

ALP 的酶活性常基于 ALP 脱磷酸化反应为机理来检测。目前研究人员多以四苯基乙烯为生色团进行功能化，制备 ALP 检测探针。现已经开发出了多种类 ALP 活性检测探针[31-33]，如 TPE-MeO-PA、TPE-PA 和 TPE-2PA ［图 4-18（a）］。在 ALP 存在的情况下，这些 AIE 分子探针可以水解磷酸基生成水溶性较差的分子结构，形成聚集的状态从而发射荧光，达到荧光开启检测 ALP 活性的目的。例如，张先正和曾旋等开发了高效的检测 ALP 的荧光分子探针。他们将不同数量的—PO_3H_2 引入到 TPE 中得到了 TPE-PA 和 TPE-2PA ［图 4-18（a）］[33]。TPE-2PA 对 ALP 有比较高的灵敏度，能够实时监控细胞中 ALP 的存在和活性。在 ALP 存在的情况下，TPE-2PA 可以被快速水解，形成聚集状态，发射出荧光信号，用于检测细胞中 ALP。此外，经研究发现该分子探针 TPE-2PA 在成骨分化过程中表现出良好的细胞通透性和高的荧光信噪比 ［图 4-18（b）］。将制备得到的 TPE-PA 和 TPE-2PA 对成骨分化细胞和未分化的细胞进行荧光检测，可以看到在第 3 天、第 7 天时成

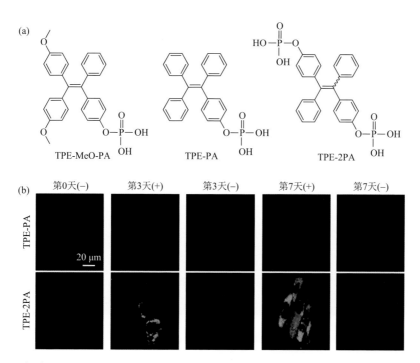

图 4-18　（a）TPE-MeO-PA、TPE-PA 和 TPE-2PA 的分子结构；（b）TPE-PA 和 TPE-2PA 在骨髓间充质干细胞未分化细胞培养基（−）和分化细胞培养基（＋）中的荧光现象

骨分化的细胞中检测到荧光信号，而在其他未分化的细胞中没有发现荧光信号，并且 TPE-2PA 的检测灵敏性和荧光强度远远强于 TPE-PA，能够更好地实时监控成骨细胞分化过程中 ALP 的活性。

除上述利用分子转变改变溶解性，形成聚集状态进而诱导荧光开启检测 ALP 外，唐本忠和刘斌等报道了一种基于 AIE 和 ESIPT 过程检测 ALP 的比率荧光探针 HCAP［图 4-19（a）］[34]。HCAP 在水性缓冲液中会发出绿黄色荧光；当 ALP 存在时，该酶可以水解磷酸基团使得 HCAP 转化为 HCA，然后发生 ESIPT 过程，得到具有 AIE 性质的产物，能够发射出长波长红色的荧光。随着 ALP 活性在 0～200 mU/mL 范围内变化，539 nm 处的荧光强度减小，641 nm 处的荧光增强［图 4-19（b）］。由于 ALP 脱磷酸化反应催化反应的高效特异性，该分子探针的比率荧光强度（I_{641}/I_{539}）与 ALP 活性呈线性关系，并且具有高的相关系数［图 4-19（c）］。研究人员将 HeLa 细胞用 HCAP 处理，检测活细胞的 ALP 活性［图 4-19（d）～（f）］。没有用 HCAP 处理细胞的情况下，细胞不具有荧光发射，当经过 HCAP 染色后，细胞能够发出橙色荧光，左旋咪唑可以抑制 ALP 酶活性。用其预处理细胞不能观察到橙色荧光，证明了该荧光分子检测 ALP 的能力。

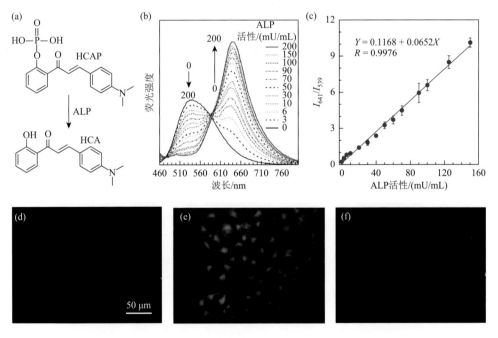

图 4-19　（a）在 ALP 存在下，HCAP 转化为 HCA；（b）检测 ALP 过程中荧光谱图的变化；（c）比率荧光强度与 ALP 活性之间的线性关系；不含 HCAP（d）、含 HCAP（e）、HCAP 及左旋咪唑（f）处理的 HeLa 细胞的荧光图像

4.6.2　酯酶

由上面的讨论可知，溶酶体是细胞中重要的细胞废物的处理场所，扮演着很重要的角色。溶酶体内的酶活性是溶酶体功能是否正常的重要指标。溶酶体酯酶是研究得最多的一种酶，该种酶的功能遭到破坏会引起溶酶体的功能失常进而导致疾病发生，如腹泻、腹部肿大等，更严重的情况会引起死亡，所以检测酯酶的活性对于预防、诊断及治疗以上疾病具有重要的意义。基于 ESIPT 机理，刘斌和唐本忠等[35]设计了 AIE 分子探针 AIE-Lyso-1 [图 4-20（a）]。AIE-Lyso-1 能够检测水溶性或非水溶性基质中的酯酶活性。AIE-Lyso-1 中的乙酰氧基能够抑制 ESIPT，使 AIE-Lyso-1 不发射荧光。当酯酶存在时，AIE-Lyso-1 的乙酰氧基能够与酯酶进行反应，开启其 ESIPT 效应和 AIE 性质，实现荧光发射，因此能够用于检测溶酶体中酯酶活性。当酯酶浓度在 0.10～0.50 U/mL 范围内时，荧光强度和

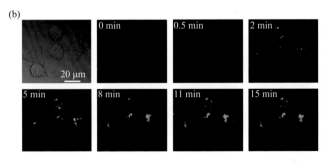

图 4-20　（a）AIE-Lyso-1 的分子结构和工作原理；（b）室温下 AIE-Lyso-1 染色 MCF-7 细胞的实时荧光图像

酶浓度具有良好的线性关系，有望实现定量检测。由于吗啉基团的存在，AIE-Lyso-1 可以靶向溶酶体。研究人员研究了该分子探针对细胞中溶酶体酯酶的特异性成像。随着孵育时间延长，AIE-Lyso-1 荧光逐渐增强，并在 8 min 时达到最大值［图 4-20（b）］。除此之外，AIE-Lyso-1 由于具有低背景发射和优异的光稳定性，可以对溶酶体酯酶活性进行实时示踪。

类似的机理也可以用于检测线粒体内的酯酶活性。童爱军和刘斌等将电子供体二乙胺和电子受体马来腈连接到水杨酸上，再引入酯酶的反应活性官能团乙酰基得到分子探针 Ph-CN-Ac[36]［图 4-21（a）］。在酯酶的存在下，Ph-CN-Ac 和酯酶发生反应得到具有 AIE 性质和 ESIPT 效应的分子 Ph-CN-OH。Ph-CN-OH 发射出红色荧光。研究人员将 Ph-CN-Ac 处理的 MCF-7 细胞进行共聚焦荧光成像［图 4-21（b）］。在没有添加其他试剂时，MCF-7 细胞呈现出明亮的荧光图像；当存在酯酶的抑制剂时，荧光减弱，说明分子探针 Ph-CN-Ac 对酯酶的特异性检测。共染实验可以证明分子 Ph-CN-Ac 对细胞中线粒体酯酶进行特异性成像。为了探究细胞凋亡过程中酯酶活性的变化，唐本忠院士研究课题组[37]设计合成了一

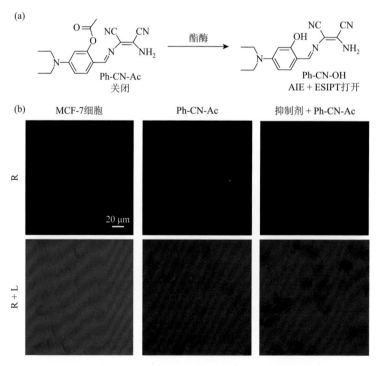

图 4-21　（a）分子探针 Ph-CN-Ac 的结构以及反应机理；（b）Ph-CN-Ac 处理 MCF-7 细胞的共聚焦荧光图像，左：对照组；中：只有探针 Ph-CN-Ac 处理细胞；右：添加酯酶抑剂后 Ph-CN-Ac 处理细胞，R：红色荧光图像；L：明场

个酯酶特异性的 AIE 探针 TVQE [图 4-22（a）]。TVQE 的乙酰氧基可以识别酯酶。在酯酶存在的条件下可以使 TVQE 发生水解，显示出由红色到蓝色的明显荧光颜色改变。当 TVQE 进入细胞后，由于静电相互作用，它先靶向线粒体；在酯酶的存在下 TVQE 发生水解得到疏水性的水解产物 TVQ；TVQ 逐渐聚集到脂滴中，在脂滴中呈现出蓝色荧光。由于酯酶活性与细胞活性密切相关，在细胞凋亡过程中的不同时期，酯酶具有不同的活性，研究人员将 TVQE 用于评估细胞活性。用 TVQE 处理 HeLa 细胞，在活细胞中蓝色和红色荧光信号都很强，酯酶活性较强，但是在凋亡的细胞中，酯酶活性降低，蓝色荧光变弱 [图 4-22（b）]。用 H_2O_2 处理 HeLa 细胞，诱导细胞凋亡，可以观察到凋亡后期的细胞蓝色荧光弱于凋亡初期的细胞。所以蓝色和红色荧光的强度比的不同，可用于评估酯酶的活性及细胞活性，上述探针的开发为未来更加深入地探究细胞内酯酶的生理功能及相关疾病的诊断提供了重要的成像分析工具，具有重要的意义。

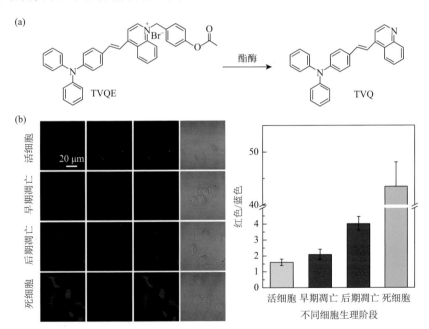

图 4-22　（a）TVQE 和 TVQ 的分子结构以及工作机理；（b）TVQE 染色的活、早期凋亡、后期凋亡的和死亡的 HeLa 细胞的 CLSM 图像，从左到右分别为红色通道、蓝色通道、复合图像、亮场以及红蓝通道的相关荧光强度比率

4.6.3　半胱天冬酶

半胱天冬酶（caspase）是细胞凋亡时期的重要标志物，包括 caspase-3、caspase-7、caspase-8 等，监控半胱天冬酶的活性可以实时反映出细胞凋亡的具体情况。例如，

在肿瘤治疗中可以通过监控细胞内半胱天冬酶的活性变化判断细胞凋亡的程度，以评估肿瘤治疗的效果。因此，监控半胱天冬酶的活性对于生物医学研究具有重要的意义。

研究人员制备半胱天冬酶的 AIE 探针时，常将半胱天冬酶靶向作用的底物和具有 AIE 性质的分子连接在一起，形成的探针和酶产生相互作用，释放出 AIE 分子形成聚集状态，释放荧光信号。为了实时检测 caspase-3/7 的活性，刘斌和唐本忠等将 TPE 与半胱天冬酶（caspase-3/7）底物的 Asp-Glu-Val-Asp（DEVD）肽片段连接制备得到半胱天冬酶探针 Ac-DEVDK-TPE［图 4-23（a）］。在半胱天冬酶存在下，DEVD 链可以断开，得到疏水性 AIE 分子 TPE，在水溶液中形成聚集体，由于 RIM 机制，从而开启其荧光性[38]［图 4-23（a）］。研究人员用星形孢菌素（STS）诱导细胞凋亡，Ac-DEVDK-TPE 在细胞凋亡的情况下荧光开启，并且可以实时监测细胞凋亡过程，而正常细胞则不会出现荧光的变化［图 4-23（b）］。这些结果证实了该分子探针靶向细胞凋亡成像和检测半胱天冬酶活性的功能。由

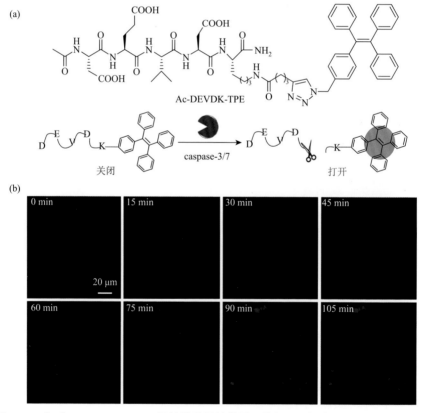

图 4-23 （a）Ac-DEVDK-TPE 探针的分子结构及工作机理；（b）经 Ac-DEVDK-TPE 处理的 MCF-7 细胞凋亡过程的实时荧光图像

于半胱天冬酶与细胞凋亡密切相关，可以根据半胱天冬酶的活性来判断抗癌药物杀死肿瘤细胞的效果，进而评估药物疗效。刘斌等[39]以及计剑和金桥等[40]分别报道了其他基于与半胱天冬酶反应监控药物治疗效果的 AIE 荧光分子探针，这些监控细胞凋亡过程中半胱天冬酶活性的荧光探针在高效评估肿瘤治疗效果及筛选高效的抗癌药物方面具有很大的应用潜力。

　　除此以外，利用新颖的发光机制，刘斌等[41]在 DEVD 的片段上分别引入了 AIE 分子 TPETP 和香豆素结构得到了能够精确检测 caspase-3 的分子探针 Cou-DEVD-TPETP［图 4-24（a）］。该分子区别于传统的荧光共振能量转移（FRET）机制，

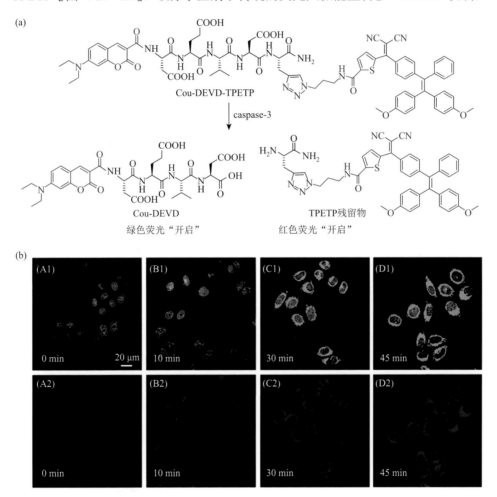

图 4-24　（a）Cou-DEVD-TPETP 探针的分子结构及工作机理；（b）经 Cou-DEVD-TPETP 处理的 HeLa 细胞在室温下的细胞凋亡过程的实时荧光图像；（A1）～（D1）Cou 和 SYTO® orange 染色的复合图像，绿色荧光来自 Cou-DEVD，橙色荧光来自核染色剂 SYTO® orange；（A2）～（D2）红色荧光来自 TPETP

其中香豆素作为能量供体，TPETP 作为能量受体猝灭荧光。TPETP 通过能量转移及自由转动使得能量发生耗散，因而 Cou-DEVD-TPETP 初始不发荧光；当caspase-3 与该分子探针反应之后得到 Cou-DEVD 和 TPETP 两个单元，绿色和红色的荧光都被开启，达到双信号输出的效果。研究人员用 Cou-DEVD-TPETP 处理HeLa 细胞，用 STS 诱导细胞凋亡，可以看到来自 Cou-DEVD 的绿色荧光和 TPETP的红色荧光随着细胞凋亡时间的增加而逐渐增加 [图 4-24 (b)]，因此也证明了可以用于 caspase-3 激活的验证和实时监测细胞的凋亡过程，为设计和开发新型的半胱天冬酶活性的荧光探针提供了一种有效的策略。

4.6.4 β-半乳糖苷酶

β-半乳糖苷酶（β-gal）是细胞溶酶体内的一种水解酶，在生物体内起着重要的作用，如能够催化水解动物体内乳糖的糖苷键，生成半乳糖和葡萄糖，进一步为细胞运转提供能量。除此以外，β-gal 在细胞衰老过程及原发性卵巢癌疾病发生过程中活性会增加，是这两个过程的重要生物标志物。缺乏 β-gal 也可能会导致 β-半乳糖唾液酸增多症等许多疾病，因此对 β-gal 的活性进行实时监测对早期疾病的诊断和治疗具有重要的意义。目前对 AIE 荧光材料用于研究 β-gal 活性的报道也有许多例子。

为了消除背景荧光的干扰和穿透深层组织，原位检测酶活性，朱为宏和郭志前等报道了一种近红外一区（NIR-Ⅰ）的 AIE 活性的荧光探针 QM-HBT-βgal [图 4-25 (a)]。QM-HBT-βgal 将疏水性的 2-（2-羟苯基）苯并噻唑（HBT）连接到喹啉丙二腈（QM）上，使共轭长度增加，实现近红外一区荧光发射；连接的亲水性的半乳糖片段，作为 β-gal 能够特异性触发的单元[42]。该分子探针在 β-gal的存在下可以被激活，释放出疏水性的 QM-HBT-OH。QM-HBT-OH 在水中不溶，聚集形成 NIR 荧光纳米颗粒，可以原位检测活细胞内内源性的 β-gal 的活性。SKOV-3 细胞中过表达 β-gal，用 QM-HBT-βgal 处理 SKOV-3 细胞，进行共聚焦荧光成像，随着时间的延长，红色荧光出现并逐渐增强，最终达到一个最大值（3 h达到最大值），并且长时间下荧光强度降低很少 [图 4-25 (b)]。该分子能够长时间定位于细胞中高保真度地追踪细胞中的 β-gal 活性。

基于相同的设计和工作原理，朱为宏、田禾和郭志前等设计了 QM-βgal 结构[图 4-26 (a)] [43]，经过和 β-gal 反应产生疏水性的 AIE 分子 QM-OH，原位产生纳米聚集体能够释放出荧光信号，用于传感活细胞中的酶活性。研究人员选用过表达 β-gal 的 SKOV-3 细胞和不表达 β-gal 的人胚肾细胞 293T 细胞，用 QM-βgal处理两种细胞得到荧光图像 [图 4-26 (b)]。只有过表达 β-gal 的 SKOV-3 细胞出现了较强的荧光信号，但是添加 β-gal 抑制剂之后，荧光信号消失，说明该分子能够选择性地反映细胞中的 β-gal 活性，有利于更加清晰地研究生命活动过程中β-gal 的功能机制。

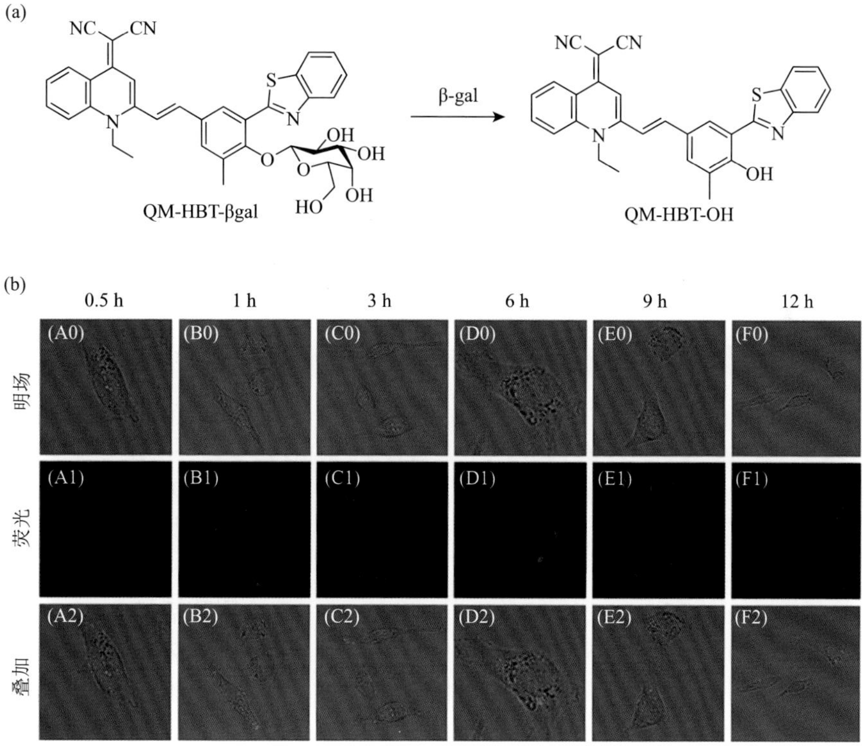

图 4-25 （a）QM-HBT-βgal 和 QM-HBT-OH 的分子结构及探针的工作机理；（b）QM-HBT-βgal 处理 SKOV-3 细胞的共聚焦荧光图像随时间的变化，（A0）～（F0）：明场；（A1）～（F1）：荧光通道；（A2）～（F2）：叠加图像（放大倍数：×60）

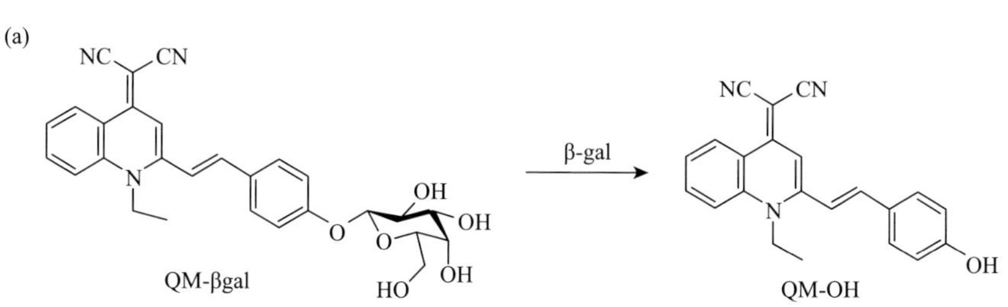

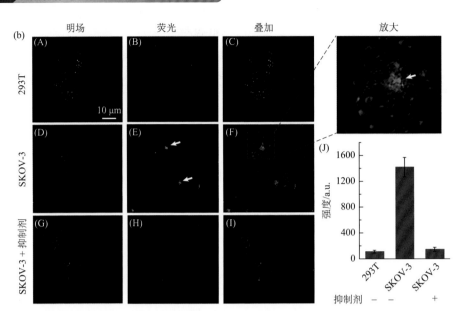

图 4-26 （a）QM-βgal 的分子结构及工作机理；（b）QM-βgal 处理 293T 细胞和 SKOV-3 细胞的共聚焦荧光成像及荧光强度，（A）～（C）: 293T 细胞，（D）～（F）: SKOV-3 细胞，（G）～（I）1 mmol/L β-gal 抑制剂处理 0.5 h 后的 SKOV-3 细胞，（J）不同细胞的平均荧光强度

4.6.5 谷胱甘肽

谷胱甘肽（GSH）是人体细胞中最重要的生物硫醇分子。它是由三个氨基酸组成的短肽类物质，为非蛋白巯基化合物。GSH 分子中的巯基（—SH）是主要的功能性基团。GSH 在体内主要扮演着抗氧化剂的作用，可以被氧化成二聚体，消除细胞内的活性氧、自由基等，保护细胞活性，避免发生氧化应激等反应对细胞的伤害。GSH 参与细胞中很多重要的生命活动，如酶活性和代谢调节、氨基酸转运、细胞信号传导等。GSH 在细胞中的含量需要保持动态稳定，当 GSH 的含量水平失衡时，会引起很严重的后果，如引发心血管疾病、阿尔茨海默病、肝损伤及癌症等[44, 45]。因此，对细胞内的 GSH 水平含量进行实时监控对早期诊断相关疾病、研发新的治疗药物具有重要的价值和意义。

和上述检测 caspase 活性的设计机理类似，刘斌和唐本忠等以 TPE 为生色团，引入 GSH 能够特异性裂解的二硫连接键（DSP）、特异性靶向肽链段 cRGD、亲水性肽片段 D5，得到了能够靶向检测过表达 $\alpha_v\beta_3$ 癌细胞内部的 GSH 的荧光分子探针 TPE-SS-D5-cRGD［图 4-27（a）］[46]。其良好的水溶性，在细胞质中以单分子的形态存在，但是当 GSH 存在时，会使二硫键断裂，TPE 分子会释放出来，由于疏水性，进一步发生聚集产生蓝色荧光发射［图 4-27（b）］。用 TPE-SS-D5-

cRGD 处理过表达 $\alpha_v\beta_3$ 的 U87-MG 细胞及低水平表达 $\alpha_v\beta_3$ 的 MCF-7 细胞, 前者呈现出明亮的蓝色荧光现象, 后者则没有明显的蓝色荧光 [图 4-27 (c) 和 (d)], 表现出 GSH 检测方面的很大应用潜力。该分子的开发为高效设计检测体内的生物活性分子的荧光分子探针提供了一个通用的平台。

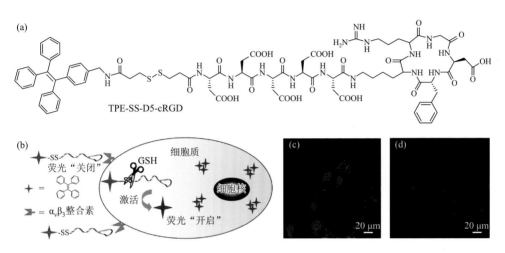

图 4-27　(a) TPE-SS-D5-cRGD 的分子结构; (b) TPE-SS-D5-cRGD 的工作机理; (c) TPE-SS-D5-cRGD 处理 U87-MG 细胞后的荧光成像; (d) TPE-SS-D5-cRGD 处理 MCF-7 细胞后的荧光成像

张德清和张关心等制备了 Zincke 盐取代的 TPE 衍生物 TPE-Py-NO$_2$[47] [图 4-28 (a)]。在 TPE 单元和 N-(2,4-二硝基苯基) 吡啶之间会发生光诱导电子转移 (PET), 导致即使在聚集状态下 TPE-Py-NO$_2$ 也不能发出荧光。当 GSH 存在时, 它可以将 N-(2,4-二硝基苯基) 单元部分去除, 得到含有 TPE 单元的疏水性分子 TPE-Py [图 4-28 (a)], PET 过程被抑制; 该疏水性的分子可以在水溶液中发生聚集, 释放出绿色荧光, 实现 GSH 的选择性检测。随着 GSH 浓度的增加, 在 502 nm 波长的荧光强度也逐渐增加, 并且在 0～26 μmol/L 荧光强度随着 GSH 浓度的增加几乎呈线性增加, 且检测极限达到了 36.9 nmol/L [图 4-28 (b)], 证明了该分子探针高效荧光成像检测细胞中 GSH 的功能。

基于巯基和烯烃键之间的点击反应机理, 唐本忠等[48]将丙二腈连接到 TPE 上得到了结构简单的荧光分子探针 TPE-DCV [图 4-29 (a)]。由于 GSH 较大的亲水性, 在水和乙醇混合溶液的介质中, GSH 会发生明显的聚集, 使得溶解的探针分子 TPE-DCV 发生聚集释放出荧光。该分子探针与 GSH 发生反应之后, 会实现由黄色的荧光 (563 nm) 发射到绿色的荧光 (520 nm) 的转变 [图 4-29 (b)]。随着 GSH 量的增加, 荧光强度增加。研究人员用 TPE-DCV 处理 HeLa 细胞, 收

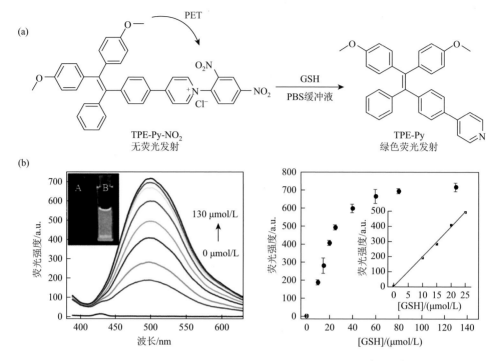

图4-28 （a）TPE-Py-NO₂探针的分子结构及检测机理；（b）荧光强度随着GSH浓度的变化而变化以及荧光强度随着GSH浓度变化（0～26 μmol/L）的线性变化图

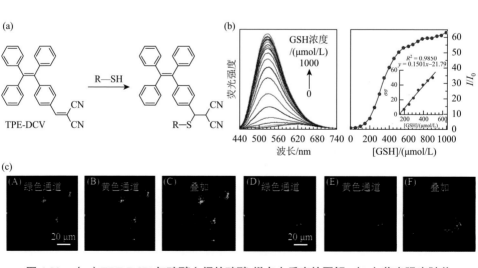

图4-29 （a）TPE-DCV与硫醇之间的硫醇-烯点击反应的图解；（b）荧光强度随着GSH的浓度增加而变化的曲线，以及520 nm荧光相对强度与GSH浓度的线性关系图；（c）TPE-DCV处理未经NEM处理［（A）～（C）］和经NEM处理［（D）～（F）］的活HeLa细胞后的荧光成像

集绿色和黄色荧光两个通道的荧光信号。其中 HeLa 细胞用硫醇类捕获试剂 NEM
预处理，两者信号强度都降低了，说明 NEM 消耗了部分硫醇，意味着 TPE-DCV
和细胞内 GSH 之间发生了硫醇-烯点击反应，实现荧光信号的转变 [图 4-29（c）]。
这个工作为设计结构简单的 GSH 提供了新的思路和设计方案。

（李　慧，顾星桂*）

参考文献

[1]　Cheng C，van Haperen R，de Waard M，et al. Shear stress affects the intracellular distribution of eNOS：direct demonstration by a novel *in vivo* technique. Blood，2005，106（12）：3691-3698.

[2]　Corrie S R，Coffey J W，Islam J，et al. Blood, sweat, and tears：developing clinically relevant protein biosensors for integrated body fluid analysis. Analyst，2015，140（13）：4350-4364.

[3]　Chen S，Hong Y，Liu Y，et al. Full-range intracellular pH sensing by an aggregation-induced emission-active two-channel ratiometric fluorogen. Journal of the American Chemical Society，2013，135（13）：4926-4929.

[4]　Fang M，Xia S，Bi J，et al. A cyanine-based fluorescent cassette with aggregation-induced emission for sensitive detection of pH changes in live cells. Chemical Communications，2018，54（9）：1133-1136.

[5]　Zhao X，Chen Y，Niu G，et al. Photostable pH-sensitive near-infrared aggregation-induced emission luminogen for long-term mitochondrial tracking. ACS Applied Materials & Interfaces，2019，11（14）：13134-13139.

[6]　Li K，Feng Q，Niu G，et al. Benzothiazole-based AIEgen with tunable excited-state intramolecular proton transfer and restricted intramolecular rotation processes for highly sensitive physiological pH sensing. ACS Sensors，2018，3（5）：920-928.

[7]　Padalkar V S，Seki S. Excited-state intramolecular proton-transfer（ESIPT）-inspired solid state emitters. Chemical Society Reviews，2016，45（1）：169-202.

[8]　Bai Y，Liu D，Han Z，et al. BODIPY-derived ratiometric fluorescent sensors：pH-regulated aggregation-induced emission and imaging application in cellular acidification triggered by crystalline silica exposure. Science China Chemistry，2018，61（11）：1413-1422.

[9]　Cheng C I，Chang Y P，Chu Y H. Biomolecular interactions and tools for their recognition：focus on the quartz crystal microbalance and its diverse surface chemistries and applications. Chemical Society Reviews，2012，41（5）：1947-1971.

[10]　Kuimova M K，Botchway S W，Parker A W，et al. Imaging intracellular viscosity of a single cell during photoinduced cell death. Nature Chemistry，2009，1（1）：69-73.

[11]　Clavé P，de Kraa M，Arreola V，et al. The effect of bolus viscosity on swallowing function in neurogenic dysphagia. Alimentary Pharmacology & Therapeutics，2006，24（9）：1385-1394.

[12]　Chen S，Hong Y，Zeng Y，et al. Mapping live cell viscosity with an aggregation-induced emission fluorogen by means of two-photon fluorescence lifetime imaging. Chemistry：A European Journal，2015，21（11）：4315-4320.

[13]　Chen W，Gao C，Liu X，et al. Engineering organelle-specific molecular viscosimeters using aggregation-induced emission luminogens for live cell imaging. Analytical Chemistry，2018，90（15）：8736-8741.

[14]　Gao M，Hong Y，Chen B，et al. AIE conjugated polyelectrolytes based on tetraphenylethene for efficient fluorescence imaging and lifetime imaging of living cells. Polymer Chemistry，2017，8（26）：3862-3866.

[15]　Dou Y，Kenry，Liu J，et al. 2-Styrylquinoline-based two-photon AIEgens for dual monitoring of pH and viscosity

in living cells. Journal of Materials Chemistry B，2019，7（48）：7771-7775.

[16] Burns J M，Cooper W J，Ferry J L，et al. Methods for reactive oxygen species（ROS）detection in aqueous environments. Aquatic Sciences，2012，74（4）：683-734.

[17] Li J，Zhang Y，Wang P，et al. Reactive oxygen species，thiols and enzymes activable AIEgens from single fluorescence imaging to multifunctional theranostics. Coordination Chemistry Reviews，2021，427：213559.

[18] Gao X，Feng G，Manghnani P N，et al. A two-channel responsive fluorescent probe with AIE characteristics and its application for selective imaging of superoxide anions in living cells. Chemical Communications，2017，53（10）：1653-1656.

[19] Zhang W，Liu W，Li P，et al. Rapid-response fluorescent probe for hydrogen peroxide in living cells based on increased polarity of C—B bonds. Analytical Chemistry，2015，87（19）：9825-9828.

[20] Selvaraj M，Rajalakshmi K，Nam Y S，et al. Rapid-response and highly sensitive boronate derivative-based fluorescence probe for detecting H_2O_2 in living cells. Journal of Analytical Methods in Chemistry，2019，2019：5174764.

[21] Huang Y，Zhang P，Gao M，et al. Ratiometric detection and imaging of endogenous hypochlorite in live cells and *in vivo* achieved by using an aggregation induced emission（AIE）-based nanoprobe. Chemical Communications，2016，52（45）：7288-7291.

[22] Yuan Y，Zhang C J，Xu S，et al. A self-reporting AIE probe with a built-in singlet oxygen sensor for targeted photodynamic ablation of cancer cells. Chemical Science，2016，7（3）：1862-1866.

[23] Chen Y，Zhang W，Cai Y，et al. AIEgens for dark through-bond energy transfer: design，synthesis，theoretical study and application in ratiometric Hg^{2+} sensing. Chemical Science，2017，8（3）：2047-2055.

[24] Xu D，Tang L，Tian M，et al. A benzothizole-based fluorescent probe for Hg^{2+} recognition utilizing ESIPT coupled AIE characteristics. Tetrahedron Letters，2017，58（37）：3654-3657.

[25] Fang W，Zhang G，Chen J，et al. An AIE active probe for specific sensing of Hg^{2+} based on linear conjugated bis-Schiff base. Sensors and Actuators B：Chemical，2016，229：338-346.

[26] Huang S，Gao T，Bi A，et al. Revealing aggregation-induced emission effect of imidazolium derivatives and application for detection of Hg^{2+}. Dyes and Pigments，2020，172：107830.

[27] Feng X，Li Y，He X，et al. A substitution-dependent light-up fluorescence probe for selectively detecting Fe^{3+} ions and its cell imaging application. Advanced Functional Materials，2018，28（35）：1802833.

[28] Zhang J，Zhan Y，Wang S，et al. Water soluble chemosensor for Ca^{2+} based on aggregation-induced emission characteristics and its fluorescence imaging in living cells. Dyes and Pigments，2018，150：112-120.

[29] Qiu J，Jiang S，Lin B. An unusual AIE fluorescent sensor for sequentially detecting Co^{2+}-Hg^{2+}-Cu^{2+} based on diphenylacrylonitrile Schiff-base derivative. Dyes and Pigments，2019，170：107590.

[30] Ooi K，Shiraki K，Morishita Y，et al. High-molecular intestinal alkaline phosphatase in chronic liver diseases. Journal of Clinical Laboratory Analysis，2007，21（3）：133-139.

[31] Lin M，Huang J，Zeng F，et al. A fluorescent probe with aggregation-induced emission for detecting alkaline phosphatase and cell imaging. Chemistry：An Asian Journal，2019，14（6）：802-808.

[32] Gu X，Zhang G，Wang Z，et al. A new fluorometric turn-on assay for alkaline phosphatase and inhibitor screening based on aggregation and deaggregation of tetraphenylethylene molecules. Analyst，2013，138（8）：2427-2431.

[33] Cao F Y，Long Y，Wang S B，et al. Fluorescence light-up AIE probe for monitoring cellular alkaline phosphatase activity and detecting osteogenic differentiation. Journal of Materials Chemistry B，2016，4（26）：4534-4541.

[34] Song Z，Kwok R T K，Zhao E，et al. A ratiometric fluorescent probe based on ESIPT and AIE processes for alkaline phosphatase activity assay and visualization in living cells. ACS Applied Materials & Interfaces，2014，6（19）: 17245-17254.

[35] Gao M，Hu Q，Feng G，et al. A fluorescent light-up probe with "AIE + ESIPT" characteristics for specific detection of lysosomal esterase. Journal of Materials Chemistry B，2014，2（22）: 3438-3442.

[36] Peng L，Xu S，Zheng X，et al. Rational design of a red-emissive fluorophore with AIE and ESIPT characteristics and its application in light-up sensing of esterase. Analytical Chemistry，2017，89（5）: 3162-3168.

[37] Zhang R，Niu G，Liu Z，et al. Single AIEgen for multiple tasks: imaging of dual organelles and evaluation of cell viability. Biomaterials，2020，242: 119924.

[38] Shi H，Kwok R T K，Liu J，et al. Real-time monitoring of cell apoptosis and drug screening using fluorescent light-up probe with aggregation-induced emission characteristics. Journal of the American Chemical Society，2012，134（43）: 17972-17981.

[39] Yuan Y，Zhang C J，Kwok R T K，et al. Light-up probe based on AIEgens: dual signal turn-on for caspase cascade activation monitoring. Chemical Science，2017，8（4）: 2723-2728.

[40] Han H，Teng W，Chen T，et al. A cascade enzymatic reaction activatable gemcitabine prodrug with an AIE-based intracellular light-up apoptotic probe for *in situ* self-therapeutic monitoring. Chemical Communications，2017，53（66）: 9214-9217.

[41] Yuan Y，Zhang R，Cheng X，et al. A FRET probe with AIEgen as the energy quencher: dual signal turn-on for self-validated caspase detection. Chemical Science，2016，7（7）: 4245-4250.

[42] Fu W，Yan C，Zhang Y，et al. Near-infrared aggregation-induced emission-active probe enables *in situ* and long-term tracking of endogenous β-galactosidase activity. Frontiers in Chemistry，2019，7: 291.

[43] Gu K，Qiu W，Guo Z Q，et al. An enzyme-activatable probe liberating AIEgens: on-site sensing and long-term tracking of β-galactosidase in ovarian cancer cells. Chemical Science，2019，10（2）: 398-405.

[44] Lu S C. Regulation of glutathione synthesis. Molecular Aspects of Medicine，2009，30（1-2）: 42-59.

[45] Townsend D M，Tew K D，Tapiero H. The importance of glutathione in human disease. Biomedicine & Pharmacotherapy，2003，57（3-4）: 145-155.

[46] Yuan Y，Kwok R T K，Feng G，et al. Rational design of fluorescent light-up probes based on an AIE luminogen for targeted intracellular thiol imaging. Chemical Communications，2014，50（3）: 295-297.

[47] Zhan C，Zhang G X，Zhang D Q. Zincke's salt-substituted tetraphenylethylenes for fluorometric turn-on detection of glutathione and fluorescence imaging of cancer cells. ACS Applied Materials & Interfaces，2018，10（15）: 12141-12149.

[48] Lou X，Hong Y，Chen S. A selective glutathione probe based on AIE fluorogen and its application in enzymatic activity assay. Scientific Reports，2014，4（1）: 4272.

第5章

>>

细胞相关生命过程分析

细胞相关生命过程包括使细胞数目增加的细胞分裂，使细胞体积增大的细胞生长，使细胞种类增多的细胞分化，以及维持内环境稳态、去除不必要的死亡细胞的细胞凋亡等。每个细胞的生命过程都与生命体的健康稳态紧密相关，生命过程中的不正常变化往往会引起严重的疾病，如人类健康的最大威胁——癌症就与不正常的细胞分化紧密相关。所以，监控细胞生命过程的变化对生命健康具有重要的意义。

目前存在许多监控细胞生命过程的技术，如电子显微技术、磁共振成像技术等，但是随着使用出现了很多弊端，如设备复杂、成本高、信噪比低、分辨率低等。应运而生的荧光成像技术可以完美地解决这些问题，再将具有优异光稳定性、高信噪比、生物相容性好的 AIE 分子用于荧光追踪各个细胞过程，可以实现利用简便方式获得长时间精准的信号，极大促进了荧光追踪细胞生命过程的发展。另外，细胞的生命过程伴随细胞内各种化学物质的变化以及细胞内部各细胞器的结构形态变化，如自噬过程中的线粒体和溶酶体形态变化，凋亡过程中半胱天冬酶活性的变化等，可以通过荧光成像监控这些动态变化来实现对细胞生命过程的追踪。本章将集中介绍 AIE 分子成像技术用于细胞自噬、细胞分化、细胞分裂、细胞凋亡等生命过程的监控和实时追踪。

细胞凋亡在清除异常细胞、维持生命体的健康方面扮演着很重要的角色。人体内细胞每时每刻都存在着细胞凋亡的过程，该过程是主动有序的，也被称为细胞程序性死亡。细胞凋亡异常会导致癌症、阿尔茨海默病、神经退行性疾病等。

此外，在疾病治疗过程中通过药物或者其他方式诱导细胞凋亡，根据细胞凋亡的程度可以判断抗癌药物的疗效。所以监控细胞凋亡不仅可以清楚了解细胞凋亡的机理和过程，而且可以及时诊断疾病及评估疾病治疗效果。但是细胞凋亡早期的形态学变化相当微妙，很难直观识别，将细胞生物化学和分子生物学分析与 AIE 荧光材料结合可以达到事半功倍的效果。

细胞凋亡过程中各个细胞器如线粒体、溶酶体都会发生变化，所以通过分别可视化监测各个细胞器的变化可以得到细胞凋亡的相关信息，及时诊断生命体内部异常的情况。唐本忠等用简单的方法合成得到了 3-二苯基氨基-6-（2-吡啶基）苯基二苯基硼（TPAP-BB）[图 5-1（a）][1]。该分子能够靶向脂滴（LDs）。细胞凋亡过程线粒体功能受损，会形成大量的脂滴，所以可以利用 TPAP-BB 追踪线粒体和脂滴的变化来反映细胞凋亡的过程。研究人员分别利用 TPAP-BB 和线粒体追踪剂（MT-Red）一起追踪 H_2O_2 诱导的 HeLa 细胞凋亡过程中脂滴和线粒体的变化 [图 5-1（b）]，一开始脂滴和线粒体的发光是可以区分的，随着时间的延长，线粒体的形态逐渐发生变化，逐渐出现表现绿色荧光的脂滴，这是因为细胞凋亡过程中线粒体的功能损坏，逐渐形成大量脂滴，而 TPAP-BB 可以染色新形成的脂滴，呈现出绿色的荧光。该过程证明了 TPAP-BB 具有监测细胞凋亡的能力。

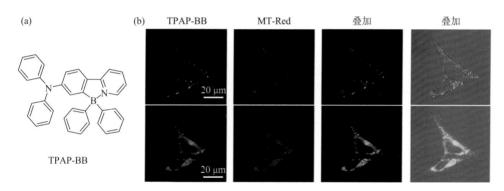

图 5-1　（a）TPAP-BB 的分子结构；（b）TPAP-BB 和 MT-Red 染色处理 HeLa 细胞的激光共聚焦显微镜图像，上：H_2O_2 处理 0 min；下：H_2O_2 处理 60 min

使用分别靶向细胞器的 AIE 荧光分子探针对细胞内不同的细胞器进行成像，即多色成像也是一种监控细胞凋亡的有效方法。唐友宏和唐本忠等用 Hoechst 33258 作为细胞核的染色剂，再选用 3 种 AIE 分子 TPE-Ph-In、2M-DABS 和 BSPOTPE 分别对其他细胞器染色 [图 5-2（a）][2]。带有正电荷的 TPE-Ph-In 可以靶向线粒体；带有吗啡啉基团的 2M-DABS 能够特异性靶向酸性的溶酶体；BSPOTPE 为水溶性，可以染色细胞质。在细胞凋亡过程中细胞膜的通透性会逐渐增加，BSPOTPE 也可以进入细胞核染色细胞核。三种分子探针的激发波长和发射波长都不相同，即在各自相应的激发波长的光激发下，三种分子可以呈现出不同波长的荧光，从而实现多色成像。研究人员做了两组实验：将 TPE-Ph-In、2M-DABS 和 Hoechst 33258 作为一组染色［图 5-2（b）］，将 TPE-Ph-In、2M-DABS 和 BSPOTPE 作为一组染色［图 5-2（c）］。实验中他们使用 H_2O_2 诱导 HeLa 细胞凋亡。通过对上面两组荧光成像分析，可以观察到在细胞凋亡早期，TPE-Ph-In 荧光信号减弱，说明线粒体受到破坏，这是细胞凋亡的一个标志。根据 Hoechst 33258 荧光的变化可以看出在细胞凋亡过程中细胞核发生核凝结。2M-DABS 在 3 h 的荧光信号增加是来自溶酶体衍生出来的囊泡，该囊泡进一步发展成为自噬小体，证明了在细胞凋亡过程中溶酶体的变化。BSPOTPE 荧光信号由原来的细胞质变为细胞核，说明在细胞凋亡过程中细胞核的核膜通透性增加，使得该 BSPOTPE 进入到细胞核［图 5-2（c）］。由以上分析可知，利用不同的 AIE 分子进行多重态的荧光成像可以很好地揭示细胞凋亡早期的各个细胞器的变化，为生物过程分析提供了有力的工具和平台。

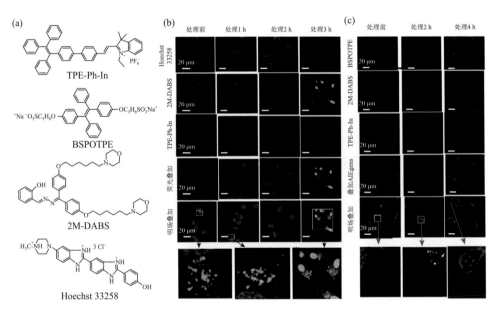

图 5-2 （a）Hoechst 33258、TPE-Ph-In、2M-DABS 和 BSPOTPE 的分子结构；（b）2 个 AIE 分子和 Hoechst 33258 对 H_2O_2 处理 HeLa 细胞的多重成像；HeLa 细胞依次用 2M-DABS、TPE-Ph-In 和 Hoechst 33258 染色，然后用 H_2O_2 处理（0 h、1 h、2 h 和 3 h），白色箭头表示线粒体自噬；（c）H_2O_2 处理的 HeLa 细胞的多重成像；HeLa 细胞依次用 2M-DABS、TPE-Ph-In 和 BSPOTPE 染色，H_2O_2 处理（0 h、2 h 和 4 h）

其他研究团队开发出了智能纳米粒子载体系统，实现高效的细胞凋亡监控成像。王蔚芝等设计了一种智能纳米载体胶束 STD-NM[3]［图 5-3（a）］。该智能纳米粒子的主要特点在于其胶束表面引入功能性肽 ST 和 TD，ST 中包含 caspase-3 响应的肽片段（DEVD）、pH 触发的肽片段（STP）及 TPE。TD 是肿瘤酸性激活的肽，由可穿透细胞的肽 Tat 和 2, 3-二甲基马来酸酐（DA）组成。在正常的细胞中 STD-NM 保持稳态；当聚集到肿瘤酸性环境中时，STP 和 Tat 可以使胶束的细胞穿透性增强，包裹抗癌药物可以实现靶向治疗。该纳米载体在 caspase-3 存在下可以裂解掉 DEVD 片段，得到疏水性的 TPE 释放出荧光，能够实现双光子成像，实时成像监控体内细胞凋亡的过程。用智能纳米系统 STD-NM 负载上 Pt 之后，处理人脐静脉内皮细胞（HUVEC），Pt 会抑制细胞核中 DNA 的合成和复制，诱导细胞凋亡，caspase-3 裂解 DEVD 片段，使得 HUVEC 细胞中的荧光增强 [图 5-3（b）]，实现对细胞凋亡实时监控成像的功能，以及纳米载体载药治疗，为开发高效智能的纳米系统用于肿瘤成像治疗提供了新颖的思路和策略。

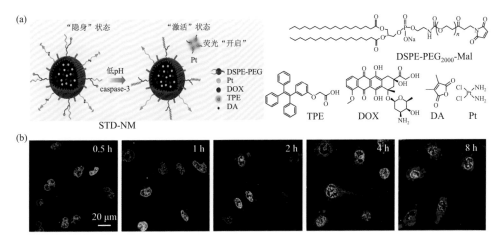

图 5-3　（a）纳米载体胶束 STD-NM 的构建；（b）pH 为 6.5 时 STD-NM 染色 HUVEC 细胞凋亡进程实时激光共聚焦显微镜图像，黄色为 DRAQ5 处理后核的荧光图像

5.3　线粒体自噬

自噬过程是通过溶酶体来降解功能失调或受损的细胞器，调节细胞新陈代谢过程以维持细胞的稳态。线粒体自噬一词来源主要是因为线粒体是自噬的主要靶点之一，在线粒体自噬过程中，受损的线粒体被驱动进入自噬体，然后被运送到溶酶体进行降解和循环，这个过程是控制线粒体质量和促进自噬过程降解受损线粒体的关键过程。长期可视化线粒体自噬过程对于研究线粒体的相关活动、相关疾病的及时诊断和治疗具有重要的意义。

对线粒体自噬过程的 AIE 荧光成像追踪，很多研究已经报道。唐本忠和郑启昌等设计得到含有异硫氰酸酯（NSC）基团的线粒体探针 TPE-Py-NCS［图 5-4（a）］[4]。该分子结构上的正电荷可以靶向线粒体，异硫氰酸酯基团可以与线粒体膜中氨基和硫醇基发生反应，保证线粒体中荧光信号的保留。TPE-Py-NCS 良好的光稳定性有利于长期监测线粒体的相关生理过程。研究人员用 TPE-Py-NCS 和溶酶体示踪剂 LysoTracker Red DND-99（LTR）对 HeLa 细胞进行共染色处理，用雷帕霉素（诱导自噬的药物）处理细胞，进行共聚焦显微成像。TPE-Py-NCS 染色线粒体呈现出黄色荧光，LTR 染色溶酶体的区域呈现出红色荧光［图 5-4（b）］。从图中可以看到，在 72 min 之前没有较明显的变化，在 73.5 min 时，出现一个新的与线粒体重叠的红色荧光点。79.5 min 后，红点消失。研究分析表明新形成的红点是自噬小泡，进入到线粒体中引起线粒体自噬。在裂解线粒体后，自噬小泡消失，荧光减弱，而其他区域保持不变。该成像效果证明 TPE-Py-NCS 具有监控线粒体自噬的优良性能，对更加具体地、细节地分析线粒体的形态和功能的变化具有重要的意义。

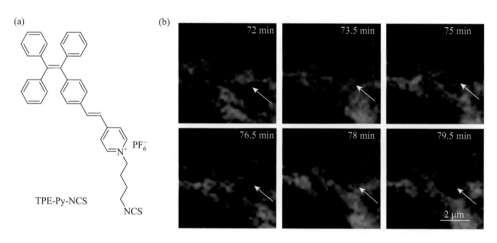

图 5-4　（a）TPE-Py-NCS 的分子结构；（b）在雷帕霉素存在下，用 TPE-Py-NCS（黄色）和 **LysoTracker Red DND-99**（红色）染色的 HeLa 细胞在不同时间点的共聚焦图像

　　上述是在不同激发波长下实现溶酶体和线粒体同时成像。刘斌等实现了单波长激发下不同细胞器多色成像。研究者使用 AIE-Red 和 AIE-Green 两个分子探针［图 5-5（a）］。这两个探针具有相似的吸收波长和不同的发射波长[5]。AIE-Red 由于带有正电荷可以靶向线粒体染色，发出红色荧光；AIE-Green 由于含有吗啡啉基团可以靶向溶酶体染色，发出绿色荧光。在单波长 405 nm 荧光的激发下，AIE-Red 和 AIE-Green 同时成像线粒体和溶酶体，可以实现对线粒体自噬过程的追踪。研究人员先用 AIE-Red 和 AIE-Green 处理 HeLa 细胞，再用雷帕霉素诱导 HeLa 细胞线粒体自噬过程，然后在 405 nm 激发下进行共聚焦荧光成像［图 5-5（b）］。

在雷帕霉素处理 1 min 之后两种荧光信号重叠度较低，皮尔逊相关系数为 0.23，线粒体自噬的现象并不明显，随着时间的推移，皮尔逊系数在 60 min 时达到了 0.46，两种荧光成像复合的黄色荧光信号强度增强，说明了线粒体自噬过程的发生，证明了 AIE-Red 和 AIE-Green 对线粒体自噬过程的监控能力，为分析细胞自噬过程中的细胞器变化提供了一种有效的途径。

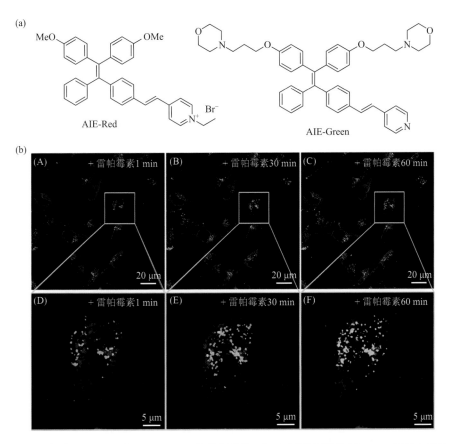

图 5-5　（a）AIE-Red 和 AIE-Green 的分子结构；（b）雷帕霉素处理 HeLa 细胞之后的 AIE-Red 和 AIE-Green 对细胞的共聚焦荧光成像，（A）～（C）分别为 1 min、30 min、60 min，（D）～（F）分别为（A）～（C）的放大图像

线粒体自噬在细胞凋亡早期过程中会存在，因此监测线粒体自噬过程能够为评价 ROS 诱导的早期细胞凋亡提供重要的信息，对指导光动力治疗具有重要意义。线粒体自噬过程中会产生自噬小泡［图 5-6（b）］。周虹屏和朱小姣等[6]设计了具有 D-π-A 结构的 AIE 分子 TPA3［图 5-6（a）］。该分子能够产生 ROS，实现光动力治疗，并且 TPA3 可以靶向线粒体自噬过程中的自噬小泡（AVs）产生黄色

荧光［图 5-6（c）］。所以在线粒体自噬过程中，线粒体、AVs 和溶酶体的变化可以利用 TPA3 和其他荧光分子探针进行实时监控、及时评估疗效。用 TPA3、MDC（AVs 特异性探针）和线粒体示踪剂（Mito-tracker）共同处理 HeLa 细胞，在光照 1 min 时，出现弱的绿色荧光是 TPA3 和 MDC 的黄色、青色荧光的重叠，表明线粒体自噬的发生，说明 TPA3 可以用来诱导并监控线粒体自噬的发生。在光照 5 min 时，线粒体示踪剂 Mito-tracker 的红色荧光被黄色荧光逐渐包围，到达 10 min 时，大量的绿色荧光出现，表明 ROS 诱导产生了大量的 AVs，此阶段对应的则是细胞凋亡的后期。因此，TPA3 不仅可以用来治疗癌症，而且能够监控细胞凋亡早期的线粒体自噬过程的发生和评估早期治疗效果，在肿瘤治疗的相关医学应用中具有潜在的应用前景。

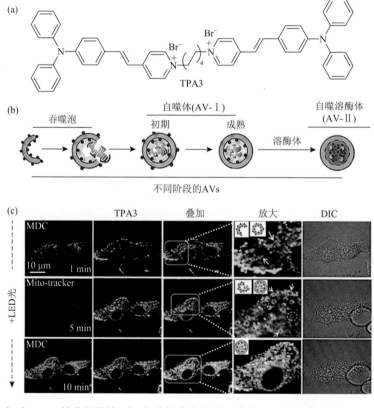

图 5-6 （a）TPA3 的分子结构；（b）线粒体自噬过程中自噬小泡的产生过程；（c）在不同光照射时间下，用 MDC、TPA3 和 Mito-tracker 深红色染色的 HeLa 细胞进行原位追踪共定位成像（1 min、5 min 和 10 min）

基于上述分子研究，周虹屏等在 TPA3 基础上去除该分子一边的 {4-［4-（二

苯氨基）-苯乙烯基］吡啶｝基团，将烷基链暴露出来，得到了不同烷基链长度的
新光敏剂分子[7]。研究发现分子链越长，分子越能够更好地靶向和锚定线粒体。
TL8C 由于具有较长的烷基链和合适的疏水作用和静电相互作用，可以很好地靶
向线粒体，因而可以用于示踪靶向线粒体的 PDT 治疗，以及实时监控线粒体自噬
［图 5-7（a）］。用 TL8C 处理 HeLa 细胞之后进行共聚焦荧光成像，可以观察到自
噬小体，并且随着光照时间的增加，自噬小体越来越明显，证明了线粒体自噬过
程的发生［图 5-7（b）］。研究人员将自噬小体的追踪剂 MDC 和 TL8C 共同处理
HeLa 细胞，进行荧光成像［图 5-7（c）］。深青色的荧光和红色的荧光分别来自
MDC 和 TL8C，随着时间的延长两种荧光重叠度越来越高，相应的皮尔逊系数
也越来越高，证明 TL8C 可以聚集到自噬小泡中进行荧光成像和追踪，之后研究
人员又将溶酶体的追踪剂（Lyso-tracker Green）和 TL8C 一起处理 HeLa 细胞，
成功实时监测到线粒体自噬最后阶段的溶酶体和自噬小体的融合形成自噬溶酶
体的过程。

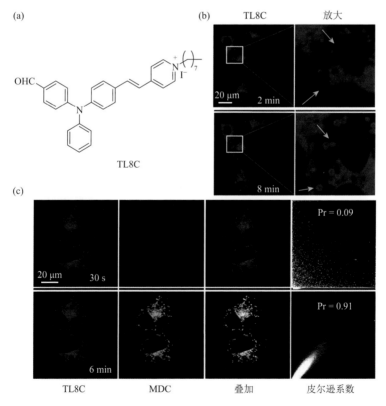

图 5-7 （a）TL8C 的分子结构；（b）用 TL8C 处理 HeLa 细胞，追踪线粒体自噬过程中自噬
小泡的共聚焦图像；（c）TL8C 和 MDC 处理 HeLa 细胞的共聚焦图像

5.4 有丝分裂

有丝分裂普遍存在于动物和高等植物真核细胞的细胞分裂过程中，在细胞遗传过程中扮演着重要的角色，经过有丝分裂之后，细胞核中的染色体被均匀地分配到两个细胞。有丝分裂过程可以分为分裂间期和分裂期，其中分裂间期主要为分裂期进行物质准备，如蛋白质和 DNA 的合成与复制，分裂间期在整个有丝分裂过程中所占时间比较长，而分裂期则分为前期、中期、后期和末期四个阶段，每个阶段的染色体都具有各自的特征和不同的行为，并且在有丝分裂过程中许多细胞器都会参与，如中心体、线粒体、高尔基体、核糖体等，有丝分裂过程中如果发生不正常的情况往往会引起细胞的凋亡及突变，进而引起疾病，如癌症等，因此可视化有丝分裂的过程有助于深入研究细胞分裂的机制、细节及分析相关的生命活动。

凭借优异的光稳定性、良好的生物相容性及高的荧光量子产率，AIE 荧光分子探针也被用于研究监控细胞有丝分裂的过程，主要是利用 AIE 荧光分子和 DNA 与 RNA 之间的静电相互作用实现两者的结合，在光激发下荧光开启进行监控成像。但是目前关于 AIE 材料应用于监控有丝分裂过程的相关报道研究并不是很多。最早的是唐本忠等设计得到能够实时监测有丝分裂过程的 AIE 分子探针 TTAPE-Me[8] [图 5-8 (a)]。由于静电相互作用，TTAPE-Me 会与 DNA 和 RNA 相互作用，分子内的运动会受到限制，荧光强度增加。利用该探针染色洋葱根尖，追踪洋葱根尖细胞的有丝分裂过程 [图 5-8 (b)]，可以清楚地观察到有丝分裂不

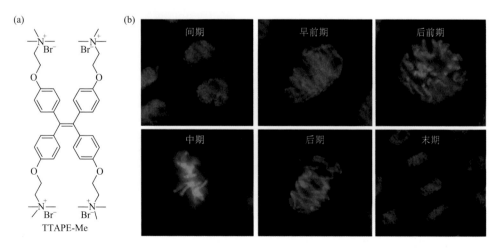

图 5-8 （a）TTAPE-Me 的分子结构；（b）TTAPE-Me 染色洋葱根尖细胞在细胞
周期不同阶段的荧光图像

同阶段的情况。分裂间期，存在染色质及完整的核膜；分裂前期的细胞，核膜会消失，染色体被释放到周围的细胞质中；分裂中期，染色体沿着赤道板进行排列；分裂后期，姐妹染色单体被极性纤维拉向两极；分裂末期，染色体在新生成的子细胞中形成细胞核及核膜。由此可见，有丝分裂的细节过程可以借助 TTAPE-Me 分子的发光明显地呈现出来。研究优异的 AIE 荧光分子探针用于监控有丝分裂，对于研究和细胞遗传等相关生物和疾病过程，对相关生物学研究具有重要的意义。

5.5 细胞分化

细胞分化过程是同来源的细胞生成在形态、结构及功能上不同的细胞类群的过程，是基因在时间和空间上选择性表达的结果。经过细胞分化一方面可以实现细胞增殖，增加细胞的数量，另一方面可以实现细胞分化形成不同类型的细胞最终形成生物个体，细胞分化受到体内外多种因素的影响。所以细胞分化的过程与生物体内组织的修复、发育等具有密切的联系，对生物科学研究领域的发展来说具有重要的研究价值。因此，能够直接监控细胞分化的过程对细胞修复、发育生物学等研究领域具有极其重要的意义。

干细胞是一种拥有多向分化潜能、自我更新能力的特点的细胞，在生物体内能够分化产生特定组织类型的细胞。基于对干细胞分化监测的目的，刘斌、孔德领和唐本忠等报道了一种用于治疗过程中跟踪干细胞的活性的 AIE 分子 TPETPAFN [图 5-9（a）][9]。研究人员通过共沉淀的方法将该分子用聚合物封装得到具有远红外和近红外发射的 AIE 点 [图 5-9（b）]，在 AIE 点表面用 Tat 进行功能化提高细胞的摄取能力。所制备的 AIE 点具有优异的发光性能和光稳定性，并能够在干细胞中长期保留。研究人员用该 AIE 点与商业细胞追踪剂 Qtracker® 655 和 PKH26 处理脂肪干细胞（ADSC）。在培养 5 天后，AIE 点染色相比于商业染色剂具有明亮的荧光 [图 5-9（c）]。这个结果证明了该 AIE 点在长期追踪干细胞、追踪干细胞分化方面具有很大的潜力。此外，研究显示用 AIE 点染色 ADSC 不影响其多能性及转化为软骨细胞、脂肪细胞和成骨细胞系的能力。在小鼠后肢缺血切片经 AIE 点处理之后，监控到 ADSCs 能够分化成相应的细胞参与新血管的形成。

骨髓间充质干细胞（BMSCs）由于强烈的增殖能力和成骨能力在骨修复方面具有潜在的应用。基于上述类似的 AIE 纳米粒子修饰方法，唐本忠、王迎军、任力和赵祖金等用细胞穿膜肽 Tat 肽片段改性的 AIE 分子得到能够释放红光的 AIE-Tat 纳米粒子[10][图 5-10（a）和（b）]。该纳米粒子能够发射红色的荧光，并具有大的斯托克斯位移和高的信噪比，因而很好地适合于生物应用。在不影响其他细胞活力和分化能力的前提下，AIE-Tat 纳米粒子能够监测小鼠 BMSCs 成骨分化过程。羟基磷灰石（HA）经常被用于支架作为骨缺损处的细胞黏附和生长的支架，研究人员将小鼠的骨髓间充质干细胞在 HA 支架上进行培养，对成骨细胞分化进行长期监测，AIE-Tat 纳米粒子荧光追踪时间可以达到 14 天［图 5-10（c）］，证明了 AIE-Tat 纳米粒子追踪成骨分化过程的能力。

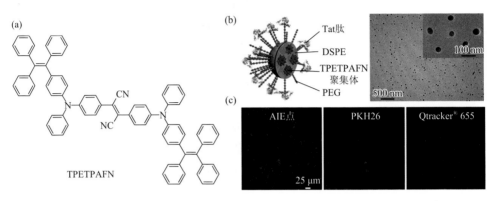

图 5-9　（a）TPETPAFN 的分子结构；（b）AIE 点的结构及 TEM 图像；（c）用 AIE 点、PKH26和 Qtracker® 655 标记，然后培养 5 天得到的 ADSCs 共聚焦显微镜图像

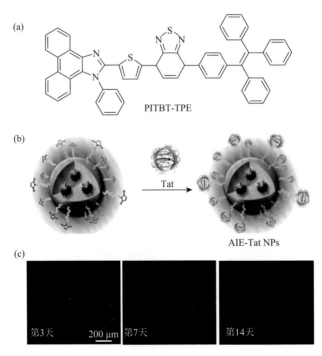

图 5-10　（a）PITBT-TPE 的分子结构；（b）AIE-Tat 纳米粒子的结构及构建；（c）在 HA 支架上生长的小鼠骨髓间充质干细胞的荧光图像

　　此外，具有 AIE 性质的聚合物探针也被用于对成骨分化过程的荧光成像示踪。张忠民和秦安军等设计了一种基于四苯基乙烯和苯并噻二唑的共轭聚合物，并在侧链上引入乙二胺四乙酸（EDTA）部分［图 5-11（a）］[11]。EDTA 可以与 Ca^{2+} 产生螯合作用，对 Ca^{2+} 表现出较高的亲和力。在成骨分化过程中细胞对 Ca^{2+} 的需求不断增加，PTB-EDTA 可以有效地螯合 Ca^{2+}，经过胞吞作用穿过细胞膜，在成骨细胞中选择性富集到溶酶体中。经过对不同细胞系（CNE2、HCC827 和 HLF）的研究，发现该分子只对拥有分化能力的分化的 MC3T3-E1 细胞具有成像功能，因而研究人员将 PTB-EDTA 用于对 MC3T3-E1 细胞分化的研究。将 PTB-EDTA 和 Alizarin Red S（研究基质矿化的常用染色剂）对细胞进行染色处理之后的图像作对比，发现 PTB-EDTA 在分化的第 7 天就出现了荧光现象，并且不受背景荧光的干扰，而 Alizarin Red S 在第 14 天才出现荧光信号，证明了 PTB-EDTA 具有更好的灵敏性［图 5-11（b）］。由此可知，利用 PTB-EDTA 可以获得高选择性、高灵敏度的不同阶段分化的实时监测，为研究成骨细胞分化聚合物相关荧光分子探针的设计和制备具有重要的意义。

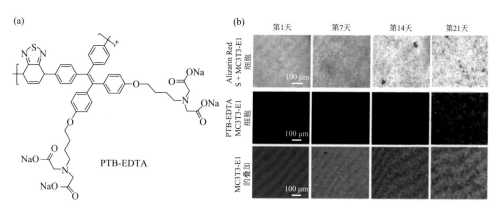

图 5-11　（a）PTB-EDTA 的分子结构；（b）上：Alizarin Red S 染色不同分化时间的照片；中：PTB-EDTA 处理细胞的荧光图像；下：PTB-EDTA 处理 MC3T3-E1 细胞不同时间的荧光图像和明场融合图像

　　骨关节炎是中老年人群中常见的一种疾病，严重的会导致残疾，因而及时诊断骨关节炎的发生对人类健康具有重要的意义。基质金属肽酶 13（MMP-13）是在骨关节炎中软骨基质降解的重要酶，MMP-13 活性是活干细胞和分化干细胞成骨分化的重要标志，通过检测该酶的活性可以了解到干细胞的相关活动，及时诊断骨关节炎的发生。边黎明、李刚和唐本忠等[12]将能够与 MMP-13 反应的肽片段和疏水性的 AIE 分子连接到一起得到探针 AIEgen-PLGVRGKGG［图 5-12（a）］。在 MMP-13 存在的条件下，肽片段会发生水解，产生的疏水性单元聚集诱导荧光。

用 MMP-13 染色处理分化和未分化的人间充质干细胞（hMSCs），并进行荧光成像，可以在分化细胞的培养基中检测到明亮的荧光信号，而在添加了 MMP-13 抑制剂（EDTA）之后荧光信号消失［图 5-12（b）］，证明该探针能用于对 MMP-13 活性和细胞分化的检测。随着分化时间的增加，荧光强度不断增强，展现了该探针示踪干细胞分化的能力。其与骨关节炎的治疗药物相结合在对骨关节炎进行分析和诊疗方面具有应用潜力。

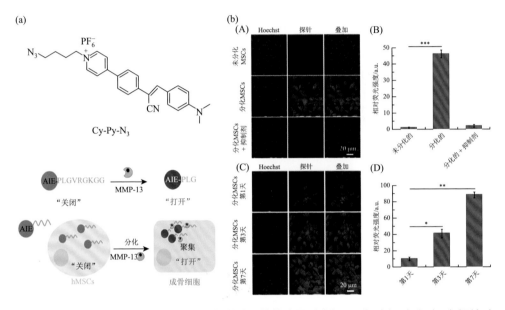

图 5-12　（a）AIEgen-PLGVRGKGG 探针分子的构建及反应机理；（b）（A）和（B）探针对分化和未分化的 hMSCs 的荧光成像及相应的相对荧光强度；（C）和（D）不同分化时间探针对 hMSCs 的荧光成像及相应的相对荧光强度

　　李扬、宋波和刘羿男等设计了双亲性的荧光纳米颗粒（TEP-11）［图 5-13（a）］。该纳米颗粒具有 AIE 性质及优异的信号稳定性，在细胞成像中能够表现出高强度和长时间的荧光信号[13]。研究人员将 TPE-11 纳米粒子用于标记人胚胎干细胞（hES），并追踪这些细胞分化成神经细胞的过程。在人胚胎干细胞向神经分化时会发生形态的改变，形成放射状排列的柱状上皮细胞，称为神经花环。研究人员采用神经元细胞特异性标记物 TuJ 和 TPE-11 纳米粒子处理神经细胞，TuJ 将周围的神经细胞染成红色，TPE-11 将未分化的 hES 细胞染成绿色［图 5-13（b）］。当将红色通道与绿色通道叠加时，红色和绿色荧光的重叠部分表现为黄色。大多数靠近花环的细胞显示黄色，表明 TPE-11 标记的 hES 细胞分化过程仍可以顺利进行，可分化为神经细胞。TPE-11 纳米颗粒对整个分化可追踪时间长达 40 天。这是第一次利用 AIE 活性的纳米粒子检测 hES 细胞分化成神经元样细胞的过程。这个结果表明该 AIE 荧光纳米粒子在监控和追踪 hES 细胞动态分化的潜在应用前景。

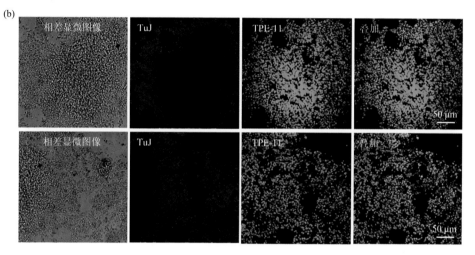

图 5-13　（a）TPE-11 的分子结构；（b）hES 细胞分化为神经细胞的显像，TuJ（Tubb3）染色为红色，TPE-11 染色为绿色，上：花环细胞，下：花环细胞周围的区域细胞，左边：相差显微图像

（李　慧，顾星桂*）

参 考 文 献

[1]　Dang D，Liu H，Wang J，et al. Highly emissive AIEgens with multiple functions：facile synthesis，chromism，specific lipid droplet imaging，apoptosis monitoring，and in vivo imaging. Chemistry of Materials，2018，30（21）：7892-7901.

[2]　Zhou Y，Liu H，Zhao N，et al. Multiplexed imaging detection of live cell intracellular changes in early apoptosis with aggregation-induced emission fluorogens. Science China Chemistry，2018，61（8）：892-897.

[3]　Qian Y，Wang Y，Jia F，et al. Tumor-microenvironment controlled nanomicelles with AIE property for boosting cancer therapy and apoptosis monitoring. Biomaterials，2019，188：96-106.

[4]　Zhang W，Kwok R T K，Chen Y，et al. Real-time monitoring of the mitophagy process by a photostable fluorescent mitochondrion-specific bioprobe with AIE characteristics. Chemical Communications，2015，51（43）：9022-9025.

[5]　Hu F，Cai X，Manghnani P N，et al. Multicolor monitoring of cellular organelles by single wavelength excitation to visualize the mitophagy process. Chemical Science，2018，9（10）：2756-2761.

[6]   Wang J，Zhu X，Zhang J，et al. AIE-based theranostic agent: *in situ* tracking mitophagy prior to late apoptosis to guide the photodynamic therapy. ACS Applied Materials & Interfaces，2020，12（2）：1988-1996.

[7]   Zhang Y，Wang L，Rao Q，et al. Tuning the hydrophobicity of pyridinium-based probes to realize the mitochondria-targeted photodynamic therapy and mitophagy tracking. Sensors and Actuators B: Chemical，2020，321：128460.

[8]   Hong Y，Chen S，Leung C W，et al. Water-soluble tetraphenylethene derivatives as fluorescent "light-up" probes for nucleic acid detection and their applications in cell imaging. Chemistry: An Asian Journal，2013，8（8）：1806-1812.

[9]   Ding D，Mao D，Li K，et al. Precise and long-term tracking of adipose-derived stem cells and their regenerative capacity via superb bright and stable organic nanodots. ACS Nano，2014，8（12）：12620-12631.

[10]   Gao M，Chen J，Lin G，et al. Long-term tracking of the osteogenic differentiation of mouse BMSCs by aggregation-induced emission nanoparticles. ACS Applied Materials & Interfaces，2016，8（28）：17878-17884.

[11]   Zheng Z，Zhou T，Hu R，et al. A specific aggregation-induced emission-conjugated polymer enables visual monitoring of osteogenic differentiation. Bioactive Materials，2020，5（4）：1018-1025.

[12]   Li J，Lee W Y，Wu T，et al. Detection of matrix metallopeptidase 13 for monitoring stem cell differentiation and early diagnosis of osteoarthritis by fluorescent light-up probes with aggregation-induced emission characteristics. Advanced Biosystems，2018，2（10）：1800010.

[13]   Zhou S，Zhao H，Feng R，et al. Application of amphiphilic fluorophore-derived nanoparticles to provide contrast to human embryonic stem cells without affecting their pluripotency and to monitor their differentiation into neuron-like cells. Acta Biomaterialia，2018，78：274-284.

第6章

>>

其他及展望

AIE 材料的发展如火如荼,尤其在生物学应用方面,取得很好的成绩。前面几章具体介绍了它们在化学生物传感、细菌成像和杀菌、细胞成像、细胞内微环境和生物过程成像及肿瘤光动力治疗方面的应用,然而,AIE 材料的生物学应用发展远不止于此,它们在基因递送、免疫治疗、近红外二区成像、光声成像和光热治疗等方面的研究也逐渐展开,本章将进行简单的介绍并做展望。

6.1 基因递送

6.1.1 静电作用载附基因

基因治疗是专注于对细胞进行基因改造以产生治疗效果的治疗方法,通过修复或重建有缺陷的遗传物质来治疗疾病。基因治疗的概念是从源头上解决遗传问题。例如,如果某个基因的突变导致产生遗传疾病的功能障碍蛋白质,则可以使用基因疗法来传递该基因的副本,该副本不含有害突变,从而产生一种功能性蛋白质,这种策略被称为基因替代疗法。Martin Cline 首次尝试修改人类 DNA,经美国国立卫生研究院批准,人类首次成功的核基因转移于 1989 年 5 月进行。在 1990 年 9 月开始的一项实验中,French Anderson 进行了基因转移的首次治疗性应用以及首次将人类 DNA 直接插入核基因组。人们认为,随着时间的推移,它能够治愈许多遗传性疾病。

基因治疗的过程中,首先必须将治疗性基因导入目标细胞内。但是,基因物质分子量很大,比能够扩散透过细胞膜的小分子大三到四个数量级;同时,基因物质带有多重负电荷,与同样具有负电属性的细胞膜很容易发生静电互斥作用,因此,基因物质本身并没有很好的细胞穿透性,需要借助载体才能很好地进入目标细胞。目前可以通过多种方法将基因物质递送到细胞中。一类是重组病毒（有时称为生物纳米颗粒或病毒载体），另一类是 DNA/RNA 复合物（非病毒方法）。病毒载体虽然具有很高的基因转染率，但是病毒本身具有一定的攻击性和危险性，且容易引起免疫反应。非病毒方法相对安全，而且可以大批量制备，具有诸多优势。

非病毒载体主要是通过含有氮杂原子的有机化合物［如聚乙烯亚胺（polyethyleneimine，PEI）］与基因物质通过静电作用形成复合物纳米颗粒[1]。带正电属性的氮杂原子与细胞膜具有亲和性，同时可以通过内吞作用跨过细胞膜进入细胞，从而将基因物质载入细胞内。但是，在进入细胞之后，复合物纳米颗粒通常在内体/溶酶体，基因物质无法得到有效的释放，阻碍了治疗性基因的表达转染。PEI是最有效的非病毒载体之一，可利用"质子海绵效应"促进内体/溶酶体逃逸。然而，它显示出严重的细胞毒性和缓慢的基因物质释放。为了解决这一问题，PEI通常与其他功能材料一起组装降低其细胞毒性，同时，功能材料也可以帮助促进基因物质从内体/溶酶体中逃逸释放，例如，光敏剂功能材料在光照作用下产生活性氧，轻微破坏溶酶体的膜结构，使得载体释放。通过控制光照的剂量，也不会导致直接的细胞死亡或核酸失活，最终实现内吞载体从溶酶体的释放及基因物质的转染表达。

刘斌等将 AIE 光敏剂、低聚亚乙基亚胺（OEI）和活性氧响应性基团结合在一起，与治疗性 DNA 形成复合物纳米粒子，实现 DNA 的有效性、控制性传递（图 6-1）[2]。他们所制备的载体聚合物 P（TPECM-AA-OEI）-g-mPEG 由多部分组成，其中 TPECM 为 AIE 光敏剂，可以通过荧光示踪载体位置、光激发产生活性氧，是疏水性基团；OEI 为 DNA 亲和部分，与治疗性 DNA 发生静电作用实现 DNA 装载，在酸性溶酶体中利用"质子海绵效应"实现内溶酶体逃逸；AA 是氨基丙烯酸酯，具有活性氧响应性，将 AIE 光敏剂和 OEI 连接在一起；mPEG 是亲水性基团。载体聚合物本身具有良好的双亲性，在水中通过自组装作用就可以形成纳米粒子，纳米粒子在光照的作用下，AIE 光敏剂产生单线态氧，单线态氧可以氧化打断氨基丙烯酸酯，将亲水部分和疏水部分分离开，从而将纳米粒子破坏。当与治疗性 DNA 混合时，载体聚合物 P（TPECM-AA-OEI）-g-mPEG 与 DNA 发生静电作用形成 S-NPs/DNA 复合物纳米粒子。基于 AIE 光敏剂可以产生活性氧和氨基丙烯酸酯的活性氧响应性，可以通过光照控制 S-NPs/DNA 复合物纳米粒子中 DNA 的释放。在 DNA 中引入绿色荧光蛋白基因，探测 DNA 的转染效率，发现在光照情况下，GFP 的表达率为（68±6）%，远高于黑暗条件下的（31±2）%，增长了 1 倍多。这种设计和方法巧妙地利用 AIE 光敏剂，仅仅通过光照成功触发多种反应，以克服非病毒基因传递中的不同障碍，为高效基因治疗提供了一种简单而有效的策略，而且能够适用于不同的治疗性基因的传递。

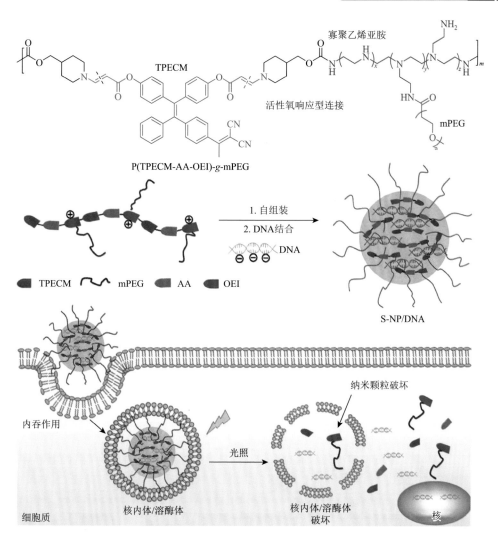

图 6-1 载体聚合物 P（TPECM-AA-OEI）-g-mPEG 主要由 AIE 光敏剂 TPECM、活性氧响应基团氨基丙烯酸酯（AA）、DNA 载附基团 OEI 和亲水性 mPEG 组成，与治疗性 DNA 混合形成复合物纳米粒子，在光照条件下，TPECM 产生活性氧，切断 AA，同时轻微破坏溶酶体膜，实现治疗性 DNA 在胞内的有效释放和基因治疗

许鸣镝、丁爱祥和卢忠林等同样利用 AIE 光敏剂实现了治疗性 DNA 的装载和释放（图 6-2）[3]。不同于聚亚乙基亚胺，他们使用氮杂环作为 DNA 的装载基团，可以降低载体的细胞毒性；他们所使用的 AIE 光敏剂具有 D-π-A 共轭结构，具有很高的双光子吸光系数，可以通过双光子激发产生活性氧，实现溶酶体膜的破坏和 DNA 的释放。他们所设计的分子载体主要由三部分组成：两个极性 aneN₃-三唑头、发光原核和疏水长尾。aneN₃ 是一种大环多胺，对带负电的核酸表现出

很强的结合亲和力，可将松散的核酸压缩成带正电的纳米颗粒，以促进细胞结合和细胞内化。AIE 光敏剂作为发光原核，具有典型 D-π-A 结构的大型 π 共轭结构，使其拥有良好的光学特性和活性氧生成能力。加入不同长度的亲脂链以增加与质膜的融合能力，从而促进细胞内体逃逸。通过优化对比可知，当亲脂链为九碳链时，DNA 的传递效率最高，在 HEK293T 细胞系中的转染效率是商业转染剂 Lipofectamine 2000 的 6.7 倍。此外，由载体和 DNA 形成的复合物能够有效产生单线态氧进行光动力治疗。结合抗癌基因治疗，实现了协同抗癌治疗，癌细胞杀伤效果显著增强。

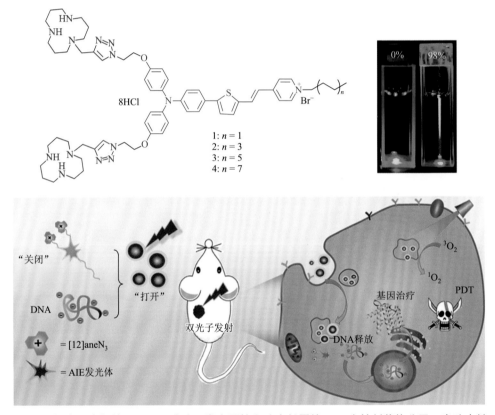

图 6-2　拥有两个极性 aneN₃-三唑头、发光原核和疏水长尾的 AIE 光敏剂载体分子，当疏水链较长时，具有最高的 DNA 载附效率；该载体在聚集状态下可以被双光子激发而发出荧光，同时产生活性氧使得载体-DNA 复合物从溶酶体逃逸，保证 DNA 的高效传递

　　除了 DNA 之外，RNA 也具有良好的疾病治疗和预防效果，例如，信使 RNA（mRNA）目前被成功应用于新冠病毒感染疾病的防御性疫苗制备，占有了很大的销售市场，也有效抑制了流行性新冠病毒的传播[4]。mRNA 疫苗的制备也是借助了纳米脂质体将有效的 RNA 片段导入细胞，引起免疫作用[5]。唐本忠和 Yong 等

利用 AIE 纳米粒子，成功传递治疗性 RNA 对肿瘤进行了治疗[6]。他们利用合成小干扰 RNA（small interfering RNA，siRNA），在细胞内转染并与核酸酶发生作用，降解细胞内的 mRNA，阻断基因的转录过程，杀伤肿瘤细胞。同样地，siRNA 的传递是一个关键步骤，他们使用 DSPE-PEG 和 F127 将 AIE 分子制备成 AIE 纳米粒子，然后通过层层自组装的方法在纳米粒子表面包裹了一层聚丙烯酰胺，用以装载 siRNA。当制备 AIE 纳米粒子的脂质体为 F127 时，siRNA 的转染效率高达 78%，对于目标基因的抑制效率也达到了 70% 以上。

6.1.2　细菌载附基因

作为药物传递系统，病毒和非病毒载体都有自己的优劣势，问题并不能得到完美的解决，新型传递系统的构建显得很重要，其中一个特别关注的领域是细菌工程作为治疗传递系统，以在体内选择性地释放所载附的治疗药剂。细菌作为载体具有独特的优势，它能够自身生物合成所需要的治疗性药物，如蛋白质、质粒等，这种自我复制的功能可以很方便地完成大批量的制备；此外，利用生物相容性的细菌作为载体在生物安全性方面也有优势。例如，Danino 和 Arpaia 等利用基因改造的 *E. coli* 生物合成蛋白抗体、传递蛋白抗体，实现了细菌装载抗体对免疫的激活和对肿瘤的抑制[7]。但是，细菌载体对于治疗性的蛋白质或者质粒的释放较慢，且释放速度难以控制。针对这一问题，刘斌和汤谷平等将 AIE 光敏剂修饰在载体细菌表面，通过光照的作用产生活性氧可以对细菌的细胞膜进行破坏，加速并控制细菌内治疗性质粒的释放（图 6-3）。他们在 AIE 光敏剂的尾端修饰一个 D-氨基酸，通过代谢标记的方法使得 AIE 光敏剂以共价键的方式连接在细菌表面，避免在细菌作用的过程中复杂的环境导致 AIE 光敏剂脱落。装载了治疗性基因的细菌表面被修饰了 AIE 光敏剂之后，在肿瘤部位可以光照加速基因的释放，最终达到抑制肿瘤的效果[8]。

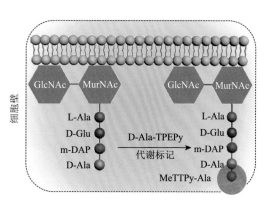

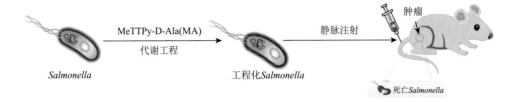

图 6-3　细菌作为治疗性质粒的载体，具有自复制性和安全性等优势，但是在质粒释放的步骤效率比较低，AIE 光敏剂与 D-氨基酸通过一步法代谢标记，共价连接在沙门氏菌（*Salmonella*）的肽聚糖中，用以控制沙门氏菌中转染的 VEGFR2 治疗性基因质粒的光动力释放和肿瘤治疗

GlcNAc 表示 *N*-乙酰氨基葡萄糖；MurNAc 表示 *N*-乙酰基胞壁酸；L-Ala 表示 L-丙氨酸；D-Glu 表示 D-谷氨酸；m-DAP 表示二氨基庚二酸；D-Ala 表示 D-丙氨酸

6.2　免疫治疗

　　免疫疗法是一种利用人体自身免疫系统来对抗癌症的治疗方法。免疫疗法可以增强或改变免疫系统的工作方式，以便发现和攻击癌细胞。但是肿瘤细胞为了更好地生长和扩散，能够采用多种策略使得机体的免疫系统受到抑制，通过免疫逃逸躲过免疫系统的识别和杀伤。免疫系统对肿瘤的响应主要分为五个步骤：①肿瘤抗原释放；②抗原呈递细胞成熟；③抗原呈递细胞激活 T 细胞；④T 细胞接收信号之后识别肿瘤细胞；⑤免疫消除肿瘤细胞。这些环节任何地方出现异常均可以导致免疫抗肿瘤失效。免疫治疗就是通过重新激活免疫过程，恢复机体正常的抗肿瘤免疫反应，从而控制与清除肿瘤的一种治疗方法。AIE 光敏剂在肿瘤抗原释放和促进抗原呈递细胞成熟等方面都有所应用。

6.2.1　肿瘤抗原释放

　　肿瘤抗原释放的一个重要方式就是免疫原性细胞死亡（immunogenic cell death，ICD），即肿瘤细胞在程序性死亡之后，释放的多种具有免疫刺激的损伤相关分子模式（damage-associated molecular patterns，DAMPs）[9, 10]。免疫系统对肿瘤的抑制机制目前尚未完全清晰，但是肿瘤细胞表面暴露的钙网蛋白（CRT）是一种公认的重要的 DAMP。钙网蛋白从内质网易位到垂死肿瘤细胞的表面，成为树突状细胞（dendritic cells，DCs）等专职抗原呈递细胞吞噬癌细胞尸体和碎片的重要信号，然后作为天然佐剂促进 DC 成熟并协助将肿瘤相关抗原呈递给淋巴结中的 T 细胞，从而启动适应性抗肿瘤。由于 ICD 在癌症免疫治疗中的关键作用，自 ICD 概念出现后的十年中，可诱导癌细胞 ICD 的药物的开发引起了相当大的兴趣。化疗药物中，仅有甲氨蝶呤、多柔比星和奥沙利铂等几种可以诱导明显的钙网蛋白表面暴露从而引起 ICD。此外，过量的活性氧也可以导致钙网蛋白外翻，使得光动力-免疫治疗成为一种很好的策略，因为光敏剂只有在光照之后才会产生活性氧，具有出色的时空控制性、良好的生物安全性等诸多优势。因为细胞器是细胞的重要组成部分，在肿瘤细胞特定的细胞器中产生活性氧有可能提高诱发 ICD 的效率。AIE 光敏剂作为一种简单的有机化合物，可以设计成具有不同细胞器靶向的功能分子，研究其在进行光动力治疗过程中诱发 ICD 的情况。

丁丹等设计了一种线粒体靶向性的高效 AIE 光敏剂，实现了线粒体内产生活性氧从而诱发 ICD，引起对肿瘤的免疫抑制作用（图 6-4）[11]。他们利用甲基吡啶盐作为电子受体构建 AIE 光敏剂，调整分子的 LUMO 轨道的同时还能够赋予分子线粒体靶向性。同时在原有的 AIE 光敏剂 DPA-TCyP 中引入三苯乙烯，使得分子 TPE-DPA-TCyP 具有更多的扭曲共轭结构，大大提高了 AIE 光敏剂产生活性氧的效率。通过对钙网蛋白进行识别性荧光标记，对比研究可知，TPE-DPA-TCyP 在 5 μmol/L 浓度、10 mW/cm^2 光照条件下就能够引起明显的钙网蛋白外翻，效果远远好过 DPA-TCyP，也好过商业光敏剂 Ce6。为了验证在线粒体内产生活性氧能够更好地引起钙网蛋白外翻和 ICD，他们将 TPE-DPA-TCyP 包裹进入脂质体，制备成纳米粒子，使得吡啶盐部分被屏蔽，失去了线粒体靶向能力。与此同时，TPE-DPA-TCyP 纳米粒子与 TPE-DPA-TCyP 分子具有几乎相同的活性氧产生能力。测试可知，具有线粒体靶向性的 TPE-DPA-TCyP 分子能够更好地引起钙网蛋白外翻和 ICD。最终，他们将 TPE-DPA-TCyP 分子引起的肿瘤细胞抗原释放制备成肿瘤疫苗，可以有效防止肿瘤细胞的生长。他们首先利用 TPE-DPA-TCyP 分子靶向标记 4T1 肿瘤细胞的线粒体，然后通过光照引起 4T1 细胞的钙网蛋白外翻，再通过 X 射线处理 4T1 肿瘤细胞，使肿瘤细胞本身失去免疫原性的同时保留光动力引起外翻的钙网蛋白的免疫原性。将处理过的 4T1 细胞腋下注射之后，通过 ICD 激活小鼠的免疫系统，使得再次注入的 4T1 活细胞无法在小鼠体内生长。

除了线粒体之外，内质网也是一种重要的细胞器，而且钙网蛋白从细胞核周围迁移到细胞表面主要是由内质网参与完成，因此，具有内质网靶向性的光敏剂在其内部产生活性氧也可能引起高效的肿瘤细胞抗原释放和诱导 ICD[12]。丁丹、刘谦和刘瑞华等将 AIE 光敏剂与内质网靶向性多肽连接在一起，利用光动力治疗成功诱导了 ICD 从而实现肿瘤的光动力治疗[13]。他们利用新型的电子受体单元构建了新型的 AIE 光敏剂，通过羧基-氨基缩合反应，将 AIE 光敏剂与内质网靶向多肽序列（FFKDEL）连接在一起，实现 AIE 光敏剂的内质网靶向性。在相同的条件下，具有内质网靶向性的 AIE 光敏剂光照产生活性氧所引起的钙网蛋白外翻效率远高于金丝桃素等商用光敏剂。ATP、高迁移率族蛋白 B1（HMGB1）和热休克蛋白（HSP70）等也是能够引起 ICD 的 DAMPs，具有内质网靶向性的 AIE

光敏剂所产生的活性也能够导致这些 DAMPs 更高效地从肿瘤细胞中释放。类似于线粒体靶向性的 AIE 光敏剂，他们将具有内质网靶向性的 AIE 光敏剂以相同的方式制备成疫苗，通过诱导 ICD 可以成功抑制肿瘤在小鼠体内的生长。

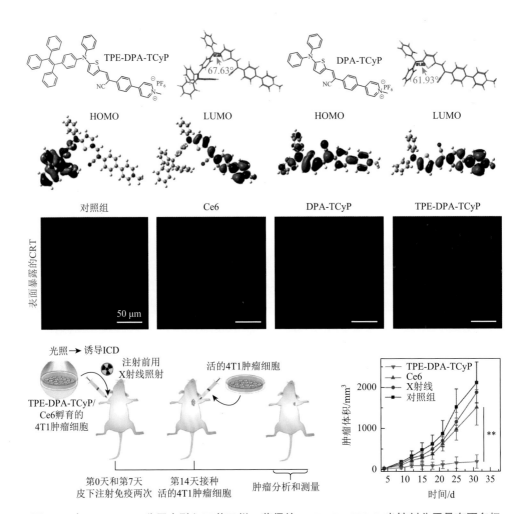

图 6-4　在 DPA-TCyP 分子中引入三苯乙烯，获得的 TPE-DPA-TCyP 光敏剂分子具有更多扭曲结构，可以更加高效产生活性氧，吡啶盐结构使其保留了线粒体靶向功能；具有线粒体靶向的 TPE-DPA-TCyP 能够更高效地引起肿瘤细胞的钙网蛋白外翻，进而引起 ICD，被制备成疫苗成功应用于肿瘤的免疫性抑制

Ce6 表示二氢卟吩 e6

溴酶体同样也是一种很重要的细胞器，它主要是用来消化和回收外来物质或者损坏的细胞器。如果溴酶体的膜结构渗透性遭到破坏，它就会倾向于向细胞质

中释放多种水解酶和其他物质，从而导致细胞死亡[14]。一些多肽结构、脂质体代谢物和活性氧都能导致这一死亡程序的发生。这是一种比较特殊的细胞死亡方式，有可能引起高效的 ICD，从而应用于免疫治疗[15]。基于此，丁丹等设计并合成了一种 AIE 光敏剂多肽分子 TPE-Py-pYK（TPP）pY，该分子能够在碱性磷酸酶（ALP）的作用下形成纳米组装体，得益于其 AIE 性质，组装体的荧光和光敏能力都在响应后增强。有的肿瘤细胞过度表达 ALP，因此，TPE-Py-pYK（TPP）pY 可以在

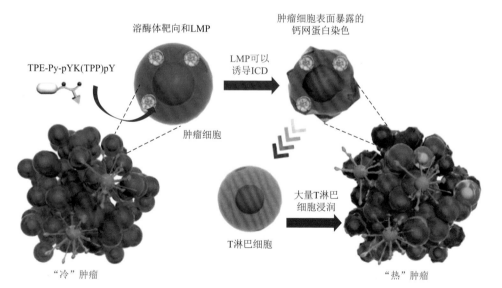

图 6-5　碱性磷酸酶（ALP）在部分肿瘤细胞中过度表达，TPE-Py-pYK（TPP）pY 分子在 ALP 作用下两个磷酸基团被切除，使得分子形成纳米组装体，富集在肿瘤细胞的溶酶体部位；通过光动力治疗，可以引起肿瘤细胞溶酶体膜结构的破损，从而引起自噬效应和 ICD，最终激活 T 细胞，使得获得免疫逃逸的肿瘤细胞可以重新被机体的免疫系统攻击，实现免疫治疗

LMP 表示溶酶体膜通透化

这一类肿瘤细胞的原位发生纳米自组装，并且积累在它们的溶酶体。在光动力治疗的作用下，肿瘤细胞的溶酶体膜发生破坏，引起了比较强烈的自吞噬效应，从而释放 DAMPs 诱导 ICD 的发生，最终激活 T 细胞，使得本来已经获得免疫逃逸的肿瘤组织重新暴露在机体的免疫攻击之下（图 6-5）。

6.2.2 抗原呈递细胞成熟

在肿瘤抗原释放之后，抗原需要呈递给抗原呈递细胞，使其成熟，才能进行下一步的免疫反应。但是，在肿瘤微环境中，肿瘤抗原的呈递效率普遍比较低，使得免疫治疗的效果大打折扣[16]。活性氧是具有氧化活性的小分子，在细胞生理功能和免疫调节中起重要作用。过量的活性氧可诱导肿瘤的细胞氧化损伤和免疫原性细胞死亡，为免疫系统提供潜在的抗原刺激。具有高时空精度和出色安全性的光动力疗法已成为实体瘤消融、ICD 诱导的有前途的工具。然而，由于肿瘤抗原在体内的快速降解和抗原呈递效率低下，这些局部氧化损伤所引发的对全身性肿瘤排斥的免疫反应不足，导致免疫治疗的效果一般。因此，必须同时提高抗原呈递效率和加快抗原呈递细胞的成熟速率。光动力治疗除了对肿瘤细胞的直接细胞毒性作用、促进钙网蛋白等 DAMPs 的释放外，还可用于调节细胞内活性氧水平，低水平的活性氧可以作为关键信号分子，通过信号通路的氧化促进抗原呈递细胞（如 DC 细胞）的成熟[17]。然而，由于缺乏深层组织可兴奋的光敏材料和适当的策略，光动力治疗在免疫系统激活方面的应用具有挑战性，尤其是在体内系统中。

刘斌、刘小钢和孔德领等报道了基于 AIE 光敏剂 TPEBTPy 与上转换纳米粒子（UCNPs）的组合的纳米级免疫刺激剂的设计和合成，通过精准调控活性氧的生成来同时实现肿瘤 ICD 的诱发和 DC 细胞的激活，从而增强细胞对实体瘤的适应性免疫反应（图 6-6）[18]。与传统光敏剂不同，具有 AIE 特性的 TPEBTPy 在纳米粒子中处于聚集状态，显示出强烈的荧光和强烈的活性氧生成作用。上转换纳米粒子可以将穿透深层组织的近红外光转换为可见光波长，与此同时，所设计的 TPEBTPy 的激发光谱与上转换纳米粒子的发射光谱高度匹配，这样就可以以上转换纳米材料为天线，通过近红外激光激发 AIE 光敏剂，实现深层组织的光动力治疗。在进行了光动力治疗之后，部分肿瘤细胞被破坏，使得其释放 DAMPs 等抗原。为了降低抗原的降解速率，他们在 TPEBTPy 上面修饰了两个电荷，使得所制备的纳米粒子表面具有较强的正电荷属性，可以快速捕获所释放的抗原，避免快速降解。载有肿瘤相关抗原的纳米粒子可以被引流淋巴结中的抗原呈递细胞持续有效地吸收。此时，通过低功率近红外辐射可以控制性产生活性氧，在不损伤细胞活力的情况下促进抗原呈递细胞的成熟，从而加强其对 T 淋巴细胞的刺激性作用。这种双模式的动力治疗，三管齐下：①光动力治疗直接杀伤肿瘤细胞；②捕获肿瘤细胞产生的肿瘤抗原，降低其降解速率；③光动力治疗产生良性活性氧促进抗原呈递细胞成熟，可以更加有效地提高免疫治疗的效果。

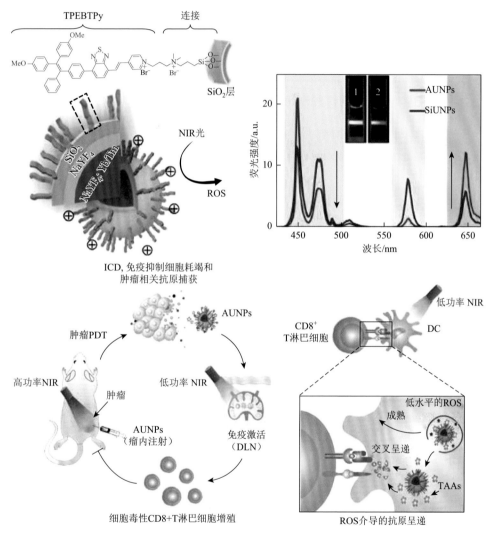

图 6-6　高效正电属性 AIE 光敏剂与上转换纳米粒子匹配性结合，实现近红外光（980 nm）激发的双模式光动力-免疫治疗：高功率的激光激发产生活性氧杀伤原位肿瘤细胞，正电性纳米粒子捕获抗原进入淋巴产生 ICD 效应；低功率激光产生无伤害活性氧刺激 DC 等抗原呈递细胞成熟，促进 T 细胞的激活；这两种免疫促进效应与免疫检查点阻断疗法协同产生光动力-免疫治疗，对原位和远端肿瘤都有较好的抑制作用，且能产生免疫记忆效应

AUNPs 表示 AIE 上转换纳米粒子；SiUNPs 表示 SiO₂ 上转换纳米粒子；TAAs 表示肿瘤相关抗原

免疫检查点阻断疗法在治疗多种类型的肿瘤方面非常有效，但是其治疗效果总是受到内在免疫的限制[19]。此外，免疫耐受性破坏导致的潜在体内毒性也阻碍了其临床应用发展[20]。他们将免疫检查点阻断疗法和纳米级免疫刺激剂相结合使用，可以降低免疫检查点抑制剂的使用剂量，从而提高免疫疗法的安全性。同时，纳米级免疫刺激剂的免疫反应提升作用与免疫检查点抑制剂的免疫逃逸抑制作用协同合作，能够大幅提高免疫治疗的效率，可以同时抑制原位和远端的肿瘤。在免疫治疗之后，被治疗的小鼠体内仍然有很好的免疫记忆效应，小鼠脾脏中 CD8$^+$ CD62$^-$CD44$^+$效应记忆 T 细胞的数量显著高于单独注射免疫检查点抑制剂或其他对照组，表明基于该策略的抗肿瘤免疫记忆的建立非常有效。

6.3　多模式成像

在 AIE 材料被发现之后，人们主要研究它们的荧光性质，表现出在聚集状态下更加明亮的荧光性质，且多具有很好的光稳定性、较好的生物安全性，在生物成像领域有很广泛的应用。荧光成像可以利用不同的激发波长和发射波长在不同的通道实时观察不同的信号通路，而且随着超高分辨率荧光成像方法和仪器的开发，荧光成像也具有很高的分辨率，可以达到几十纳米[21]。但是，受限于激发光和发射光的生物组织穿透性，荧光成像也具有自己天生的缺点，进行活体成像时无法对深层次的组织或者病灶进行成像[22]。多种模式的成像可以将荧光成像和其他高穿透性的成像结合在一起，形成优势互补，更加精确地采集生物信息，进行生物学研究或者疾病诊断。

6.3.1　MRI-荧光成像

磁共振成像（MRI）是一种用于放射学的医学成像技术，用于形成身体的解剖结构和生理过程的图片。在大多数医学应用中，静磁场中的人体施加某种特定频率的射频脉冲，使人体中的氢质子受到激励而发生磁共振。停止脉冲后，质子在弛豫过程中产生 MR 信号。通过对 MR 信号的接收、空间编码和图像重建等处理过程，形成身体图像。通过改变施加和收集的射频脉冲序列，可以创建不同类型的图像。重复时间（TR）是应用于同一切片的连续脉冲序列之间的时间量。回波时间（TE）是发送射频脉冲和收到回波信号之间的时间。最常见的 MRI 形式是 T1 加权和 T2 加权扫描。T1 加权图像是通过使用较短的 TE 和 TR 生成的。图像的对比度和亮度主要由组织的 T1 特性决定。相反，T2 加权图像是通过使用更长的 TE 和 TR 产生的。在这些图像中，对比度和亮度主要由组织的 T2 特性决定。T1 加权成像也可以在注入钆（Gd）的同时进行。Gd 在与螯合剂络合之后是一种低毒性的顺磁性对比增强剂。在扫描期间注入时，Gd 通过缩短 T1 来增强信号强度。因此，Gd 在 T1 加权图像上非常亮。Gd 增强图像在查看血管结构和血脑屏障的破坏方面应用非常广泛。此外，MRI 这种成像方式所需要的激发磁场和磁弛豫信号都具有很强的穿透性，可以轻易透过人体组织，与荧光成像优势互补。

最简单的 MRI-荧光双模式成像造影剂便是将 AIE 荧光团与 Gd 螯合物连接在一起形成双模式探针。目前临床批准的 Gd 造影剂都是小分子。然而，尺寸小于 5 nm 的小分子很容易通过肾孔，并通过肾脏快速清除血池而被清除。血液中短循环寿命本质上限制了图像分辨率的提高。大分子和纳米结构的 MRI 造影剂，如聚合物、树枝状大分子和基于超分子的自组装结构，具有较长的保留时间，近年来越来越受到关注。唐本忠和郑奇昌等合成了一种含有 Gd-二亚乙基三胺五乙酸（DTPA）螯合物（TPE-2Gd）的 TPE 衍生物。研究了 TPE-2Gd 在细胞成像中的应用，并证明了使用 TPE-2Gd 作为 MRI 造影剂的可行性。由于纳米聚集体的形成，TPE-2Gd 显示出延长的血液循环寿命，从而提高了活大鼠的 MRI 分辨率（图 6-7）[23]。TPE-2Gd 具有比较好的生物相容性，其浓度达到 60 μmol/L 时，HeLa 细胞的存活

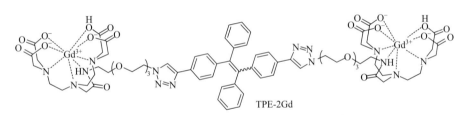

TPE-2Gd

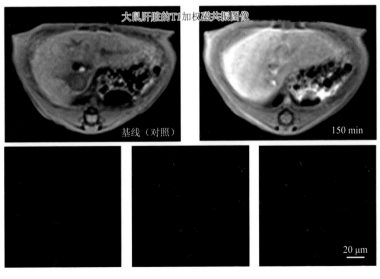

图 6-7 典型的 AIE 基团 TPE 与 Gd 螯合物整合形成双模式成像探针 TPE-2Gd，可以实现对细胞的荧光成像和活体内器官的 MRI

率仍然高达 90%左右。利用 TPE 结构的荧光性质，TPE-2Gd 纳米粒子可以对细胞进行荧光成像；利用 Gd 的 MRI 增强性质，TPE-2Gd 可以增强小鼠心脏、肝脏等器官的 MRI 信号，相比较于市售 MRI 造影剂 Magnevist 在 5 min 之内就会有严重的信号衰减，TPE-2Gd 在目标器官的保留时间超过 2 h。此探针实现了细胞层次荧光成像和活体层次 MRI 的双模式成像。

阎云和黄建滨等进一步将 TPE 和 Gd 同时整合在聚离子胶束中，形成荧光-MRI 纳米探针（图 6-8）[24]。他们首先在 TPE 的两端修饰两个可以与 Gd 发生络合作用的配体基团邻二羧基吡啶得到 TPE-(EO)4-L2。将所需的 TPE-(EO)4-L2 和 $Gd(NO_3)_3$ 的水溶液在玻璃瓶中混合。TPE-(EO)4-L2 和 $Gd(NO_3)_3$ 的最终浓度分别为 0.3 mmol/L 和 0.2 mmol/L，以保持配体和金属离子的化学计量混合比为[TPE-(EO)4-L2]/[Gd^{3+}] = 3：2。这样，每个钆离子预计与三个邻二羧基吡啶基团配位。如此一来，每个配位中心的净电荷为−3，这意味着最终混合物中负电荷的浓度[−] = 0.6 mmol/L。带有负电荷的 Gd-TPE 络合物能够与阳离子聚合物形成聚离子胶束。阎云等所使用的阳离子聚合物为二嵌段聚电解质聚碘化 N-甲基乙烯吡啶-b-聚环氧乙烷[PMVP$_{41}$-b-PEO$_{205}$，M_w = 19000，聚合物多分散性指数（polymer dispersity index，PDI）= 1.05]。加入等体积的带正电荷[+] = 0.6 mmol/L 的 PMVP$_{41}$-b-PEO$_{205}$ 水溶液，使混合系统中的[+] = [−] = 0.3 mmol/L。最后使用 HCl 和 NaOH 将最终胶束系统的 pH 调节至约 7.4，形成最终的具有双模式成像功能的纳米胶束。该纳米胶束在 50 μmol/L 时，HeLa 细胞仍然具有良好的生存率。这些胶束可以被 HeLa 细胞吸收，在胶束系统中培养 HeLa 细胞后，在用 405 nm 激光激发时，可以观察到蓝色发射（425～475 nm）。在相同激发条件下，也可以在细胞中观察到红色荧光（552～617 nm）。通常双通道荧光只能通过在荧光探针中加入不同的荧光团来获得。这种双通道荧光的机制可能是由胶束的散射引起的，因为 TPE 荧光团理论上只有蓝色的荧光。无论如何，[TPE-(EO)4-L2/Gd^{3+}/PMVP$_{41}$-b-PEO$_{205}$]-胶束系统中的这种双通道荧光非常有趣，因为它可以实现更准确的荧光成像。同时，该胶束系统也具有良好的 MRI 造影能力，弛豫率为 2.37 L/(mmol·Gd·s)（600 MHz）。由于一个胶束包含数百个离子，一个胶束的弛豫率约为 10^3 L/(mmol·micelle·s)（600 MHz），这与文献报道相当。这种胶束虽然是一种聚离子胶束，但是对盐（NaCl 等）有很好的稳定性，是一种优良的 MRI-荧光双模式造影剂。

AIE 探针分子在进行荧光成像时，最大的一个优势就是荧光增强成像，无须清洗等步骤，得到的成像图就拥有低荧光背景、高分辨率的效果。这种荧光"打开"成像通常将 AIE 探针设计成水溶性分子，在发生了特异性识别作用或者水溶性基团切除作用的条件下，AIE 的分子内运动受限，荧光增强，实现免清洗荧光成像。Meade 等将 AIE 材料的这种优势与 MRI 造影剂相结合，实现了对细胞程序性凋亡的 MRI-荧光同时"打开"的双模式成像（图 6-9）[25]。细胞凋亡是一种细

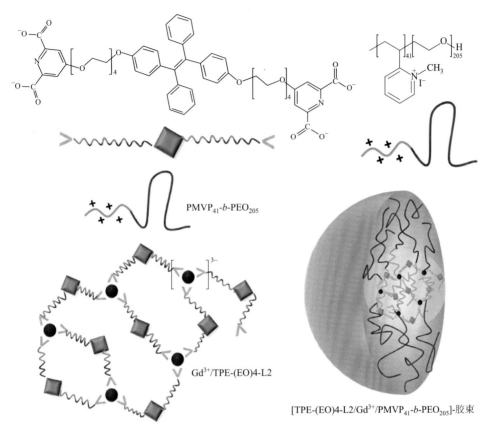

PMVP$_{41}$-*b*-PEO$_{205}$

Gd^{3+}/TPE-(EO)4-L2

[TPE-(EO)4-L2/Gd^{3+}/PMVP$_{41}$-*b*-PEO$_{205}$]-胶束

图 6-8 利用 **Gd^{3+}**与邻二羧基吡啶的配位作用形成带负电的配位聚合物，然后与带正电的阳离子二嵌段聚合物形成**[TPE-(EO)4-L2/Gd^{3+}/PMVP$_{41}$-*b*-PEO$_{205}$]**-胶束，作为 **MRI**-双荧光通道造影剂胶束

PMVP 表示聚（*N*-甲基-2-乙烯基吡啶碘化物）；PEO 表示聚环氧乙烷

胞进行自我调节的生化过程，可以消除功能失调的细胞[26]。为了有效治疗癌症，抗癌治疗很大程度上依赖于诱导癌细胞凋亡，因此，开发细胞凋亡探针分子具有重要意义。caspase-3 和 caspase-7 是细胞凋亡主要的执行者，可以进行大规模蛋白水解，最终导致细胞凋亡[27]。对细胞内 caspase-3/7 活性的检测就可以直接反映细胞的程序性凋亡进行的状态。使用生物响应 MR 探针进行 caspase-3/7 活性检测时，没有办法进行定量分析。因为探针的局部浓度是未知的，MR 信号的增强不能专门归因于激活的探针，也可能是非活性试剂的汇集。这种不确定性源于 MR 成像的相对低灵敏度和大多数生物响应 MR 探针有限的检测范围[28]。该问题的解决方案是通过创建 FL-MR 生物响应探针进行双峰成像，该探针在激活后同时显示 FL-MR 信号增强。为了实现这一目标，Meade 等为探针的荧光和 MR 组件寻求共同的激活机制。AIE 分子在自组装聚集之后能够实现荧光增强，同样地，自

组装也是增强基于 Gd（Ⅲ）的 MR 探针的 MR 信号的一种有效方法。基于此，他们将 Gd 螯合物、TPE 连接在一起，然后与 caspase-3/7 响应性多肽偶联得到亲水性探针 CP1。该探针在水相中的荧光和 MR 信号都很弱，但是多肽部分被 caspase-3/7 切除之后变成憎水性分子，发生自组装，荧光和 MR 信号同时增强，实现了 caspase-3/7 活性的 FL-MR 信号增强线性检测。

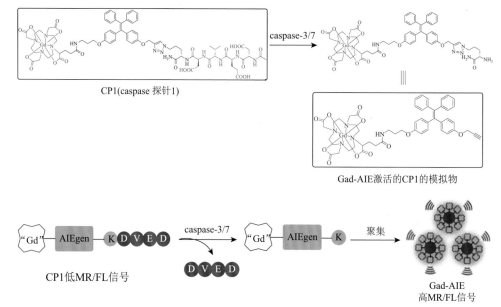

图 6-9　**Gd-DOTA 螯合物、TPE 与 caspase-3/7 响应性多肽连接在一起形成 FL-MR 双打开探针分子，在亲水性多肽被响应性切除之后，探针发生自组装，荧光和 MR 信号同时增强**

　　除了 T1 加权的 MR 成像之外，T2 加权的 MR 成像也应用广泛。常见的 T2 增强的造影剂多为 Fe 基材料，如超顺磁性氧化铁，它们具有比 Gd 更高的生物相容性。江新青和高蒙等利用透明质酸衍生物作为基质，制备了同时包含 AIE 分子和超顺磁性氧化铁的纳米粒子，实现了 T2 加权的 MR 和荧光双模式成像引导的肿瘤光动力治疗[29]。

6.3.2　光声成像和光热治疗

　　光学成像主要包含荧光成像和光声成像[30]。荧光成像具有诸多优点：所使用造影剂的激发波长和发光波长可以在紫外-可见-近红外区域便捷调控，可以实现在荧光显微镜下同时对多种生物大分子、生理过程的示踪成像。2014 年，超高分辨荧光成像技术相关研究者获得诺贝尔化学奖，此项技术的发展使得荧光成像的空间分辨率突破衍射极限，达到 20 nm 级别。荧光所需要的激发光光源和发射光接收器成本低廉，可以通过靶向分子探针标记肿瘤蛋白，实现荧光成像肿瘤切除手术"导航"。利用美国食品药品监督管理局（FDA）批准用于临床的荧光分子吲哚菁绿（ICG），南方医科大学珠江医院方驰华教授团队完成了国际首例三维可视化腹腔镜左半肝切除术，推动了荧光手术"导航"的临床应用发展。

　　然而，荧光成像也存在天然的弊端，最大的缺陷是组织穿透性低，无论是激发光还是信号发射光，在对深层组织进行成像时，都会存在很强的反射和散射作用，导致近红外一区（NIR-Ⅰ）成像穿透深度低于 1 cm，近红外二区（NIR-Ⅱ）成像穿透深度也只有 3～5 cm。光声成像通过脉冲激光激发造影剂，然后接收超声波信号实现造影成像，属于一种杂化成像模式。由于超声波在体内传播几乎没有阻碍，光声成像的穿透深度限制仅仅来源于激发光源，它在组织内的穿透深度可以达到 5～11 cm（图 6-10）[31]。然而，光声成像在细胞和亚细胞水平的成像分辨率远远不如荧光成像，无法对生物机制进行探究；而且光声成像所用光源为脉冲激光，在成像手术"导航"方面成本较高、操作不便。因此，通常将荧光成像和光声成像相结合，优势互补。

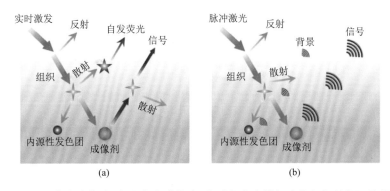

图 6-10　荧光成像（a）和光声成像（b）过程中光线与生物组织的相互作用

　　AIE 分子的转子结构可能通过非辐射衰减带来高光热转换效率，然后通过热膨胀产生光声信号，因此，研究者们尝试开发具有高近红外摩尔吸光系数的 AIE 纳米粒子，用于光声成像和光热治疗。一个最初的例子是刘斌等将两个 TPE 单元共轭连接到 4,9-二-（5-溴噻吩-2-基）噻二唑并喹喔啉（TTQ）（图 6-11）[32]。相比较于 TTQ，TPETTQ 分子的吸收峰红移至 750 nm 左右，且具有更高的吸光系数。使用 DSPE-PEG 作为聚合物基质将获得的 TPETTQ 分子封装以形成纳米粒子。尽管与溶解在 DMSO 中的 TPETTQ 分子相比，TPETTQ 纳米粒子的光声信号受到高度抑制，但它们仍然表现出不错的光声信号，比 TTQ 纳米粒子高 15%，表明经过 AIE 转子修饰之后，TPETTQ 纳米粒子通过分子内运动所造成的非辐射衰减仍然活跃，可以实现哨位淋巴结的光声成像。同时，TPETTQ 纳米粒子也具有有效的光热效应，在 10 min 近红外光照射后，温度升高至 47 ℃，效率高于广泛使用的金纳米棒。这些结果表明，分子内旋转和非辐射衰减并没有完全限制在纳米粒子内部，因为 AIE 分子的堆积不像固体形式那样紧凑，这为 AIE 纳米粒子在光声成像和光热治疗中的应用开辟了一条新途径。

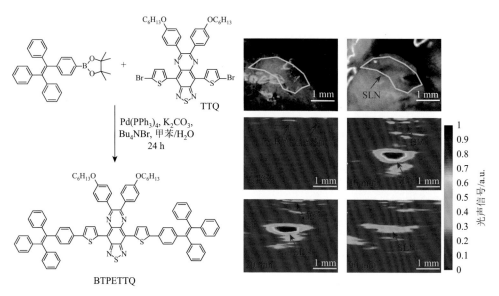

图 6-11　在 TTQ 分子中引入 AIE 单元 TPE 之后，利用分子内转子的振动效应，提高其光热转换效率和光声信号，应用于哨位淋巴结的光声成像

Pd(PPh₃)₄ 表示四（三苯基膦）钯；Bu₄NBr 表示四丁基溴化铵；SLN 表示前哨淋巴结

　　为了进一步减弱 AIE 纳米粒子的分子内运动限制、优化非辐射衰减带来的光热膨胀效应，唐本忠和丁丹等将庞大的烷基链引入 AIE 分子，将 AIE 分子的转子隔离在纳米粒子内部并为分子内运动创造空间[33]。如图 6-12 所示，2TPE-NDTA 和 2TPE-2NDTA 包含两个 TPE 单元作为供体和一个/两个具有长烷基链（NDTA 和 2NDTA）作为受体。在封装成纳米粒子之后，2TPE-NDTA 和 2TPE-2NDTA 纳米粒子都可以在近红外激光照射下产生有效的光热效应，使温升分别达到 69.6 ℃ 和 81.4 ℃。经计算，光热转换效率分别为 43.0% 和 54.9%，优于没有 TPE 修饰的半导体聚合物（27.5%）。作为间隔物的大烷基链的引入成功地释放了纳米粒子内部转子结构的分子内运动，最大限度地利用非辐射衰减途径产生热量。同时，热膨胀效应使得 2TPE-NDTA 和 2TPE-2NDTA 纳米粒子都表现出出色的光声信号生成，优于广泛使用的商业染料亚甲蓝。2TPE-2NDTA 纳米粒子在光热转换和光声信号生成方面表现出比 2TPE-NDTA 纳米粒子更好的性能，这是由于额外的长烷基链基团带来的更松弛的环境促进分子内运动。通过向荷瘤小鼠静脉注射 2TPE-

2NDTA 纳米粒子实现了活体小鼠肿瘤的高对比度光声成像，证明了纳米粒子在体内肿瘤光声成像的能力。

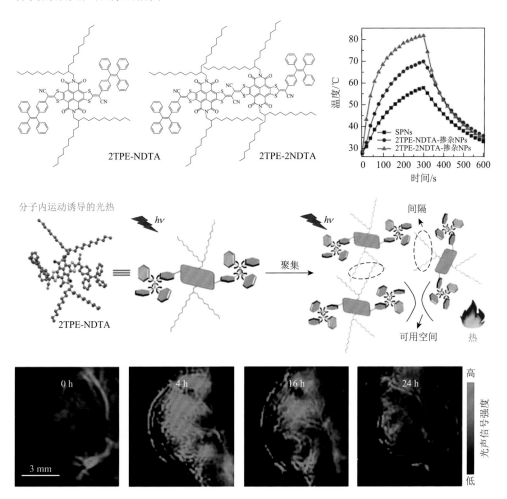

图 6-12　萘二酰亚胺与 TPE 组成光声造影剂，当侧链烷基的数量更多时，可以为分子内转子提供更多的空间进行转动，从而提高光热转换效率和光声信号，在 730 nm 脉冲激光照射下拍摄光声图像，可以对小鼠内肿瘤进行光声成像

　　唐本忠、丁丹和史林启等利用类似的策略在 D-A-D 结构分子上实现了基于 AIE 结构高效光声成像造影剂的开发[34]。以三苯胺-噻吩为给体、苯并噻二唑衍生物为受体，在中间噻吩位置引入不同的烷基链，当烷基链长度最长且为二枝状结构时，能够为分子内转子的运动提供较大的空间，使其具有更高的光热转换效率和光声信号。

　　多数荧光造影剂具有一定的吸光度，根据 Jablonski 能量图可知，它们在吸收光子被激发之后，除了发出荧光，还能通过非辐射跃迁提高周围环境的温度，导致膨胀从而产生光声信号。因此，荧光造影剂在一定条件下也可以充当光声造影剂，通过双模式成像进行优势互补。例如，半花菁被用于对肿瘤过表达酶的 NIR 荧光成像和光声成像，FDA 批准用于临床的荧光分子 ICG 也具有类似的性质。这些荧光造影剂用作荧光成像时，可以享受在细胞水平成像的高分辨率和高灵敏度，用作光声成像时，可以享受在深层组织的高分辨率。唐本忠、胡祥龙、郑小燕和王东等设计和制备了一种集荧光和光声等多种功能为一体的 AIE 分子。该分子以甲氧基三苯胺为给体单元，芴-丙二腈为电子受体单元，命名为 TFM（图 6-13）[35]。TFM 在 600 nm 以上具有明显的吸收峰，制备成纳米粒子之后在 836 nm 有荧光信号；得益于较低的三重态和单重态能极差，可以光激发产生活性氧进行光动力治疗；同时，TFM 在近红外区有很高的吸收峰，使其可以将光能转换为热能，光热转换效率高达 51.2%，可以进行光声成像和光热治疗。但是，由于该分子的荧光强度较低，最后主要研究了它作为光声成像造影剂及其成像引导的肿瘤光动力和光热治疗。

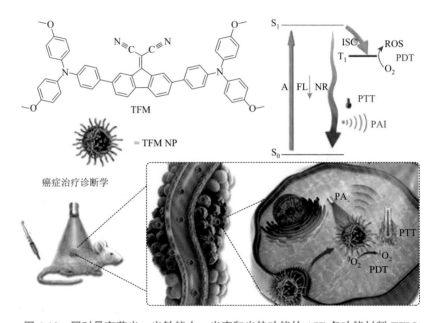

图 6-13 同时具有荧光、光敏能力、光声和光热功能的 AIE 多功能材料 TFM

A 表示吸收；NR 表示非辐射；T_1 表示激发三重态；PDT 表示光动力治疗；PTT 表示光热治疗；PAI 表示光声成像；
PA 表示光声信号

　　然而，荧光和光声之间共存有一定的问题。AIE 分子主要应用于光声成像，没有表现出良好的荧光性质，无法将光声成像和荧光成像结合在一起进行双模式成像，同时发挥光声成像的穿透性和荧光成像的高分辨率优势。荧光-光声造影剂在吸收光子进入激发态之后，通过能级弛豫发出荧光和光声信号，二者都需要消耗激发态，因此，荧光和光声处于竞争状态。如果提高造影剂的荧光效率，光声效率会受到很大的影响，反之亦然，多数荧光-光声造影剂在两方面的表现都很一般。例如，ICG 的荧光量子产率只有 2.7%左右，光热转换效率也不突出（光声信号的主要来源）。针对同一个造影剂荧光量子产率和光声效率互相矛盾的问题，唐本忠和丁丹等制备了具有两个分子状态的荧光-光声造影剂，其中一种分子状态具有很高的荧光量子效率，用于细胞水平、亚细胞水平的成像分析及荧光手术"导航"等；在光照等的刺激响应下，该造影剂转换成另外一种分子状态，具有长波吸收光谱、很高的光热转换效率和光声效率，可以应用于深层组织的光声成像和术后的光热治疗等（图 6-14）。他们选择光响应性二芳烯作为分子开关，与四苯乙

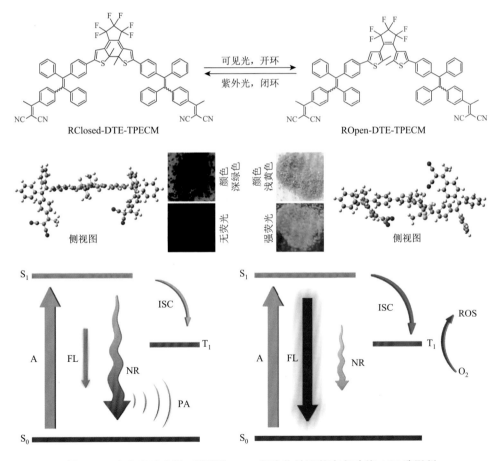

图 6-14　含有光响应性二芳烯和 TPE 衍生物的双状态多功能 AIE 造影剂

烯衍生物共轭连接在一起。当二芳烯处于闭环状态时，分子的中间部分具有较好的平面共轭性，表现出长波长吸收，可以进行光声成像，利用其组织穿透力进行肿瘤成像手术"导航"；当二芳烯在光刺激下处于开环状态时，分子的中间部分共轭被打断，整体表现出良好的荧光和光敏性质，可对残余的少量肿瘤细胞进行高分辨的荧光成像和光动力清除[36]。

总之，他们巧妙地运用分子开关，开发了一种功能可转换的 AIE 纳米粒子，其可以根据需要作为强大的光声成像造影剂、荧光探针和光敏剂，在提高癌症手术治疗和术后辅助治疗方面表现出色。这种具有受控光物理特性的智能纳米粒子在简单但"一体式"系统、按需功能可调性和每个功能的最大有效性的综合优势方面显示出优于所有其他现有光学试剂的独特优势。因此，这项研究创造了一类具有吸收能量可转换和功能可转换特征的光学试剂，用于目前报道的光学试剂无法实现的综合水平的高级生物医学应用。

6.4　展望

AIE 概念和 AIE 材料在唐本忠院士的带领下蓬勃发展，多种 AIE 新材料和新的应用方式爆发式涌现。目前在生物领域的应用方式主要有生物传感检测、细菌细胞荧光成像、光动力治疗、光声成像和光热治疗等。与传统发光材料相比，AIE 材料具有独特的优势。AIE 分子与传统荧光材料性质有很大的不同，可以通过简单的聚集/解聚集构建传感器；进行活体成像时，信号由弱变强，在操作过程中可"免清洗"，且背景信号弱；AIE 光敏剂具有三维结构，在聚集状态下光敏效率依然很高，适合应用于光动力治疗；此外，AIE 基元在空间足够情况下，激光激发可以使转子发生转动，促进分子内运动，从而提高光-热转换效率，进行高效光声成像和光热治疗。

综合来看，AIE 材料的生物学应用主要还是受限于可见-近红外一区光的穿透性，虽然光声成像在一定程度上可以解决这一问题，但是光声成像的空间分辨率不足，难以对精细的结构进行成像和分析。在现在及不远的未来，已经出现了一些比较有前景的方法来解决这一问题，笔者认为这也是 AIE 材料未来发展的一个重要方向。第一种解决方法就是将 AIE 材料改造成近红外二区荧光探针进行成像应用。近红外二区荧光成像（1000～1700 nm）虽然没有光声成像的穿透力强，但是能够极大地克服传统荧光（400～900 nm）面临的强组织吸收、散射及自发荧光干扰等问题，在活体成像中可实现更高的组织穿透深度，同时其空间分辨率优于光声成像，被视为最具潜力的下一代活体荧光影像技术。戴宏杰、程震和洪学传等率先发展了具有近红外二区荧光的 AIE 分子，组织穿透深度达到 4 mm，应用于深层肿瘤的成像以及精准的成像导航的肿瘤切除[37]。刘斌和郑海荣等进一步在此类近红外二区荧光的 AIE 分子上引入 TPE 单元,使得分子在聚集状态下近红外二区的荧光量子产率更高,成像效果更好[38]。但是,这一类近红外二区荧光的 AIE 分子基本都依赖苯并二噻唑或者其衍生物,其荧光波长的峰值多在 900 nm 以上,并不在最优的位置。发展新型的近红外二区荧光的 AIE 分子,使其荧光发射峰超过 1000 nm 并保持较高的荧光强度是 AIE 材料在生物学领域的一个重要机遇和挑战。第二种解决方法是利用几乎没有穿透力限制的 X 射线对 AIE 材料进行激发,以激活 AIE 材料的荧光或者其他功能,可以减少生物组织对入射光的减弱影响。刘斌和刘庄等曾经以铪作为 X 射线的接收器,将其与 AIE 分子配位组装在一起,实现了 X 射线激发的活性氧产生,可以进行比较深层次的肿瘤放射动力治疗。但是这个方法并没有能够激发 AIE 分子的荧光,这既是 AIE 材料目前的难题,也是其未来发展的机遇。

AIE 材料的生物学应用发展蒸蒸日上,但是也有多个瓶颈,除了组织穿透性,还存在一些其他问题。基础研究上,AIE 材料的基本单元比较少,主要依赖于 TPE和 Silole 作为核心结构,其他的 AIE 核心结构存在合成步骤繁琐、光强度较弱等问题,需要发展更多的新型结构简单、性能优异的 AIE 基本单元。应用研究上,部分 AIE 材料的基础性能已经相当优秀,但是目前急需明确 AIE 材料与临床应用标准的差距并弥补差距,推进临床应用发展。丁丹等利用高荧光量子产率的 AIE纳米粒子对新冠疾病相关抗体进行体外检测是一种很好的尝试。进一步了解临床需求,深入研究 AIE 分子在临床医学应用的可能性,将其推入市场,是 AIE 材料生物学应用长久发展的必经之路。虽然充满挫折、前路难行,但是在众多 AIE 科研工作者的努力之下,相信 AIE 材料的临床应用将会越来越广泛,AIE 研究的相关成果也会逐渐走进人类的生活、造福人类,因为 "Together we shine,united we soar!"[39]。

(宋雨晨,胡 方*)

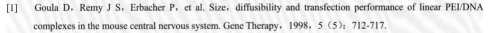

[1] Goula D,Remy J S,Erbacher P,et al. Size,diffusibility and transfection performance of linear PEI/DNA complexes in the mouse central nervous system. Gene Therapy,1998,5(5):712-717.

[2] Yuan Y,Zhang C J,Liu B. A photoactivatable AIE polymer for light-controlled gene delivery:concurrent endo/lysosomal escape and DNA unpacking. Angewandte Chemie International Edition,2015,54(39):11419-11423.

[3] Tang F,Liu J Y,Wu C Y,et al. Two-photon near-infrared AIE luminogens as multifunctional gene carriers for cancer theranostics. ACS Applied Materials & Interfaces,2021,13(20):23384-23395.

[4] Jackson L A,Anderson E J,Rouphael N G,et al. An mRNA vaccine against SARS-CoV-2—preliminary report. New England Journal of Medicine,2020,383(20):1920-1931.

[5] Hou X，Zaks T，Langer R，et al. Lipid nanoparticles for mRNA delivery. Nature Reviews Materials，2021，6（12）：1078-1094.

[6] Hu R，Yang C，Wang Y，et al. Aggregation-induced emission（AIE）dye loaded polymer nanoparticles for gene silencing in pancreatic cancer and their *in vitro* and *in vivo* biocompatibility evaluation. Nano Research，2015，8（5）：1563-1576.

[7] Chowdhury S，Castro S，Coker C，et al. Programmable bacteria induce durable tumor regression and systemic antitumor immunity. Nature Medicine，2019，25（7）：1057-1063.

[8] Liu X，Wu M，Wang M，et al. Metabolically engineered bacteria as light-controlled living therapeutics for anti-angiogenesis tumor therapy. Materials Horizons，2021，8（5）：1454-1460.

[9] Krysko D V，Garg A D，Kaczmarek A，et al. Immunogenic cell death and DAMPs in cancer therapy. Nature Reviews Cancer，2012，12（12）：860-875.

[10] Galluzzi L，Buqué A，Kepp O，et al. Immunogenic cell death in cancer and infectious disease. Nature Reviews Immunology，2017，17（2）：97-111.

[11] Chen C，Ni X，Jia S，et al. Massively evoking immunogenic cell death by focused mitochondrial oxidative stress using an AIE luminogen with a twisted molecular structure. Advanced Materials，2019，31（52）：1904914.

[12] Li W，Yang J，Luo L，et al. Targeting photodynamic and photothermal therapy to the endoplasmic reticulum enhances immunogenic cancer cell death. Nature Communications，2019，10（1）：1-16.

[13] Li J，Gao H，Liu R，et al. Endoplasmic reticulum targeted AIE bioprobe as a highly efficient inducer of immunogenic cell death. Science China Chemistry，2020，63（10）：1428-1434.

[14] Zhu S Y，Yao R Q，Li Y X，et al. Lysosomal quality control of cell fate：a novel therapeutic target for human diseases. Cell Death & Disease，2020，11（9）：1-13.

[15] Ji S，Li J，Duan X，et al. Targeted enrichment of enzyme-instructed assemblies in cancer cell lysosomes turns immunologically cold tumors hot. Angewandte Chemie International Edition，2021，60（52）：26994-27004.

[16] Hughes P E，Caenepeel S，Wu L C. Targeted therapy and checkpoint immunotherapy combinations for the treatment of cancer. Trends in Immunology，2016，37（7）：462-476.

[17] Kotsias F，Hoffmann E，Amigorena S，et al. Reactive oxygen species production in the phagosome：impact on antigen presentation in dendritic cells. Antioxidants & Redox Signaling，2013，18（6）：714-729.

[18] Mao D，Hu F，Yi Z，et al. AIEgen-coupled upconversion nanoparticles eradicate solid tumors through dual-mode ROS activation. Science Advances，2020，6（26）：eabb2712.

[19] Topalian S L，Drake C G，Pardoll D M. Immune checkpoint blockade：a common denominator approach to cancer therapy. Cancer Cell，2015，27（4）：450-461.

[20] Postow M A，Sidlow R，Hellmann M D. Immune-related adverse events associated with immune checkpoint blockade. New England Journal of Medicine，2018，378（2）：158-168.

[21] Sahl S J，Moerner W E. Super-resolution fluorescence imaging with single molecules. Current Opinion in Structural Biology，2013，23（5）：778-787.

[22] Tsuji K，Matsuno T，Takimoto Y，et al. New developments of X-ray fluorescence imaging techniques in laboratory. Spectrochimica Acta Part B：Atomic Spectroscopy，2015，113：43-53.

[23] Chen Y，Li M，Hong Y，et al. Dual-modal MRI contrast agent with aggregation-induced emission characteristic for liver specific imaging with long circulation lifetime. ACS Applied Materials & Interfaces，2014，6（13）：10783-10791.

[24]　Wu Z，Huang J，Yan Y. Electrostatic polyion micelles with fluorescence and MRI dual functions. Langmuir，2015，31（29）：7926-7933.

[25]　Li H，Parigi G，Luchinat C，et al. Bimodal fluorescence-magnetic resonance contrast agent for apoptosis imaging. Journal of the American Chemical Society，2019，141（15）：6224-6233.

[26]　Melek M，Gellert M. RAG1/2-mediated resolution of transposition intermediates：two pathways and possible consequences. Cell，2000，101（6）：625-633.

[27]　Taylor R C，Cullen S P，Martin S J. Apoptosis：controlled demolition at the cellular level. Nature Reviews Molecular Cell Biology，2008，9（3）：231-241.

[28]　Angelovski G. What we can really do with bioresponsive MRI contrast agents. Angewandte Chemie International Edition，2016，55（25）：7038-7046.

[29]　Yang H，He Y，Wang Y，et al. Theranostic nanoparticles with aggregation-induced emission and MRI contrast enhancement characteristics as a dual-modal imaging platform for image-guided tumor photodynamic therapy. International Journal of Nanomedicine，2020，15：3023-3038.

[30]　Li K，Liu B. Polymer-encapsulated organic nanoparticles for fluorescence and photoacoustic imaging. Chemical Society Reviews，2014，43（18）：6570-6597.

[31]　Miao Q，Pu K. Organic semiconducting agents for deep-tissue molecular imaging：second near-infrared fluorescence，self-luminescence，and photoacoustics. Advanced Materials，2018，30（49）：1801778.

[32]　Cai X，Liu J，Liew W H，et al. Organic molecules with propeller structures for efficient photoacoustic imaging and photothermal ablation of cancer cells. Materials Chemistry Frontiers，2017，1（8）：1556-1562.

[33]　Zhao Z，Chen C，Wu W，et al. Highly efficient photothermal nanoagent achieved by harvesting energy via excited-state intramolecular motion within nanoparticles. Nature Communications，2019，10（1）：1-11.

[34]　Liu S，Zhou X，Zhang H，et al. molecular motion in aggregates：manipulating TICT for boosting photothermal theranostics. Journal of the American Chemical Society，2019，141（13）：5359-5368.

[35]　Wang D，Lee M M，Xu W，et al. Boosting non-radiative decay to do useful work：development of a multi-modality theranostic system from an AIEgen. Angewandte Chemie，2019，131（17）：5684-5688.

[36]　Qi J，Chen C，Zhang X，et al. Light-driven transformable optical agent with adaptive functions for boosting cancer surgery outcomes. Nature Communications，2018，9（1）：1848.

[37]　Antaris A L，Chen H，Cheng K，et al. A small-molecule dye for NIR-II imaging. Nature Materials，2016，15（2）：235-242.

[38]　Sheng Z，Guo B，Hu D，et al. Bright aggregation-induced-emission dots for targeted synergetic NIR-II fluorescence and NIR-I photoacoustic imaging of orthotopic brain tumors. Advanced Materials，2018，30（29）：1800766.

[39]　Mei J，Leung N L C，Kwok R T K，et al. Aggregation-induced emission：together we shine，united we soar！. Chemical Reviews，2015，115（21）：11718-11940.

关键词索引

B

半胱天冬酶 …………………… 173

C

超分辨成像 …………………… 141
超氧阴离子 …………………… 160
成像手术"导航" …………… 215
次氯酸根离子 ……………… 162
长期示踪 …………………… 136

D

单线态氧 …………………… 163
蛋白质 ……………………… 028
凋亡酶 ……………………… 032

G

钙离子 ……………………… 166
甘露糖 ……………………… 070
干细胞 ……………………… 193
革兰氏阳性菌 ……………… 073
革兰氏阴性菌 ……………… 073
汞离子 ……………………… 164
谷胱甘肽 …………………… 178
骨关节炎 …………………… 195
骨髓间充质干细胞 ………… 193

光动力疗法 …………………… 088
光动力杀菌 ………………… 093
光动力治疗 ………………… 119
光活化 ………………… 127, 142
光热治疗 …………………… 216
光声成像 …………………… 215

H

核酸 ………………………… 026
化学生物传感器 …………… 001
活死细菌染色 ……………… 080
活性氧物种 ………………… 160

J

基因治疗 …………………… 199
基质金属蛋白酶-2 ………… 043
碱性磷酸酶 …………… 030, 168
近红外荧光发射 …………… 134
精准荧光成像 ……………… 108
聚集诱导发光 ……………… 002

K

抗光漂白 …………………… 078
抗光漂白性 ………………… 145
壳聚糖 ………………… 078, 140
醌氧化还原酶 ……………… 030

L

赖氨酸 ·· 003
磷脂 ··· 025

M

免疫原性细胞死亡 ························· 204
免疫治疗 ······································· 204

N

耐药菌 ·· 097
内质网 ································· 136, 205

O

偶氮还原酶 ···································· 045

P

葡萄糖 ·· 017

Q

巯基氨基酸 ···································· 005

R

溶酶体 ································· 121, 206
溶酶体酯酶 ···································· 171

S

生物活性物质 ································· 168
生物相容性 ···································· 147
生物正交反应 ································· 100
时空分辨成像 ································· 127
双光子成像 ···································· 118
羧酸酯酶 ······································· 040

T

铁离子 ·· 166

W

万古霉素 ······································· 100

X

细胞代谢工程 ································· 100
细胞的分裂和增殖 ························· 139
细胞凋亡 ······························ 184, 213
细胞分化 ······································· 193
细胞核 ·· 129
细胞膜 ································· 120, 133
细胞内部的微环境 ························· 151
细胞内的 pH ·································· 151
细胞内的黏度 ································· 155
细胞色素 ······································· 048
细胞相关生命过程 ························· 184
细菌 ··· 067
细菌靶向 ······································· 097
细菌的长期追踪 ···························· 078
细菌识别 ······································· 075
细菌载附基因 ································· 203
细菌脂多糖 ···································· 075
线粒体 ································· 094, 116
线粒体酯酶 ···································· 172
线粒体自噬 ···························· 157, 187
硝基还原酶 ···································· 046

Y

亚细胞结构 ···································· 115
阳离子 AIE 光敏剂 ························· 093
乙酰胆碱酯酶 ································· 030

有丝分裂 ·························· 192

Z

脂滴 ······························ 125
脂酶 ······························ 042
脂质体 ··························· 205
肿瘤疫苗 ························ 205
组氨酸 ··························· 004
组织蛋白酶 B ·················· 038

其　他

AIE ····················· 115, 118, 174
AIE 光敏剂 ····················· 088
H_2O_2 ······························ 161
MRI-荧光双模式成像 ············ 211
β-半乳糖苷酶 ················· 035, 176
β-淀粉样蛋白 ···················· 144
γ-谷氨酰转肽酶 ·················· 037